江西省教育厅科学技术研究项目（GJJ180964）
江西省自然科学基金重大项目（20152ACB20004）
中国博士后科学基金61批面上资助项目（2017M612146）
江西省社会科学研究2017年度规划项目（17YJ39）
江西省博士后科研项目择优资助项目（2017KY58）
南昌工程学院科研成果专项经费资助

经济管理学术文库·经济类

鄱阳湖流域生态补偿机制研究：
标准与空间优化

Research on Ecological Compensation Mechanism of Poyang Lake River Basin: Standard and Spatial Optimization

熊　凯　孔凡斌／著

U0324591

经济管理出版社
ECONOMY & MANAGEMENT PUBLISHING HOUSE

图书在版编目（CIP）数据

鄱阳湖流域生态补偿机制研究：标准与空间优化/熊凯，孔凡斌著 . —北京：经济管理出版社，2019.9
ISBN 978 - 7 - 5096 - 6901 - 3

Ⅰ . ①鄱…　Ⅱ . ①熊…②孔…　Ⅲ . ①鄱阳湖—流域环境—生态环境—补偿机制—研究
Ⅳ . ①X321. 256

中国版本图书馆 CIP 数据核字（2019）第 195628 号

组稿编辑：曹　靖
责任编辑：曹　靖　韩　峰
责任印制：黄章平
责任校对：董杉珊

出版发行：经济管理出版社
　　　　　（北京市海淀区北蜂窝 8 号中雅大厦 A 座 11 层　100038）
网　　　址：www. E - mp. com. cn
电　　　话：（010）51915602
印　　　刷：北京玺诚印务有限公司
经　　　销：新华书店
开　　　本：720mm × 1000mm/16
印　　　张：15. 75
字　　　数：300 千字
版　　　次：2019 年 12 月第 1 版　　2019 年 12 月第 1 次印刷
书　　　号：ISBN 978 - 7 - 5096 - 6901 - 3
定　　　价：88. 00 元

前　言

　　近几年，中国经济发展和生态保护之间的矛盾日益尖锐，流域资源和经济水平的空间分布不均造成地区间可持续发展的不平衡，从而导致资源型产品生产和消费的空间分离，生态环境较好的区域往往是经济欠发达地区。作为公共产品或公共服务，流域资源天生具有显著效益外溢性特征。经济欠发达地区为生态受惠区即经济发达地区提供大量的生态服务，却因公共产品的外部性特征而无法得到应有的补偿，这极大地挫伤了生态功能区保护环境的积极性。要解决这一问题，就必须建立流域生态补偿机制。改革开放40多年来，我国综合国力大大增强，人民生活水平大幅度提高，政府和民间对建立和完善我国流域生态补偿机制的意愿日益高涨。2009年12月12日，江西省《鄱阳湖生态经济区规划》明确提出将"探索建立上下游生态补偿机制以及排污权有偿使用和交易机制"作为重点领域改革的主要内容，国家已经将鄱阳湖流域确立为国家生态补偿试点区域，要求江西省率先建立生态补偿机制，进而为全面建立生态补偿机制提供经验。2014年9月，国务院印发《关于依托黄金水道推动长江经济带发展的指导意见》明确提出"按照'谁受益谁补偿'的原则，探索上中下游开发地区、受益地区与生态保护地区试点横向生态补偿机制"以及"建立地区间横向生态保护补偿机制，引导流域上游与下游之间，通过资金补助、产业转移、人才培训、共建园区等方式实施补偿"。这意味着国家极为关注流域生态环境改善，而对位于长江中下游的江西省而言，这无疑是一个重大的机遇与挑战。紧接着2014年11月，国家六部委批复《江西省生态文明先行示范区建设实施方案》，明确提出"研究推进赣江源、抚河源等流域生态补偿试点"。为了对接与落实国家重大战略以及有效保护鄱阳湖流域生态环境，2015年11月，江西省人民政府制定并印发《江西省流域生态补偿办法（试行）》（以下简称《办法（试行）》），其主要包含实施范围、主要原则、资金筹集、资金分配等内容，主要解决"谁来补、补给谁、补多少、怎么补"的问题。在江西省施行《办法（试行）》两年多以后，为了更有效地完善现行的流域补偿政策，2018年2月，江西省人民政府印发《江西省流域生态补偿办法》，这一举措为鄱阳湖流域环境改善做出了巨大贡献。但是，上述流域生态补偿政策更多地考虑补偿的实际可操作性，在测算流域生态补偿标准时并没有考虑流域的生态系统服务功能价值以及居民的意愿，使鄱阳湖流域的生态价值被低估，这无疑会导致补偿效果大打折扣。与此同时，目前鄱阳湖流域生态补偿政策也欠缺从空间角度对补偿对象的研究与分析，这使补偿效果不能更为直观地被了解，从而导致补偿效果不能很好地显示出来。因此，从标准和空间优化角度探索研究鄱阳湖流域生态补偿机制，能够为完善和改进江西省乃至全国流域相关生态补偿政策做出一定的贡献。

本书从生态系统服务功能和居民意愿（支付意愿和受偿意愿）出发，结合区域经济发展水平多维因素，建立并试图测算鄱阳湖流域生态补偿标准，为构建和完善鄱阳湖流域生态补偿机制提供参考。全书共由 12 章内容构成，分别简述如下。

第 1 章：导论。本章着重提出所要分析的问题，明确研究目的和意义，简要介绍采用的研究方法和研究内容。

第 2 章：概念界定和文献综述。本章首先对流域、生态补偿和生态补偿标准等关键概念进行界定；其次回顾相关理论，包括产权理论、外部性理论、激励理论和公共物品理论等；最后对生态系统服务功能、条件价值评估法和生态补偿相关文献进行简要回顾和述评。

第 3 章：我国流域资源禀赋特征及生态补偿内容。本章从流域数量、生物多样性、物质生产力和生态功能等方面进行分析，并简要介绍了流域生态补偿的主要内容和补偿模式。

第 4 章：我国流域生态补偿动因和可行性分析。本章首先从湿地退化现状、社会经济发展的负外部性和流域保护管理中的政府失灵三个方面对生态补偿进行动因分析，其次从国家政策、财政投入、制度需求三个方面对流域生态补偿的可行性进行综合评析。

第 5 章：鄱阳湖流域基本情况研究。本章首先对研究区域进行界定，然后对研究区域的自然地理、自然资源和总体经济情况分别进行了介绍，最后对鄱阳湖流域水质和水量情况进行了较为详细的分析。

第 6 章：鄱阳湖流域生态系统服务功能价值评估。本章从生态系统服务功能价值这一角度，采用价格替代、影子工程以及市场价格等方法对鄱阳湖流域的生态价值进行客观分析与评价，为后文估测鄱阳湖流域的生态补偿标准和空间优化研究提供依据。

第 7 章：鄱阳湖流域居民支付意愿与水平及其影响因素研究。本章采用条件价值评估法（CVM）对居民生态补偿支付意愿及水平进行测算与分析，并利用

Heckman 两阶段模型对居民支付意愿及水平的影响因素进行实证分析，为后文对鄱阳湖流域生态补偿标准、补偿主客体和补偿方式的进一步研究打下了基础。

第8章：鄱阳湖流域居民受偿意愿与水平及其影响因素研究。本章采用条件价值评估法（CVM）对居民生态补偿受偿意愿与水平进行了测算与分析，并利用 Heckman 两阶段模型对居民受偿意愿的影响因素进行了实证分析，为后文对鄱阳湖流域生态补偿标准和空间优化的进一步研究做了铺垫。

第9章：鄱阳湖流域生态补偿标准模型构建及测算。本章以鄱阳湖流域为具体研究对象，从生态系统服务功能价值出发，结合居民意愿（支付与受偿意愿）值和区域经济发展水平等多维因素，构建鄱阳湖流域生态补偿各研究单元内部、外部补偿模型，并依据相关数据估测鄱阳湖流域各研究区内部和外部生态补偿标准。

第10章：鄱阳湖流域生态补偿空间优化研究。以第9章计算得出的鄱阳湖流域内部、外部补偿标准为依据，并结合第7章和第8章的研究结果，采用 Geoda 和 ArcGis 软件对鄱阳湖流域各研究区进行生态补偿空间优化研究。

第11章：生态补偿国际经验及借鉴。本章对欧盟、美国、荷兰、菲律宾的生态补偿实践和相关政策进行了详细阐述，并总结出好的经验和做法为制定鄱阳湖流域生态补偿政策提供了一定的借鉴。

第12章：鄱阳湖流域生态补偿困难及政策建议。本章在前述章节的基础上对鄱阳湖流域生态补偿面临的困难进行了概述，并基于此提出了具有针对性的对策建议，以此促进鄱阳湖流域生态补偿机制的建立和实施。

本书是课题组承担的江西省教育厅科学技术研究项目"基于 DID 和 SWAT 的信江流域生态补偿政策效果评价和空间优化研究"（项目编号：GJJ180964）、江西省自然科学基金重大项目"基于 GIS 和元胞自动机模型的鄱阳湖流域林地利用生态安全评价与格局模拟"（项目编号：20152ACB20004）、中国博士后科学基金 61 批面上资助项目"江西省五大流域生态补偿标准和空间选择研究"（项目编号：2017M612146）、江西省社会科学研究 2017 年度规划项目"赣江流域生态补偿政策实施效果评价和空间优化研究"（项目编号：17YJ39）和 2017 年江西省博士后科研项目择优资助项目"鄱阳湖流域生态补偿标准和空间选择研究"（项目编号：2017KY58）等科研项目的前期研究成果。

本书凝聚了课题组所有成员的辛勤劳动，他们是江西财经大学经济学院院长张利国教授、江西财经大学经济学院副院长潘丹副教授、江西省社会科学院陈胜东副研究员和江西农业大学经济管理学院副院长廖文梅教授等。在此表示衷心的感谢！另外，本书能够出版还要感谢南昌工程学院的各位领导、同事和学生，主要有经贸学院院长万义平教授，计财处处长狄文全教授，经贸学院党委书记王键教授、党委副书记李瑛副教授、副院长吴九红副教授和郑智副教授以及李学荣博士、戴言治同学、彭晟同学和黄禄臣同学等。

本书适合农业经济管理、人口资源环境经济学和生态经济学等专业的本科生和研究生阅读，也可作为科研人员、教学人员及政府工作人员的参考用书。由于流域生态补偿研究的复杂性，加之笔者能力有限，书中难免出现疏漏与欠妥之处，诚请各位同行和读者批评指正。

目　录

第1章　导　论

1.1　研究背景

中国经济发展和生态保护之间的矛盾日益尖锐，流域资源和经济水平的空间分布不均造成地区间可持续发展的不平衡，造成资源型产品生产和消费的空间分离，生态功能区往往与经济欠发达地区相重叠（杨伟民等，2012）。作为公共产品或公共服务，流域资源天生具有显著效益外溢性特征。经济欠发达地区为生态受惠区即经济发达地区提供大量的生态服务，却由于公共产品的外部性特征，而无法得到应有的补偿（牛海鹏等，2014），极大地挫伤了生态功能区保护环境的积极性（李宝林等，2014）。要解决这类问题，就必须建立流域生态补偿机制（杨平，2012；Yu 和 Xu，2016）。

2009 年 12 月 12 日，江西《鄱阳湖生态经济区规划》明确提出将"探索建立上下游生态补偿机制以及排污权有偿使用和交易机制"作为重点领域改革的主要内容，国家已经将鄱阳湖流域确立为国家生态补偿试点区域，要求率先建立生态补偿机制，进而为全面建立生态补偿机制提供经验。2015 年，国家六部委批复的《江西省生态文明先行示范区建设实施方案》中明确提出"研究推进赣江源、抚河源等流域生态补偿试点"。因此，探索研究鄱阳湖流域生态补偿和空间优化，将为全省乃至全国流域生态补偿机制建立积累有益经验。

1.2　研究意义

（1）流域生态补偿机制是落实我国绿色发展观，推进流域上中下游协调发展的重大战略选择。

我国自改革开放以来，综合国力大大增强，人民生活水平大幅度提高，政府和民间对建立和完善我国流域生态补偿机制的意愿日益高涨，流域生态补偿机制已经进入了行政立法初期阶段。《国务院关于依托黄金水道推动长江经济带发展的指导意见》提出"按照谁受益谁补偿的原则，探索上中下游开发地区、受益地区与生态保护地区试点横向生态补偿机制"。《国务院关于加快推进生态文明建设的意见》中也明确提出"建立地区间横向生态保护补偿机制，引导流域上游与下游之间，通过资金补助、产业转移、人才培训、共建园区等方式实施补偿"。建立和完善地区间流域横向生态补偿机制是落实我国绿色发展观、推进流域上中下游协调发展的重大战略选择。本书适应了这一国家需求，在国家、地区层面上均具有重大的现实意义。

（2）建立鄱阳湖流域生态补偿机制是先行推进我国生态文明体制机制创新的迫切需要。

2009 年 12 月 12 日，江西《鄱阳湖生态经济区规划》明确提出将"探索建立上下游生态补偿机制以及排污权有偿使用和交易机制"作为重点领域改革的主要内容，国家已经将鄱阳湖流域确立为国家生态补偿试点区域，要求率先建立生态补偿机制，进而为全面建立生态补偿机制提供经验。2015 年，国家六部委批复的《江西省生态文明先行示范区建设实施方案》中明确提出"研究推进赣江源、抚河源等流域生态补偿试点"。江西省两大国家战略对构建流域生态补偿机制提出了明确要求，本项目从鄱阳湖流域角度出发，探索和研究建立鄱阳湖流域生态补偿机制，这也是当前江西省乃至全国生态文明建设体制机制创新的一项重要任务。

（3）生态补偿标准科学转换方法是建立流域生态补偿机制的关键科学问题。

构建生态补偿标准科学转换模型是建立流域生态补偿机制亟须解决的关键科学问题之一。理论研究的重要作用是对实践做出指导，目前学者对流域生态补偿标准估测模型的理论研究虽然做出了巨大贡献，但这些研究由于测算出的生态补偿量过大或者不符合政策需要等，并不能实际指导中央或地方政府制定流域生态补偿政策，这就直接造成了流域生态补偿理论研究和实际政策制定的脱离。鉴于这一原因，笔者在参考大量文献和江西省相关职能部门调研报告的基础上，以森林生态价值为基础，结合地区生产总值、水质、水量、补偿系数等因素共同构建了符合政策需要的流域生态补偿标准科学转换模型，并以此为依据测算出具有现实意义的鄱阳湖流域所涵盖县（市、区）的生态补偿标准，以期作为鄱阳湖流域生态补偿实践的参考。

（4）流域生态补偿空间优化是确保鄱阳湖流域生态补偿绩效最大化的技术

基础。

空间优化是流域生态补偿研究的核心问题之一。生态补偿的目的为在一定资金约束下获取最大的环境效益（赵雪雁，2012），而目前实施的补偿办法几乎没有考虑补偿对象的差异性，造成补偿标准的"一刀切"。"一刀切"的补偿标准往往造成区域间出现"过补"或者"低补"的现象，进而导致补偿政策难以执行，甚至出现"越补越差"的现象（金淑婷等，2014）。因此，为了提高补偿资金的使用效率就需要进行生态补偿空间优化研究，以此对潜在补偿区域进行甄别并选择资金使用效率高的区域优先实施生态补偿。基于此，本项目采用 Geoda 软件和 ArcGis 软件对鄱阳湖流域生态补偿标准进行空间自相关性和空间热点分析，以此确定鄱阳湖流域优先受偿和优先支付的区域，使有限的补偿资金能获得最大的补偿效果。因此，空间优化研究是保证鄱阳湖流域生态补偿绩效最大化的技术基础。

1.3 研究内容与研究方法

1.3.1 研究内容

本书按照总体把握、重点突破和总结归纳的思路，探讨鄱阳湖流域生态补偿标准、补偿主客体和补偿方式。研究内容主要包括以下六个方面。

研究内容一：基于生态系统服务功能的鄱阳湖流域生态价值。这部分内容在统计数据的基础上，基于生态系统服务功能法对鄱阳湖流域的生态价值进行测算和分析。

研究内容二：鄱阳湖流域居民生态补偿支付意愿与水平及其影响因素研究。这部分采用条件价值评估法（CVM）和 Heckman 两阶段模型，对鄱阳湖流域居民生态补偿支付意愿与支付水平及其影响因素进行实证分析。同时，选用 ArcGIS 方法对鄱阳湖流域居民支付意愿程度进行空间描述性分析。

研究内容三：鄱阳湖流域居民生态补偿受偿意愿及其影响因素研究。这部分基于居民调查数据，采用条件价值评估法（CVM）和 Heckman 两阶段模型，对鄱阳湖流域居民生态补偿受偿意愿及其影响因素进行分析。同时，选用 ArcGIS 方法对鄱阳湖流域居民的受偿意愿程度进行空间描述性分析。

研究内容四：鄱阳湖流域生态补偿标准模型构建与测算。这部分基于生态系统服务功能价值及居民意愿（受偿意愿与支付意愿）两大因素，结合地区社会经济等因素，通过构建的生态补偿标准转化模型，测算鄱阳湖流域外部和内部生态补偿标准。同时，选用 ArcGIS 方法对研究区的内外部生态补偿标准进行空间描述性分析。

研究内容五：鄱阳湖流域生态补偿空间优化研究。根据测算出的鄱阳湖流域内部、外部生态补偿标准，利用 Geoda 和 ArcGis 对鄱阳湖流域生态补偿标准进行空间自相关性和空间热点分析，并以此为依据对鄱阳湖流域涵盖的县（市、区）进行空间优化分析。

研究内容六：鄱阳湖流域生态补偿政策建议研究。这部分首先对目前鄱阳湖流域生态补偿面临的主要困难进行阐述和分析，在此基础上提出具有针对性并较为合理的政策建议。

1.3.2　研究方法

本书采取的研究方法主要为以下两种。

（1）实证研究与理论研究相结合。实证研究与理论研究贯穿整个研究。在实证分析方面，主要采用 Heckman 两阶段模型、生态补偿价值定量估算函数转换模型、空间自相关性模型和空间热点分析模型；在理论分析方面，主要是对生态补偿理论基础进行论述与分析，并在此基础上对鄱阳湖流域生态补偿进行研究与分析。

（2）主观研究与客观研究相结合。本研究在测算鄱阳湖流域生态价值方面，采用条件价值评估法这一主观方法从居民意愿角度对流域生态价值进行估算，又利用生态系统服务功能价值评估法这一客观方法来测算流域生态价值。以期在综合考虑以上两种因素的情况下，为估算鄱阳湖流域生态补偿标准提供一个较为科学与坚实的基础。

1.4　研究结构

本书共分为 12 个章节，具体内容如下所示。

第 1 章：导论。着重提出所要分析的问题，明确研究目的和意义，简要介绍所采用的研究方法和研究内容安排。

第 2 章：概念界定和文献综述。本章首先对流域、生态补偿和生态补偿标准等关键概念进行界定；其次回顾相关理论，包括产权理论、外部性理论、激励理论和公共物品理论等；最后对生态系统服务功能、条件价值评估法和生态补偿相关文献进行简要回顾和述评。

第 3 章：我国流域资源禀赋特征及生态补偿内容。本章从流域数量、生物多样性、物质生产力和生态功能等方面进行分析，并简要介绍了流域生态补偿的主要内容和补偿模式。

第 4 章：我国流域生态补偿动因和可行性分析。本章首先从湿地退化现状、社会经济发展的负外部性和流域保护管理中的政府失灵三个方面对生态补偿进行动因分析，其次从国家政策、财政投入、制度需求三个方面对流域生态补偿的可行性进行了综合评析。

第 5 章：鄱阳湖流域基本情况研究。本章首先对研究区域进行界定，其次对研究区域的自然地理、自然资源和总体经济情况分别进行了介绍，最后对鄱阳湖流域水质和水量情况进行了较为详细的分析。

第 6 章：鄱阳湖流域生态系统服务功能价值评估。本章从生态系统服务功能价值这一角度，采用价格替代、影子工程以及市场价格等方法来对鄱阳湖流域的生态价值进行客观分析与评价，为后文估测鄱阳湖流域的生态补偿标准以及空间优化研究提供依据。

第 7 章：鄱阳湖流域居民支付意愿与水平及其影响因素研究。本章采用条件价值评估法（CVM）对居民生态补偿支付意愿及其水平进行测算与分析，并利用 Heckman 两阶段模型对居民支付意愿及其水平的影响因素进行实证分析，为后文对鄱阳湖流域生态补偿标准、补偿主客体以及补偿方式的进一步研究打下了基础。

第 8 章：鄱阳湖流域居民受偿意愿与水平及其影响因素研究。本章采用条件价值评估法（CVM）对居民生态补偿受偿意愿与水平进行了测算与分析，并利用 Heckman 两阶段模型对居民受偿意愿的影响因素进行了实证分析，为后文对鄱阳湖流域生态补偿标准和空间优化的进一步研究做了铺垫。

第 9 章：鄱阳湖流域生态补偿标准模型构建及测算。本章以鄱阳湖流域为具体研究对象，从生态系统服务功能价值出发，结合居民意愿（支付与受偿意愿）值和区域经济发展水平等多维因素，构建鄱阳湖流域生态补偿各研究单元内部、外部补偿模型，并依据以上数据来估测鄱阳湖流域各研究区内部和外部生态补偿标准。

第 10 章：鄱阳湖流域生态补偿空间优化研究。以第 9 章计算得出的鄱阳湖流域内部、外部补偿标准为依据，并结合第 7 章和第 8 章的研究结果，采用 Geoda 和 ArcGis 模型对鄱阳湖流域生态补偿进行空间优化研究。

第 11 章：生态补偿国际经验及借鉴。本章对欧盟、美国、荷兰、菲律宾的生态补偿实践和相关政策进行了详细阐述，并总结出好的经验和做法为制定鄱阳湖流域生态补偿政策做出一定的借鉴。

第 12 章：鄱阳湖流域生态补偿困难及政策建议。本章在前述章节的基础上对鄱阳湖流域生态补偿面临的困难进行了概述，并基于此提出了具有针对性的对策建议，以此促进鄱阳湖流域生态补偿机制的建立和实施。

第2章 概念界定和文献综述

2.1 概念界定

2.1.1 流域及其分类

（1）流域及其相关的概念。所谓流域是指由分水线所包围的河流集水区。分地面集水区和地下集水区两类。如果地面集水区和地下集水区相重合，称为闭合流域；如果不重合，则称为非闭合流域。平时所称的流域，一般都指地面集水区。

流域的主要特征有：流域面积、河网密度、流域形状、流域高度等。其中，流域面积是指流域地面分水线和出口断面所包围的面积，在水文上又称集水面积，单位是平方公里。这是河流的重要特征之一，其大小直接影响河流和水量大小及径流的形成过程。河网密度是指流域中干支流总长度和流域面积之比，单位是公里/平方公里，其大小说明水系发育的疏密程度，主要受气候、植被、地貌特征、岩石土壤等因素的影响。流域形状对河流水量变化有明显影响。流域高度主要影响降水形式和流域内的气温，进而影响流域的水量变化。

（2）流域的主要功能。流域系统主要包括森林、草地、湿地、河流湖泊、耕地等，主要的生态和经济功能有大气调节、气候调节、干扰调节、水分调节等，具体如表2-1所示。

大气调节。所谓大气调节就是指调节大气中的化学成分等。例如，森林、草地等可以吸收空气中的二氧化碳，释放出氧气，保证大气中氧气与二氧化碳的平衡，以及保护臭氧层等。

气候调节。气候调节是指调节全球气温、降水和全球或区域范围内的其他气候过程。例如，森林可以使林区上空水汽增加，云量增加，降水量增加，降水变率减小，温差减小，气候变得湿润等。

干扰调节。干扰调节是指生态系统的容量、抗干扰性和完整性对各种环境变化的反应。例如，森林、草地以及湿地等对于防御风暴、控制洪水、干旱恢复等都有干扰调节作用。

水分调节。水分调节是指调节水的流动。例如，在农业生产或者工业生产过程中的水供应等。

供应水资源。供应水资源是指存储和保持水分。例如，森林含有大量的水资源，可以作为水资源供应的储存库；江河湖泊就是由水构成，是水资源供应的主要来源。

水土保持。水土保持是指对由自然因素和人为活动造成的水土流失所采取的预防和治理措施。生物措施和蓄水保土耕作措施是水土保持的主要措施。其中，生物措施是指为防治水土流失、保护与合理利用水土资源，采取造林种草及管护的办法增加植被覆盖率，维护和提高土地生产力的一种水土保持措施，主要包括造林、种草和封山育林、育草。蓄水保土耕作措施是指以改变坡面微小地形，增加植被覆盖或增强土壤有机质抗蚀力等方法，保土蓄水，改良土壤，以提高农业生产的技术措施。例如，等高耕作、等高带状间作、沟垄耕作、少耕、免耕等。开展水土保持，就是要以小流域为单元，根据自然规律，在全面规划的基础上，因地制宜、因害设防，合理安排工程、生物、蓄水保土三大水土保持措施，实施山、水、林、田、路综合治理，最大限度地控制水土流失，从而保护和合理利用水土资源，实现经济社会的可持续发展。因此，水土保持是一项适应自然、改造自然的战略性措施，也是合理利用水土资源的必要途径；水土保持工作不仅是人类对自然界水土流失原因和规律认识的概括和总结，也是人类改造自然和利用自然能力的体现。

土壤形成。风化作用使岩石破碎，理化性质改变，形成结构疏松的风化壳，其上部可称为土壤母质。如果风化壳保留在原地，形成残积物，便称为残积母质；如果在重力、流水、风力、冰川等作用下风化物质被迁移形成崩积物、冲积物、海积物、湖积物、冰碛物和风积物等，则称为运积母质。

营养循环。营养循环是指组成生物体的碳、氢、氧、氮、磷、硫等基本元素在生态系统的生物群落与无机环境之间反复循环运动的过程。生物圈是地球上最大的生态系统，其中的营养循环带有全球性，这种物质循环又叫生物地化循环。

废物处理。废物处理是指流动养分的补充，去除或破坏次生养分和成分。例如，湿地被称作"地球之肾"，有非常强的废物处理能力，对自然界存在的以及人类排放的有毒有害物质具有净化作用。

授粉。授粉是植物结成果实必经的一个过程。花朵中通常都有一些粉末状的物质，大多呈黄色，是有花植物的雄性器官，被称为花粉。这些花粉需要被传给同类植物的某些花朵。花粉从花药到柱头的移动过程叫作授粉。

生物控制。生物控制是指主要捕食者对被捕食物种的控制，顶级捕食者对食草动物的控制。例如，森林中的老虎或草原中的狮子对其他动物的捕食，以保持生物数量在大自然可以承载的范围。

生物栖息地。所谓生物栖息地是指适宜生物居住的某一特殊场所，它能够提供食物和防御捕食者等。

食物生产。食物生产是指流域系统提供的可作为食物的部分。例如，通过狩猎、采集、农业生产或捕捞而得来的水产、野味、庄稼、水果等。

原材料生产。原材料是指生产某种产品所使用的基本原料，它是用于生产过程起点的产品。例如，木材、燃料等。

基因资源。基因资源是指特有生物材料和产品资源，例如，抗植物病原体和庄稼害虫的基因、宠物及各种园艺植物等。

休闲娱乐。休闲娱乐功能是指流域环境可以为休闲娱乐活动（例如生态垂钓、休闲旅游和其他户外运动）提供场所。

文化科研。文化科研功能是指流域资源能够为美学、艺术等非商业用途提供机会，例如，流域资源能够作为学生文教基地等。

表 2-1　流域系统主要功能

功能类型	流域系统				
	森林	草地	湿地	河流湖泊	耕地
大气调节	是	是	是	否	否
气候调节	是	是	否	否	否
干扰调节	是	否	是	否	否
水分调节	是	否	是	否	否
供应水资源	是	是	是	是	否
水土保持	是	是	否	否	否
土壤形成	是	是	否	否	否
营养循环	是	否	否	否	否
废物处理	是	是	是	是	否

续表

功能类型	流域系统				
	森林	草地	湿地	河流湖泊	耕地
授粉	是	是	否	否	是
生物控制	是	是	否	否	是
生物栖息地	否	否	是	否	否
食物生产	是	是	是	是	是
原材料生产	是	否	是	否	否
基因资源	是	是	否	是	否
休闲娱乐	是	是	是	否	否
文化科研	是	否	是	否	否

注：标记"是"，说明该类型生态系统具有这一生态功能或者经济功能；标记"否"，说明该类型生态系统不具有这一生态功能或者经济功能。

2.1.2 生态补偿

2.1.2.1 生态补偿的概念

生态补偿是目前比较热门的一个话题，国内外对生态补偿有不少定义，由于侧重点不同及生态补偿本身的复杂性，到目前为止还没有一个统一的定义。《环境科学大辞典》将生态补偿定义为"生物有机体、种群、群落或生态系统受到干扰时，所表现出来的缓和干扰、调节自身状态使生存得以维持的力或者可以看作生态负荷的还原能力；或是自然生态系统对社会、经济活动造成的生态环境破坏所起的缓冲和补偿作用"。在国内环境政策领域，根据研究的不同角度，学者们对生态补偿的含义有不同的见解。这里选取有代表性的几种定义进行探讨。其一，毛显强从外部性原理出发，对行为主体的成本—效益进行分析，认为生态补偿是指"通过对损害（或保护）资源环境的行为进行收费（或补偿），提高该行为的成本（或收益），从而激励损害（或保护）行为的主体减少（或增加）因其行为带来的外部不经济性（或外部经济性），达到保护资源的目的"。其二，吕忠梅从广义和狭义两个方面对生态补偿作了如下定义，生态补偿从狭义的角度理解就是指对由人类的社会经济活动给生态系统和自然资源造成的破坏及对环境造成的污染的补偿、恢复、综合治理等一系列活动的总称。广义的生态补偿还应包括对区域内因环境保护丧失发展机会的居民进行的资金、技术、实物上的补偿，政策上的优惠，以及为增进环境保护意识、提高环境保护水平而进行的科研、教育费用的支出。其三，贺思源从制度设计出发，指出生态补偿是促进补偿活动、调动生态保护积极性的各种规则、激励和协调的制度安排。作为一种经济制度，生态补偿旨在通过经济、政策和市场等手段，解决一个区域内经济社会发展中生态环境资源的存量、增量问题和改善区域间的非均衡发展问题，逐步达到并体现区域内和区域间的平衡与协调发展，从而激励人们从事生态保护和建设的积极性，促进生态资本增值、资源环境持续利用。其四，法学界的曹明德教授从法学角度出发，认为所谓自然资源有偿使用制度，是指自然资源使用人或生态受益人在合法利用自然资源过程中，对自然资源所有权人或对生态保护付出代价者支付相应费用的法律制度。

（1）内涵。国内外学者从多个角度对生态补偿的内涵作了阐释。这些阐释都有一定的道理，但对生态补偿的界定又不是十分清晰和准确，因此有关生态补偿内涵的研究还有待进一步深入。本书认为，所谓生态补偿是一种为保护生态环境和维护、改善或恢复生态系统服务功能，在相关利益者之间分配因保护生态环境活动而产生的环境利益及其经济利益的行为。在形式上，表现为消费自然资源和使用生态系统服务功能的受益人，在有关制度和法规的约束下，向提供上述服务的地区、机构或个人支付相应的费用。

从本质上看，我国的生态补偿概念界定与国际上的生态服务付费和生物多样性补偿的内涵具有较大的相通性。生态服务付费强调对生态服务的经济补偿，生物多样性补偿强调对生物多样性和生态环境破坏后的恢复性补偿行为。我国的生态补偿概念基本上包含了这两者的内涵，是相对广义的。

（2）外延。外延决定生态补偿的政策适用边界。目前在理论界和实践领域对生态补偿理解过于宽泛和过于狭小的现象同时并存。外延过大的表现是将所有的生态保护和建设行为及其政策，或将与环境保护有关的收费等经济政策都归属在生态补偿概念之下；外延过小的表现是对生态补偿的狭义理解，其典型是仅指生态补偿收费或生态补偿专项基金。外延过大就会造成生态补偿与现有相关环境政策产生交叉或矛盾，甚至会改变现有政策体系的结构，引起不必要的混乱；外延过小则难以解决现实遇到的具有同质性的问题，并局限了实现生态补偿目的的政策手段。

因此，生态补偿外延的确定需要考虑两个方面的因素：一是生态补偿的基本定位和性质，二是与现有相关政策的关系。我国的环境保护工作基本上划分为自然生态保护（与建设）和环境污染防治两大领域。无论从数量上还是从结构上看，我国的环境污染防治政策体系都是比较丰富和完善的，而生态保护政策体系比较薄弱，呈现出较严重的结构短缺问题。一方面，除了土地、矿产、森林、水等资源保护性立法外，我国目前还没有生态保护基本立法或综合性立法；另一方面，基于市场机制的经济激励政策基本处于空白。因此，面对严峻的生态退化现实，建立和完善生态保护政策，特别是建立和完善经济激励政策是一项非常紧迫的任务。

2.1.2.2 生态补偿的类型

生态补偿类型的划分是建立生态补偿机制以及制定相关政策的基础。不同的划分标准和方法对生态补偿政策设计和制度安排的目的性、系统性以及可操作性有很大的影响。当前，国内学术界对生态补偿的类型划分还没有统一标准，按照不同划分标准和目的有若干不同类型或表述。

（1）按照时间维度的不同，划分为代内补偿和代际补偿。代内补偿指在同代人之间进行的补偿。由于人类分处于不同国家、不同地区，而各地经济、环境、技术的不同，使人们在资源利用上也存在差别，一些人无偿享受或过量使用环境所带来的效益，使其他人受到损害或增加环境支出，这就要求在同代人之间进行补偿。代际补偿指当代人对后代人的补偿。没有任何一项政策或项目会使所有人受益，根据帕累托改进准则，改进的方法就是进行补偿。因此，如果一项政策会危及后代人的利益，就要对后代人进行补偿，防止当代人获益却把费用强加给后代人。

（2）按照空间维度的不同，划分为国内补偿和国家间补偿。国内补偿指在一国之内进行的生态补偿。各区域、部门在使用环境资源时可能会使其他地区、部门受益或受损，就需要受益地区或部门向受损地区或部门进行经济补偿。另外，致力于环境保护的地区，所取得的成效会使其他地区受益，这些都应得到相应的补偿。国家间补偿指在国家之间进行的生态补偿。由于环境系统的整体性，一个国家在进行环境活动时，有可能使另一个国家受益，也有可能对另一个国家的环境产生严重损害。因此，在国家之间应进行环境补偿。在各国的发展历程中，发达国家凭借其经济、技术等优势，疯狂掠夺发展中国家的环境资源，对发展中国家造成了严重损害。《21世纪议程》明确规定发达国家每年应拿出其国内生产总值的0.7%用于官方发展援助，补偿发展中国家的损失，这也是国家间环境补偿的一种。

（3）按照补偿主体的不同，划分为国家补偿、资源型利益相关者补偿、自力补偿和社会补偿。国家补偿是国家（中央政府或国家机构）承诺的对生态建设给予的财政拨款与补贴、政策优惠、技术输入、劳动力职业培训、提供教育和就业等多种方式的补偿。资源型利益相关者补偿是具有利益关联的生态保护的付出主体（贡献者）与生态保护利益获得者（受益者）之间通过某种给付关系建立起来的物质性补偿关系。主要有自然资源的开发利用者对资源生态恢复和保护者的补偿、下游地区对上游地区的利益相关者的补偿两种形态。自力补偿是负有生态保护义务的地方政府、资源利用者对当地直接从事生态建设的个人和组织通过生态保护义务者履行生态保护义务而实现的物质性补偿关系。社会补偿是对生态保护有觉悟的非利益相关者通过某种形式的捐助或资金募集，与生态保护义务群体之间建立的惠益关系，包括国际、国内各种组织和个人通过物质性的捐赠和捐助。国家补偿、资源利益相关者补偿、自力补偿是发生在直接利益相关者之间的生态补偿，具有强制补偿的性质；而社会补偿属于非直接利益关联者补偿，是自愿补偿并属于道德倡议范围，国家可以通过经济杠杆、道德文化等多种形式进行颂扬和拓展。

（4）按照补偿对象的不同，划分为保护者补偿和受损者补偿。保护者补偿是指对为生态保护做出贡献者给予补偿。生态建设与环境保护是一种公共性很强的"物品"，完全依靠市场机制就存在"生产不足"甚至"产出为零"的可能性，那样是不可能提供市场所需要的那么多数量的。因此需要另外一种机制来解决，可通过补贴那些提供生态环境建设这种公共物品（劳务）的经济主体，以激励他们的保护积极性。受损者补偿是指对在生态破坏中的受损者和对减少生态破坏者给予补偿。给生态环境破坏中的受损者以适当的补偿是符合一般的经济原则和伦理原则的。而对减少生态破坏者给予补偿，是因为有些生态破坏确实是迫于生计。越是贫穷就越是依赖有限而可怜的自然资源，对生态环境的破坏就越严重，经济越是得不到发展。在这种情况下，如果不从外部注入一些资金或建立某种机制就不可能改善生态环境。因此，对减少生态破坏者应给予适当补偿。

（5）按照政府介入程度的不同，划分为政府的"强干预"补偿和政府的"弱干预"补偿。政府的"强干预"补偿，是指由于生态环境服务的公共物品性质，生态问题的外部性、滞后性、社会矛盾的复杂性和社会关系变异性强等因素，政府成为生态环境服务的主要购买者或补偿资金的主要资助者。政府的"弱干预"补偿，是指在政府的引导下实现生态保护者与生态受益者之间自愿协商的补偿。政府提供补偿并不是提高生态效益的唯一途径，政府还可以利用经济激励手段和市场手段促进生态效益的提高。

（6）按照补偿效果的不同，划分为"输血型"补偿和"造血型"补偿。"输血型"补偿，是指政府或补偿者将筹集起来的补偿资金按期转移给被补偿方。这种支付方式的优点是被补偿方在资金的调配使用上拥有极大的灵活性，缺点是补偿资金可能转化为消费性支出，因而不能从机制上帮助被补偿方真正做到"因保护生态资源而富"。"造血型"补偿，是指政府或补偿者以"项目支持"的形式，将补偿资金转化为技术项目安排到被补偿方（地区），或者对无污染产业的上马给予补助以发展生态经济产业。这种方式可以提高落后地区发展能力，促进其形成造血机能与自我发展机制，使外部补偿转化为自我积累能力和自我发展能力。这种补偿机制通常是与扶贫和地方发展相结合的，优点是可以扶持被补偿方可持续发展，缺点是被补偿方缺少了灵活支付能力，而且项目投资还得有合适的主体。

（7）其他学者的分类。厉以宁等根据环境破坏责任者是直接支付给直接受害者，还是由环境破坏责任者付款给政府有关部门然后由政府有关部门给予直接受害者以补偿，把生态补偿分为直接补偿和间接补偿。按照厉以宁的分类标准，前者为直接补偿，后者为间接补偿。谢剑斌在研究森林生态效益补偿过程中，把生态补偿类型分为增益补偿和抑损补偿。如果补偿政策主要是为刺激社会成员进行环境保护的积极性，促进生态资源增益而设计，表述为"增益补偿"；如果补偿政策主要是为抑制生态资源过快的受损而设计，则表述为"抑损补偿"。

2.1.3 生态补偿标准

补偿标准旨在解决生态补偿机制中"补偿多少"的问题，它的确立是生态补偿机制中的一大难点，很多人将其归结为生态环境的功能价值难以计量。

2.1.3.1 确定生态补偿标准的方法

确定生态补偿标准主要有两种方法：一是核算法，二是博弈—协商法。

核算法是以生态环境治理成本（生态环境保护投入）和生态环境损失（生态系统服务功能价值减少）评估核算为基础来确定生态补偿标准的方法。具体过程如下：首先运用环境质量评价和生态评价等技术手段，分析生态建设者对受益者所产生的惠益，测试受益者的受益范围、时间、行业、领域和人群，依据环境资源提供的环境效果，使用效果评价法计算出受益者的受益总量；同时结合经济学和计量经济学，使用收益损失法分析生态建设者因经济活动受限、结构调整等产生的经济损失；然后将受益者的受益量减去生态建设者的损失量进行平均，就得出了受益者应当提供的补偿数量。对生态建设者的补偿标准和对受益者的征收标准（受益者的支付标准）是生态补偿的两个关键指标。补偿标准既要充分考虑受偿方的需求，也要兼顾支付方的意愿，并协调两者之间的关系以达到供需平衡，保证生态保护和建设的资金需求。

博弈—协商法是各利益相关者就一定的生态补偿范围经协商同意而确定生态补偿标准的方法。因为生态补偿政策旨在令生态保护的受益者向因实施保护行为而受到经济损失的生态保护实施者进行补偿，其实质是在生态保护受益者与实施者之间重新分配因生态保护产生的社会净效益。但由于这种分配改变了旧的利益分配格局，必然将导致不同利益群体之间的矛盾。每一个利益群体都想实现自身利益的最大化，它们必然会在"博弈规则"框架下选择于己最为有利的行动策略，展开与其他利益群体的博弈。同时，尽管生态环境价值核算与机会成本核算都有许多方法，但不同的方法得出的结果差异很大，很难得到各利益相关者的一致认同。因此，在实践中以核算为基础，通过协商达成一致来确定补偿标准往往是更行之有效的补偿标准确定方式。根据博弈—协商的方法不同，博弈—协商法可以细分为投标博弈法、比较博弈法、无费用选择法、优先评价法和德尔菲法。

2.1.3.2 我国几个典型领域生态补偿标准的确定

我国的生态资源所有权属于国家，补偿标准应在国家的经济发展水平和其对生态效益的需求间寻找平衡点。

（1）资源开发生态补偿标准确定。资源开发活动会造成一定范围内的水土流失、植被破坏、环境污染、水资源破坏、土壤损失等，直接影响到区域的水土保持、水源涵养、气候调节、景观观赏、生物供养等生态系统服务功能，生态（环境）服务功能的损失往往也是国民经济难以承受的一个代价。对于资源开发造成的外部不经济性的补偿要考虑两方面的因素：一是恢复和治理那些开发者无法恢复和治理的，或者是历史上形成的大规模生态景观破坏及其生态功能损失的成本；二是资源开发对当地居民生活和发展造成的损失。资源开发补偿标准的核算方法：一是生态（环境）价值损失核算，二是环境治理与生态恢复的成本核算。理论上，确定生态补偿标准的基本准则应是高于或等于机会成本或恢复治理成本而低于生态（环境）价值或服务功能。如对山西省煤炭开采带来的水土流失、水资源永久性破坏、人畜缺水、房屋建筑破坏等损失进行核算，得出 1978 年以来环境污染与生态破坏损失为 3988 亿元，相当于每吨煤 60 元。如果要恢复原来的生态环境，则需投资 1089 亿元，相当于每吨煤 17 元。

（2）生态保护补偿标准确定。当有关责任主体通过投入对生态环境进行保护，使其他主体受益而自身没有得到补偿时，核算补偿标准有两种思路：一是生态（环境）服务功能价值评估，这主要是针对生态保护或者环境友好型的生产经营方式所产生的水源涵养、水土保持、气候调节、景观美化、生物多样性保护等生态服务功能价值进行综合评估与核算；二是机会成本的损失核算，一些大型的生态建设项目和开发建设行为必然会使项目区居民的生产和生活方式受到很大的影响，带来机会成本的损失，如退耕还林（草）工程直接造成农民部分生产工具的闲置、劳动力的剩余、粮食收成的减少等，而且开展生态公益林保护则必须放弃森林砍伐或种植经济林的收益。

随着生态价值评估理论和方法研究的逐渐深入，很多人为强调和突出生态与环境的巨大价值，倡议通过生态价值评估来确定生态补偿标准，但估算的结果与当地的 GDP 往往有数量级的差别，难以直接作为补偿的依据。实际上，通过机会成本确定生态补偿标准的思路相对可以接受，这种补偿是相对于损失而言的。因此，要保护并维持生态环境正外部性的持续发挥，生态保护补偿标准应该基于成本因素，即只要把生态保护和建设的直接经营成本，连同部分或全部机会成本补偿给经营者，经营者就能够获得足够的动力参与生态保护和建设，从而使全社会享受到生态系统提供的服务。依据机会成本计算出的生态补偿标准明显低于通过生态价值评估得到的数值。

（3）区域生态补偿标准确定。确定区域生态补偿标准的方法无疑非常复杂，目前还没有公认的方法与准则。但我们可以从以下方面进行探讨：一是基于同等公共服务的区域生态补偿标准。生态环境保护是典型的公共服务，生态公益林保护、自然保护区建设、湿地保护等工作都属于公共支出的范围。按照国家"十一五"规划的要求，各地应享有大致平等的公共服务，但生态公益林保护、自然保护区建设等生态保护项目在空间上分布十分不均。因此，为能达到同等公共服务的目标，国家公共支出应根据这些生态保护项目的空间分布差异而有所差异。但根据我国目前的实际情况看，生态保护的公共支出显然还没有向生态保护重点区域倾斜。二是基于生态足迹的区域补偿标准。生态足迹是一定范围内人口生产这些人口消费的所有资源和吸纳这些人口所产生的废弃物所需要的生态生产面积。自1992年加拿大生态经济学家首先提出生态足迹的概念以来，世界各国和众多国际组织都开展了生态足迹的测算工作，其方法日益完善，测算结果也逐渐得到人们的认可。在区域生态补偿中，在国家尺度上以省为单位，按照赤字和盈余进行分类，按照单位面积的平均生产收益计算各省的生态足迹，补偿标准即根据各地区赤字或盈余面积的多少，由赤字区给盈余区实施生态补偿。三是基于共同生态保护责任的区域补偿标准。生态保护人人有责，应本着公平合理的原则确定一定的生态补偿标准。在国家尺度上，可以统一规定各省生态用地的面积比例、生态公益林的面积比例、国家级自然保护区的面积比例等指标，借鉴环境领域里比较成熟的配额交易制度，由生态保护指标短缺的地区对指标富裕地区按照一定的配额交易成本进行补偿。

（4）流域补偿标准确定。为了保障下游地区饮用水安全，目前我国的流域水环境保护主要依据水环境功能区划分，通常规定上游地区水质保护目标在 II 至 III 类之间，而下游地区水质保护的要求则低得多。因此，为实现水体公平利用的原则，下游地区应该对上游地区为保护水质而付出的努力和损失进行补贴，补贴来源于下游地区因承担较小的水环境保护责任而多获取的利益。流域补偿机制的实质是流域上下游地区政府之间部分财政收入的重新再分配过程，目的是建立公平合理的激励机制，使整个流域能够发挥出整体的最佳效益。我国的流域补偿机制应包括赔偿和补偿两个方面，以保证一种相对的公平。其中，赔偿是因上游地区对下游地区造成水体污染超标所产生的损失的赔偿，赔偿额与超标污染物的种类、浓度、水量以及超标时间有关。补偿原则是下游地区对上游地区输送优于标准水质的补偿，补偿标准测算包括以下三个方面：一是以上游地区为使水质达标所付出的努力为依据，即直接投入，主要包括上游地区对涵养水源、农业非点源污染治理、环境污染综合整治、修建水利设施、城镇污水处理设施建设等项目的投资；二是以上游地区为水质水量达标所丧失的发展机会为依据，即间接投入，主要包括移民安置的投入、节水的投入以及限制产业发展的损失等；三是今后上游地区为进一步改善流域水质和水量而新建流域水利设施、水环境保护设施、环境污染综合治理项目等的延伸和投入，也应由下游地区按水量和上下游经济发展水平的差距给予进一步的补偿。

（5）生态环境要素补偿标准确定。土地、森林、水、草地等生态环境要素都具有生态服务功能价值，目前国内外已经对相关的评估方法进行了大量的研究，认为生态环境要素的生态服务功能是其经济开发功能价值的几倍到几百倍。研究生态环境要素补偿标准要考虑两种情形：一是资源开发造成的生态环境服务功能损失，二是生态环境保护造成的发展机会损失。两种情形下制定生态环境要素补偿标准的准则不同：①资源开发造成的生态环境服务功能损失的成本补偿。资源开发特别是矿产资源开发通常造成严重的环境污染与生态破坏，但社会要生存和发展就必须开发一些自然资源。由于生态服务功能价值损失的核算结果往往与当地 GDP 有数量级的差别，难以直接作为补偿依据，所以资源开发造成的环境污染与生态破坏的损失补偿不能直接根据生态环境损失进行核算，而应该按照环境污染治理与生态恢复的成本进行核算。按照这种思路制定的生态环境要素补偿标准才具有可行性，同时能够反映人们实施环境保护工程的效益。②生态环境保护的发展机会补偿。生态环境要素创造的生态价值远远超过其经济开发价值，如有研究估算得出森林资源的生态价值是森林开发经济价值的 10 ~ 100 倍。如果生态环境要素的补偿标准低于其市场开发价值，则其经营者或所有者将对生态保护缺乏积极性。因此，生态环境要素保护的补偿标准应低于其生态价值而高于其市场价值。

2.1.4　生态系统服务功能

（1）生态系统服务功能含义。对生态系统服务功能的研究是在近些年发展起来的，其属于生态学研究领域。目前普遍使用的"生态系统服务功能"是指生态系统与生态过程形成及维持的人类赖以生存的自然环境条件与效用，这一概念是我国欧阳志云、王如松等学者概括的。目前，国内外一些学者在不同空间尺度下对不同类型生态系统的服务功能进行了研究，内容主要集中在对自然生态系统所提供服务的定量评价，包括物质量评价和价值量评价，并建立了一系列价值评价的理论和方法，推动了这一领域研究的发展（杨跃军和刘羿，2008）。

（2）生态系统服务功能类型。生态系统是维持地球生命环境的基础，其主要功能包括固定二氧化碳、稳定大气、调节气候、缓冲干扰、水文调节、水资源供应、水土保持、土壤熟化、营养元素循环、废弃物处理、传授花粉、生物控制、提供生境、食物生产、原材料供应、作为遗传资源库、提供休闲娱乐场所，以及科研、教育、美学、艺术功能等（杨跃军和刘羿，2008）。

（3）生态系统服务功能价值。生态系统服务功能价值一般有如下四类。

一是直接使用价值（Direct Use Value，DUV）。主要是指生态系统产品所产生的价值，即生物资源价值。它包括食品、医药及其他工农业生产原料，这些产品可在市场上交易并在国家收入账户中得到反映，但也有部分非实物直接价值（无实物形式但可为人类提供服务并可直接消费），如景观娱乐、作为科学研究对象等。直接使用价值可用产品的市场价格来估计。

二是间接使用价值（Indirect Use Value，IUV）。主要是指生态系统给人类提供生命支持的价值。这种价值通常远高于其直接生产的产品资源价值，它们是作为一种生命支持系统而存在的。如维持生命存在的生物地化循环与水文循环、维持生物物种与遗传多样性、维持大气化学的平衡与稳定以及维持地球生命支持系统等功能。间接利用价值的评估常常需要根据生态系统服务功能的类型来确定，通常有恢复费用法、替代市场法等。

三是选择价值（Option Value，OV）。选择价值是人们为了将来能直接利用或间接利用某种生态系统服务功能的支付意愿，如人们为将来能利用生态系统的涵养水源、净化大气以及休闲娱乐等功能的支付意愿。人们常把选择价值喻为保险公司，即人们为确保自己将来能利用某种资源或效益而愿意支付的一笔保险金。选择价值又可分为三类，其分别为自己将来利用、子孙后代将来利用（遗产价值）及别人将来利用（替代消费）。选择价值是当代人和子孙后代将来对现在未知用途的利用，是一种关于未来的价值或潜在的价值。对现代人来说，它是非使用的，也是难以计量的价值，因为它的不可预知性，我们无法得到任何可信的信息，今天的人类不知道明天的人类会遇到什么问题，需要什么或怎样去满足这些需要，更无法确定哪些东西是需要的而哪些又是无关紧要的。但这些并不代表选择价值无关紧要，只是我们不知道、无法估值而已。

四是存在价值（Existence Value，EV）。存在价值亦称内在价值，是人们为确保生态系统服务功能继续存在的支付意愿。存在价值是生态系统本身具有的价值，是一种与人类利用无关的经济价值。换句话说，即使人类不存在，存在价值仍然有，如生态系统中的物种多样性与涵养水源能力等。存在价值是介于经济价值与生态价值之间的一种过渡性价值，它为经济学家和生态学家提供了共同的价值观。对存在价值的估价常常不能用市场评估方法，因为基于成本和效益对一个物种的存在去进行精确分析显然不会得到任何有意义的结果，如果一定要对它进行经济学计量，将意味着它们的存在是可以替代的，且只要替代物的价值能够超过这种货币化的存在价值，其灭绝也是可以允许的，这一结论无论从保护生物学角度还是从环境伦理学角度而言，都是不可能接受的。在处理存在价值评价问题上只能应用一些非市场的方法（如支付意愿，WTP）。

根据前面对价值构成系统的评述，一般认为生态系统服务功能的总价值是其各类价值的总和，即总价值（TEV）＝直接使用价值＋间接使用价值＋选择价值＋存在价值。

（4）生态系统服务功能价值评价方法。依据生态经济学、环境经济学和资源经济学的研究成果，目前较为常用的评估方法主要可分为三类：直接市场法，包括费用支出法、市场价值法、机会成本法、恢复和防护费用法、影子工程法、人力资本法等；替代市场法，包括旅行费用法和享乐价格法等；模拟市场价值法，包括条件价值法等（刘玉龙等，2005）。

1）费用支出法。费用支出法是以人们对某种生态服务功能的支出费用来估测其生态价值。例如，对于自然景观的游憩效益，可用游憩者支出的费用总和作为该生态系统的游憩价值。费用支出法通常又分为三种：总支出法，以游客的费用总支出作为游憩价值；区内支出法，仅以游客在游憩区支出的费用作为游憩价值；部分费用法，仅以游客支出的部分费用作为游憩价值。

2）市场价值法。市场价值法先定量地评价某种生态服务功能的效用，再根据这些效用的市场价格来估计其经济价值。在实际评价中，通常有两类评价过程。一是理论效果评价法，它可分为三个步骤：先计算某种生态系统服务功能的定量值，如农作物的增产量；再研究生态服务功能的"影子价格"，如农作物可根据市场价格定价；最后计算其总经济价值。二是环境损失评价法，如评价保护土壤的经济价值时，用生态系统破坏所造成的土壤侵蚀量、土地退化、生产力下降的损失来估计。

3）机会成本法。边际机会成本是由边际生产成本、边际使用成本和边际外部成本组成的。机会成本是指在其他条件相同时，把一定的资源用于生产某种产品时所放弃的生产另一种产品的价值，或利用一定的资源获得某种收入时所放弃的另一种收入。对于稀缺性的自然资源和生态资源而言，其价格不是由其平均机会成本决定的，而是由边际机会成本决定的，它在理论上反映了收获或使用一单位自然和生态资源时全社会付出的代价。

4）恢复和防护费用法。全面评价环境质量改善的效益，在很多情况下是很困难的。对环境质量的最低估计可以从为了消除或减少有害环境影响所需要的经济费用中获得，我们把恢复或防护一种资源不受污染所需的费用，作为环境资源破坏带来的最低经济损失，这就是恢复和防护费用法。

5）影子工程法。影子工程法是指，当环境受到污染或破坏后，人工建造一个替代工程来代替原来的环境功能，用建造新工程的费用来估计环境污染或破坏所造成的经济损失。

6）人力资本法。人力资本法通过市场价格和工资多少来确定个人对社会的潜在贡献，并以此估算环境变化对人体健康影响的损失。环境恶化对人体健康造成的损失主要有三方面：因污染致病、致残或早逝而减少本人或社会的财富；医疗费用的增加；精神或心理上的损伤。

7）旅行费用法。旅行费用法是利用游憩的费用（交通费和门票费等）资料求出"游憩商品"的消费者剩余，并以其作为生态游憩的价值。旅行费用法不仅首次提出了"游憩商品"可以用消费者剩余作为价值的评价指标，而且首次计算出了"游憩商品"的消费者剩余。

8）享乐价格法。享乐价格与很多因素有关，如房产本身数量与质量，距中心商业区、公路、公园和森林的远近，当地公共设施的水平，周围环境的特点等。享乐价格理论认为如果人们是理性的，那么他们在选择时必须考虑上述因素，故房产周围的环境会对其价格产生影响，因周围环境的变化而引起的房产价格可以估算出来，以此作为房产周围环境的价格，称为享乐价格法。享乐价格法研究表明，树木可以使房地产的价格增加 5% ~ 10%，环境污染物每增加一个百分点，房地产价格将下降 0.05% ~ 1%。

9）条件价值法。条件价值法也叫问卷调查法、意愿调查评估法、投标博弈法等，属于模拟市场技术评估方法，它以支付意愿（WTP）和净支付意愿（NWTP）表达环境商品的经济价值。条件价值法是从消费者的角度出发，在一系列假设前提下，假设某种"公共商品"存在并有市场交换，通过调查、询问、问卷、投标等方式来获得消费者对该"公共商品"的 WTP 或 NWTP，综合所有消费者的 WTP 或 NWTP，即可得到环境商品的经济价值。根据获取数据的途径不同，又可细分为投标博弈法、比较博弈法、无费用选择法、优先评价法和德尔菲法等。

生态系统服务功能价值评估方法，因其功能类型不同而不同。主要生态系统服务功能价值评估方法分析比较如表 2-2 所示。

通过表 2-2 的分析可以看出，生态系统服务功能价值评估方法各有优缺点，但总体看来直接市场法的可信度高于替代市场法，而替代市场法的可信度又高于模拟市场法。故选取评估方法时应遵循以下基本原则：首选直接市场法，若条件不具备则采用替代市场法，当两种方法都无法采用时才用模拟市场法。

表 2 – 2　主要生态系统服务功能价值评估方法的比较

分类	评估方法	优点	缺点
直接市场法	费用支出法	生态环境价值可以得到较为粗略的量化	费用统计不够全面合理，不能真实反映游憩地的实际游憩价值
	市场价值法	评估比较客观，争议较少，可信度较高	数据必须足够、全面
	机会成本法	比较客观全面地体现了资源系统的生态价值，可信度较高	资源必须具有稀缺性
	恢复和防护费用法	可通过生态恢复费用或防护费用量化生态环境的价值	评估结果为最低的生态环境价值
	影子工程法	可以将难以直接估算的生态价值用替代工程表示出来	替代工程非唯一性，替代工程时间、空间性差异较大
	人力资本法	可以对难以量化的生命价值进行量化	违背伦理道德，存在效益归属问题，理论上尚存在缺陷
替代市场法	旅行费用法	可以核算生态系统游憩的使用价值，可以评价无市场价格的生态环境价值	不能核算生态系统的非使用价值，可信度低于直接市场法
	享乐价格法	通过侧面的比较分析可以求出生态环境的价值	主观性较强，受其他因素的影响较大，可信度低于直接市场法
模拟市场法	条件价值法	适用于缺乏实际市场和替代市场交换的商品的价值评估，能评价各种生态系统服务功能的经济价值，适用于非实用价值占较大比重的独特景观和文物古迹价值的评价	实际评价结果常出现重大的偏差，调查结果的准确与否很大程度上依赖调查方案的设计和被调查的对象等诸多因素，可信度低于替代市场法

2.2　理论基础

2.2.1　产权理论

流域为生态环境改善做出了重要贡献，同时流域也拥有巨大的经济价值，然而对流域的保护与开发和流域本身的产权归属有紧密的联系。因而从产权这一角度对流域问题进行研究与分析，可以有效克服流域资源保护的核心问题，也可以为分配流域所产生的经济效益提供理论根据。虽然流域是三大重要生态系统之一，但直到目前我国司法系统并没有对流域保护单独制定相应的法律或法规，而判断流域相关权利（所有权、收益权和使用权）的归属问题只能依据其他的法律或法规（《中华人民共和国宪法》《中华人民共和国水法》等）。

对于流域的所有权，根据以上法律得出其所有权属于国家或集体，国家所有由国务院作为代表主要行使这一权利，集体所有由村集体或乡集体等行使这一权利。而在实际运作当中，国家所有的流域资源却是由各级地方政府进行分级管理，这样一种由国务院单一代表而又由各级政府分级管理的形式将流域进行了分割并模糊了流域资源的所有权归属，对流域生态保护产生了较大的阻碍作用。对于流域的使用权而言，由于我国流域的所有权存在实际运作中的归属模糊现状，流域资源主要被各级地方政府以及在流域周边生活的居民直接使用。首先，流域属于公共产品，各级地方政府一旦使用该种资源，并将其划入自身行政区域，就可以开始使用权利而获益。其次，由于监管不到位以及历史遗留问题，众多生活在流域周边并以流域资源为主要收入来源的居民，经过长期时间形成了习惯，理所当然地自认为是天然的流域使用者。对于流域收益权而言，由于流域具有物质生产（鱼、虾、芦苇等）、大气调节、预防洪水、污染处理、水分供给、生物多样性、休闲娱乐等众多生态系统服务功能，其不仅能够产生相当程度的经济价值，同时也可以形成社会和生态价值。流域产生的经济收益，主要是被各级地方政府以及生活在周边的居民所获得，而其产生的社会和生态价值，也并没有让全民获得。因此，流域资源表面上看是由国家所有（即全民所有），但是在实际过程中却仅由少数人所有，也就是说我国的流域资源产权是残缺和模糊的，从而导致收益权没有让全民拥有。

综上所述，我国流域资源是由全民或者集体所有，但是其经济价值却并不能被全民或者集体所获得，而是仅由各级地方政府和周边居民等少数人掌握，这样就造成流域资源的所有权、使用权与收益权并不对应。作为流域资源的实际使用者和受益者，各级地方政府和周边居民往往仅关注流域带来的经济收益，对流域资源进行过度开采和利用，常常导致流域资源产出效率低、严重退化等现象的发生。若仅选用建立自然保护区这一方式进行流域保护，很有可能不但不能解决这一问题，反而产生一系列新的问题。国家拥有流域的所有权，然而实际的使用权、收益权却掌握在当地政府以及周边居民的手里，经过长时间的延续，周边的村、镇等集体组织自认为就是流域资源的所有者，同时其收入高度依赖流域资源。在国家没有对流域资源进行保护或利用时，不会有矛盾发生。然而，一旦国家加大对流域资源的保护强度以及采取保护措施（退耕还湿、实行禁渔期等），就会对流域的天然使用者（尤其是以水产、耕地为主要收入来源的居民）产生巨大的影响，从而引起一系列的冲突。另外，任何人、任何地区都具有相同的发展的权利，然而国家对流域资源实行保护，就会使流域周边的基本设施建设停滞、耕地改为流域、居民禁止捕鱼等，从而导致当地失去了发展的机会。同时，也会使这些地区的居民（尤其是依赖流域资源的居民）收入受到显著影响，进而损害当地居民的利益。

总而言之，由于历史的原因，流域资源产权模糊，进而引起了一系列问题。随着科学技术的不断提升，对自然资源的索取程度越来越大，从而导致流域资源越来越稀缺。同时，市场机制在不断完善，市场对流域资源的需求越来越大，而流域资源所产生的权益归属不清晰就会导致冲突与矛盾的产生。因此，我国对流域资源的保护首先要解决产权这一问题，也就是说对流域资源要明晰产权，只有在流域产权明晰的前提下，建立生态补偿机制并制定相应的生态补偿标准才具有实际意义，并且才有实施生态补偿的可能。

2.2.2 外部性理论

一般而言，外部性可以分为正的外部性和负的外部性。正的外部性是指某人在做某项事情时使他人也获得了一定收益。例如，园丁在院子里种满了花草，过路人看到后心情十分愉悦，这样园丁的活动就给路人带来了正的外部性。负的外部性是指某人在做的某项事情导致他人受到了损害。例如，一家制药企业向空气中排放废气，使企业周边空气质量变差从而影响附近居民的日常生活，这样该企业的生产活动就给周边居民带来了负的外部性。

（1）流域保护的正外部性。如图2-1所示，在边际成本曲线给定的情况下（流域资源的供给曲线给定，即MC给定），对流域资源保护所产生的边际个人收益要小于边际社会收益。如前文所述，流域的生态功能主要有食物和原材料生产、大气调节、涵养水源、调蓄洪水、提供生物栖息地、废物处理、水分调节、休闲娱乐以及文化科研功能等。若地方政府、企业或个人对流域进行保护，由此带来的生态效益并不仅由提供者或保护者获得，其他人也会因此而获得收益。例如，当地政府加大对流域资源的保护力度，实行退耕还湿或退耕还湖，使流域调节洪水的能力增强，从而使下游地区在丰水期时可以减少或者免除洪水所带来的经济损失。同时，当地对流域实行植树造林等涵养水源的保护措施，在使当地水质变好的同时，也会使下游地区获得更加优质的水源。另外，以鄱阳湖流域为例，该流域每年都有大量候鸟到此越冬，地方政府为保护候鸟进行了大量的投入，其中一部分候鸟是全国乃至全球的珍稀鸟类。鄱阳湖流域所在的各级政府保护候鸟带来的好处，其实全球都在分享。总而言之，由于流域能够带来很多无形的生态服务，从而对流域的保护会产生很强的正外部性。如图 2 - 1 所示，对流域资源进行保护，个人得到的流域效益均衡点为 E_1，对应的收益为 $OP_1E_1Q_1$ 所围成的面积。由于流域保护存在正的外部性，对整个社会而言，流域的价格为 P_3，即整个社会获得的收益为 $OP_3E_3Q_1$ 所围成的面积。因此，由于流域资源的保护存在正的外部性，一部分收益（收益大小是 $P_3E_3E_1P_1$ 所围成的面积）被整个社会获得。

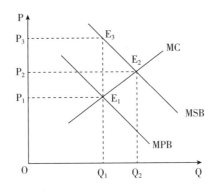

图 2 - 1　流域保护的正外部性

（2）流域利用的负外部性。如图 2 - 2 所示，在边际收益给定的情况下（流域资源的需求曲线给定，即 MPB 给定），对流域资源的利用所产生的边际个人成本小于边际社会成本。例如，当地政府为了发展地方经济，对流域资源进行开发与利用，导致流域生态环境受到了一定的破坏，进而使流域的食物和原材料生产、大气调节、涵养水源、调蓄洪水、生物栖息地、废物处理、水分调节、休闲娱乐以及文化科研等生态功能降低，这样就会造成固定二氧化碳以及释放氧气的量减少、降解污染的能力下降、生物保护的能力降低和供给水源的能力减弱，从而引起一系列生态损失，但是这些损失并不会仅由破坏者承担，还有一部分会转移到其他人或整个社会。结合图 2 - 2 来看，对流域资源的利用，个人的均衡点为 E_1，所需要的费用为 $OP_3E_1Q_2$ 所围成的面积。由于流域利用存在负的外部性，对于整个社会而言，流域的成本为 P_1，即整个社会需要付出的费用为 $OP_1E_3Q_2$。因此，由于流域资源的利用存在负的外部性，一部分费用（费用大小是 $P_1E_3E_1P_3$ 所围成的面积）被整个社会所承担。

（3）流域资源外部性的内部化。通过上文的阐述，我们得知流域的利用会产生负的外部性，而流域的保护又会产生正的外部性，如果让市场直接对流域资源进行配置会出现市场失灵的情况。目前解决外部性的问题主要有明确产权归属

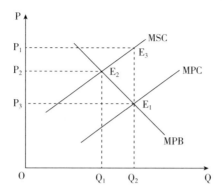

图 2 - 2　流域利用的负外部性

和政府干预两种方式。从产权这一角度来看，制度经济学家认为只要限定好资源的产权归属，交易费用为零的前提下交易双方就能自行解决外部性的问题；如果交易费用不为零，通过政府制定规章进行交易，也可以解决外部性问题。从政府干预这一角度来看，对流域资源的破坏者，政府可以采用对其征税的方式解决外部性的问题，即对流域资源的损害者或利用者进行征税，增加其边际个人成本，同时可以将所征的税，通过政府转移支付给受到影响的人，这也是解决流域资源外部性的一个方式。综上所述，无论是通过确定产权还是政府干预，归根结底都要落实到受益方通过一定方式对受损方进行补偿，即生态补偿是解决流域保护所产生的正外部性和流域利用所产生的负外部性的根本途径。

2.2.3　激励理论

所谓激励理论就是指通过某种方法或制定一些规则使人的需要可以得到实现，从而调动人的积极性去完成某项任务或事情的概括总结。激励的目的在于调动人们的主观能动性和创造性，使人们积极完成某项事情，以达到激励者目的，进而获得大家都满意的结果。基于这一理论，对于流域的生态保护也是一样的。目前流域环境越来越受到人们的关注，要对流域资源进行保护就需要建立激励机制，而激励的关键就是建立生态补偿标准，同时补偿标准的高低会直接影响是否能够对流域使用者产生正向的激励，具体含义如图 2 - 3 所示。其中，横轴为流域资源保护的数量，纵轴表示价格。

假设流域使用方（居民、企业、地方政府等）平均利用流域的收益为线性函数 P_h，并且平均收益为一固定值；假设流域保护方为保护流域对流域使用方进行的补偿亦为线性函数 P_g，其从原点开始。从图 2 - 3 可以看出，均衡点就是流域资源使用方的收益函数与支付函数的交汇点 E_*，在该点流域保护而进行支付的费用与流域使用方的收益恰好相等，也就是说流域保护方支付使用方的补偿与流域使用方的收益相同，此时流域使用方才会开始产生正向激励进行流域资源的保护。如果补偿标准小于流域利用方的收益，如图2－3中的E_2点，在此处由于补偿标准低于使用方对流域利用产生的收益，这时并不能产生正向激励进而使流域使用方不会对流域资源进行保护，这是由于在这一情形下，流域使用方会产生$P_1P^*E^*X^*X_1E_2P_1$面积的收益损失。如果补偿标准高于流域使用方的收益，如图2－3中的E_1点，在此处由于补偿标准高于使用方对流域利用产生的收益，这时就会产生正向激励进而使流域使用方对流域资源进行保护，这是由于在这一情形下，流域保护方支付给流域使用方的金额高于流域使用方利用流域所获得的收益。

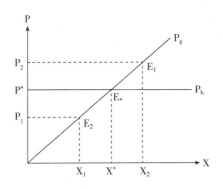

图2－3　生态补偿标准激励

综上所述，如果需要对流域使用方产生正向激励使其停止开采流域资源并对其进行保护，流域保护方对使用方进行补偿的标准就要大于使用方对流域利用所产生的收益，但是如果流域保护方对使用方进行补偿的标准过高，会导致保护方的资金压力增加，同时使流域资源保护的效率降低。因此，制定一个合适的补偿标准是十分重要的，该标准既要弥补流域使用方的收益，又要尽可能地降低流域保护方的支付水平。为解决这一问题，本书试图探索一套补偿标准，该补偿标准既可以对流域使用方产生正向激励使其保护流域资源，又能够考虑流域保护方的能力而尽可能提高资源保护效率，以达到在补偿金额一定的情况下对流域资源进行最大化保护的目的。

2.2.4　公共物品理论

（1）公共物品的含义。公共物品理论是公共经济学中一个重要部分。对公共物品做出严格的经济学定义的是美国著名经济学家保罗·萨缪尔森。他认为，所谓公共物品是指某一消费者对某种物品的消费不会降低其他消费者对该物品消费水平的物品。以后的经济学家在萨缪尔森研究基础上对公共物品基本特征进行了扩展研究，概括起来主要包括消费上的非排他性、非竞争性、外部性和效用不可分割性四个方面。公共物品在使用过程中容易产生"公地悲剧"和"搭便车"问题。

布坎南在《俱乐部的经济理论》一文中明确指出，根据萨缪尔森的定义导出的公共物品是"纯公共物品"，而完全由市场来决定的产品是"纯私有产品"。现实世界中大量存在的是介于"纯公共物品"和"纯私有产品"之间的商品，称作准公共物品或混合商品。在此基础上，有的学者根据竞争性和排他性的有无，把物品分为纯公共物品、公共资源、俱乐部产品、私人产品四类。

（2）公共物品的供给方式。公共品的提供一般可分为政府提供、市场提供和自愿提供三种方式。这三种方式各有自己特定的适用条件，搞清这些适用条件，对于实现公共品供给方式多元化和提高公共产品供给效率具有重要意义。

第一，纯公共产品具有严格意义上的不可分割性、非竞争性和非排他性。市场渠道是难以向社会提供公共品的，因为对纯公共品来说，既没有买者也没有卖者，即没有产品的供求双方，自然就不会有供求双方共同作用所形成的市场价格。而价格是市场配置资源的最基本的要素，因此对纯公共品的供给，的确存在"市场失效"。但对于社会成员来说，根源于人本质的社会属性的公共需要是必须要加以满足的，否则就会使其遭受巨大的福利损失，因此客观上就需要有一种新的机制代替市场机制来向社会提供公共品，这就是所谓的政府财政机制，与之相对应的公共品的供给方式一般称为公共品的政府提供。

第二，公共品的自愿提供方式在特定的假定条件下也是客观存在的，这可以分为两种情况：一是所谓的"林达尔均衡"所描述的情况。假定两个消费者都需要消费同种公共品，每个人都清楚自己从该公共物品消费中得到的边际效用，并且愿意按照自己所得到的边际效用的大小来分担公共品的生产成本，那么此时就可以在没有任何政府干预和市场调节的状态下形成公共品的自愿提供机制。二是通过个人的自愿捐赠和各类志愿者所提供的服务而实现的公共品自愿提供。

第三，公共品除纯公共品外，还有准公共品，也称为混合产品。混合产品大致分为两类：一类是具有竞争性同时还具有非排他性的产品；另一类是具有排他性同时还在一定程度上具有非竞争性的产品。对于前一种产品，由于不具有排他性，私人无法定价收费，所以通常不能通过市场渠道提供；对于后一种产品，则完全可以通过市场渠道提供。

（3）流域生态系统的公共物品属性。普遍认为，自然资源环境及其提供的生态服务具有公共物品属性。根据经济学上的定义，生态系统服务功能也是一种较为典型的公共物品。首先，一般情况下，对生态系统服务功能效益的消费具有完全非排他性。例如，由于流域的碳汇功能具有减缓温室效应的作用，全球都从这一生态系统服务中获益，一国不能阻止其他国家从中获益。其次，生态系统服务功能的效益在消费上也存在完全的非竞争性，不存在拥挤成本和边际生产成本。例如，流域具有净化空气的服务功能，增加或减少一个人对于这项服务功能是没有影响的。最后，无论这些人本身意愿如何，他们在客观上都享受到了流域所提供的空气净化这一服务功能。

同时，我们也了解到由于流域生态系统本身的复杂多样的特性，其所提供的流域生态系统服务功能更是相当惊人。流域生态系统服务功能效益本身也具有交叉性，比如各种动植物的存在，除了提供人类赖以生存繁衍的生物多样性外，对于单位个体而言又具有物质产品的功能，而这部分产品带有明显的私人物品的性质。因此，从一般意义上来讲，流域的生态效益和社会经济效益构成了其公共物品的属性。按照流域生态系统服务受益人的范围可以划分为地方性公共物品、全国性公共物品和全球性公共物品，这也给流域生态补偿的实现途径提供了思路。

流域资源及其所提供的生态服务所具有的公共物品属性决定了其面临供给不足和过度使用等问题，而流域生态补偿可以通过相关制度安排，调整相关者利益关系来激励流域生态服务的供给和限制共同资源的过度使用，从而促进生态环境的保护并促进自然与社会生产力的发展。

对流域公共物品的属性和受益范围的划分，可以帮助我们在不同生态补偿问题类型下确定补偿的主体，及其具有的权利、责任和义务，从而确定相应的政策途径。对于纯公共物品而言，主要的提供者是政府，如果我们不对其进行生态补偿，那么就必然走向"公地悲剧"的结局。因此，为了实现流域资源的可持续利用，政府应该采取公共财政政策对流域进行生态补偿。此外，在我国现行的流域保护体制下，流域公共物品的提供者还包括社会组织和个人。通常情况下，理性的经济人不会自愿地提供公共物品，因此国家同样应该对提供公共物品人员予以补偿，这样才能保持公共物品提供的可持续性。对于准公共物品而言，其介于纯公共物品和私人物品之间，理论上应采取政府和市场共同供给的方式，政府在这一方式下的责任是，构建市场并界定市场主体的权利和义务，制定必要的政策法规引导公共物品市场的发育和完善。

2.2.5 公共管理理论

作为公共管理的主体，政府保障生态环境安全、保持生物多样性的做法，既是在履行对国民的义务，也是履行国际责任。流域所具有的公共物品属性决定了应当由政府保障或政府引导市场主体保障流域生态系统的可持续发展。因此，有必要从公共管理的角度对流域生态补偿制度进行理论分析。

（1）公共管理的含义。从公共管理包括的基本内容出发，公共管理可以定义为政府与非政府公共组织在运用所拥有的公共权力和处理社会公共事务的过程中，在维护、增进与分配公共利益以及向民众提供所需的公共产品（服务）时，所进行的管理活动。公共管理包含两方面要素：管理性与公共性。法约尔等早就指出，为实现管理的高效，需要通过"计划、组织、指挥、协调、控制"等手段，达到资源的有效配置。管理是通过计划、组织、控制、激励和领导等方式来协调人力、物力和财力资源，以期更好地达到组织目标的过程。毫无疑问，公共管理需要研究计划、组织、控制等问题，对此人们已从大量的管理学著作中熟知。对社会公共事务实施管理的主体（政府与非政府公共组织），他们拥有公共权力并承担与企业目标不同的公共责任。这些目标是向民众有效公平地提供公共产品与服务并维护社会的公共秩序。为了实现这一目标，公共组织需要不断地制定与实施相应政策，旨在有效增进与公平分配社会公共利益。为了保证达到这些目的，需要强化公共监督并倡导高尚的公共道德。

（2）流域资源公共管理的构成及管理手段。公共管理是一种公共物品供给的手段。政府部门对于流域资源的管理包括以下三个方面：第一，流域公共管理需要资源。无论是自然资源还是社会资源（包括流域保护资金的供给和对流域资源的管理），都需要投入。第二，流域资源公共管理需要相关法律约束。法律约束是措施实施的根本保障。只有通过制定相关法律，才能规范利益相关者合理地对流域进行保护和利用活动，并对社会经济活动进行有效的控制。第三，流域资源公共管理需要相关部门的协调。流域生态系统作为一个整体，其并不是割裂的、独立的，而是相互联系、相互影响的。由于流域资源的多样性，其资源分属于不同部门管理，因此对流域的管理需要各个相关部门的协调。

2.3　文献综述

2.3.1　生态系统服务功能的研究回顾与评述

2.3.1.1　国外研究现状

19 世纪末国外就有学者开始对生态系统服务功能价值进行分析与评估。西方发达国家或地区的学者较早了解并进行生态系统服务功能的相关研究，评估并得出了森林、湿地、海洋、草地等多种生态系统类型的服务功能价值。

生态系统服务（Ecosystem Service）是指维系并保证人类生存和发展所需生活与生产资料的自然环境效用和条件。George 于 1864 年开始对生态系统服务进行研究，并在 1965 年出版的 *Man and Nature* 上最早给出了生态系统服务的定义（George，1965）。重要环境问题研究组织（SCEP）在 1970 年发表的研究报告中第一次公开提到生态系统服务功能（Study of Critical Environmental Problems，1970），同时该报告还涉及洪水调节、大气调节、水土保持等生态系统服务功能，从而使"生态系统服务功能"逐渐被学者认可。另外，Holder 在 1974 年公开发表的有关"人口与全球环境"的文章中，也阐述了"生态系统服务功能"这一概念（Holder，1974）。

采用这一概念，Costanza 等在 *Nature* 上发表了有关"世界生态系统服务和自然资本价值"的文章，衡量了全球生态系统服务功能的价值。该文章对海洋（开放水域、海滨）、陆地（森林、草地、湿地）、河流湖泊、沙漠、冻原、冰体（裸岩）和庄稼地生态系统，分别从气候调节、水分调节、大气调节、水分供给、原材料、娱乐文化、土壤形成等 17 个方面进行生态系统服务功能价值估算，通过计算得出每年全球自然系统产生的生态价值在 16 万亿美元到 54 万亿美元之间，均值约为 33 万亿美元（Costanza 等，1997）。同年，Pimentel 等从氮气固定、废物处理、水源调节、大气调节等 18 个方面对全球生态系统服务功能价值进行分析与评估，最终得出全球生态系统每年的生态价值约为 2.9 万亿美元（Pimentel 等，1997）。通过以上研究发现，两组学者对全球生态系统的服务功能价值计算结果相差较大，Pimentel 等的研究结果不到 Costanza 等的研究结果的 1/10。虽然两者对全球生态价值的估测结果不尽相同，但是该研究方法却是开创性的，为确定生态补偿标准提供了重要依据，与此同时也拉开了生态系统服务功能价值测算的序幕。

此后，许多学者试图对某一国家或某一地区的流域、湿地、森林、物种等生态类型的服务功能价值进行估算。在流域研究方面，Gren 在 1995 年对多瑙河流域的生态价值进行分析与估测（Gren 等，1995），Loomis 在 2000 年运用条件价值评估法对美国普拉特河的生态价值进行评估（Loomis，2000），Pattanayak 在 2004 年测算印度尼西亚芒卡莱流域对缓解干旱所带来的生态价值（Pattanayak，2004）；在湿地研究方面，Turner 在 2000 年对湿地的生态价值进行分析，并对管理和政策制定提出意见和建议（Turner，2000）；在森林研究方面，Hanley 等在 1993 年采用条件价值评估法对森林文化娱乐和景观价值进行评估（Hanley 等，1993），Lal 在 2003 年对红树林（太平洋沿岸）的生态价值及其政策制定进行分析与评价（Lal，2003）；在物种价值研究方面，Jakbosson 在 1996 年运用 CVM 估测了维多利亚州濒临灭绝动植物的生态价值（Jakbosson，1996），Costanza 等在 2003 年以巴西三种濒临灭绝的物种为例研究了生物多样性的价值（Costanza 等，2003），同时，Bandara 等在 2004 年采用条件价值评估法估测了保护亚洲象的净收益，并对政策制定进行了研究（Bandara 和 Tisdell，2004）。

另外，由联合国组织的"Millennium Ecosystem Assessment"（千年生态系统服务评估）从 2002 年开始直到 2005 年结束，最终发表了全球生物多样性的综合报告（U.N.，2005），这一研究使生态系统服务功能这一理论得以转变到实践运用中，把对生态系统服务功能的研究推向了一个新的高度。2006 年 Costanza 等又一次在 Nature 上发表了关于"新泽西州生态系统服务和自然资本的价值"的文章，该文从污染治理、水分供给、干扰缓冲和动植物栖息等方面计算出新泽西州每年的生态价值在 116 亿美元到 194 亿美元之间（Costanza 等，2006），这无疑又对生态系统服务功能价值的研究产生了巨大的推动作用。近些年，关于生态系统服务功能的研究越来越多，也有越来越多的研究成果运用到实际决策当中。生态系统服务支付（PES）越来越受到大家的好评，其被认为是一种很有前途的工具，可以促进对全球生态系统的保护和缓解生态系统服务功能价值丰厚地区的贫困程度（Kronenberg 等，2013）。MacDonald 在 2014 年的研究表明对生态系统服务功能的研究结果能够被用来对澳大利亚的"Murray-Darling Basin（MDB）"进行决策制定（MacDonald 等，2014）。

2.3.1.2　国内研究现状

国内关于生态系统服务功能及其价值的研究始于 20 世纪 90 年代，相比发达国家而言研究起步较晚。1997 年许国平将 Costanza 在《自然》杂志上刊登的关于生态系统服务功能的文章翻译成中文并发表，这让中国学者开始了解并关注生态系统服务功能（以下简称 ESF）及其价值。欧阳志云等在 1999 年开始对生态系统服务的理论概念进行分析与研究（欧阳志云等，1999），而赵景柱等对 ESF 的价值量和物质量两种估测方法从理论上进行比较研究，得出应该根据生态系统的评价目的、空间尺度和服务价格三个方面来合理选取价值量还是物质量的估测方法（赵景柱等，2000）。张志强等基于 ESF 的内涵以及评估方法的概述，得出对 ESF 和自然资源价值测算研究是生态价值转化为经济价值的关键内容和核心一环的结论（张志强等，2001）。以上研究都具有较为重要的理论价值，为后来的实践研究做了较好的铺垫。

在 ESF 及其价值的实践研究方面，欧阳志云等结合我国实际情况从物质生产、大气调节、水土保持、涵养水源等六个方面率先对中国陆地 ESF 及其经济价值进行估测，得出每年其经济价值约为 30.49 万亿元（欧阳志云等，1999），该研究具有开创性意义。肖寒等对森林（海南尖峰岭）ESF 及其生态价值进行研究，并计算得出每年森林 ESF 价值约为 6.64 亿元（肖寒等，2000）。根据这一研究结果，吴钢等在结合价值量与物质量估计方法的基础上也对长白山森林 1999 年的 ESF 价值进行测算，得出其生态价值每年约为 3.38 万亿元（吴钢等，2001）。同年，谢高地等和张志强等（2001）借鉴 Constaza 等的研究成果，分别对我国草地和黑河流域的 ESF 价值进行估测，得出每年价值量分别约为 1497.9 亿美元和 21.62 亿美元。自此之后，关于 ESF 价值的研究逐渐增加，尤其是在 2004 年之后相关研究呈现爆发性增长。

在研究尺度方面，有学者从国家级尺度上研究中国各类生态系统服务功能价值（潘耀忠等，2004；朱文泉等，2007），而区域尺度上以及流域尺度上的研究亦呈现活跃态势（欧阳志云等，2004；于德永等，2006），基于行政区的生态系统服务功能价值定量估算研究也在逐渐增多（张淑英等，2004；金艳，2009）。随着遥感技术和 GIS 技术的发展，把遥感技术和 GIS 技术应用于生态系统服务功能价值评估越来越受到学者的青睐，国内已有不少学者利用遥感技术和不同的遥感数据源进行了生态系统服务功能价值评估（潘耀忠等，2004；张淑英等，2004），取得了一系列具有重要价值的研究成果。毫无疑问，遥感技术为生态补偿定量估算奠定了坚实基础（金艳等，2009）。

在生态系统服务功能的研究类型方面，主要集中在森林、湿地、草地等生态系统。关于森林 ESF 及其价值研究是最早开始，也是最为完善的。有学者从国家尺度对其价值进行研究，例如，赵同谦和余新晓先后对我国森林 ESF 价值进行评价，测算得出其每年生态价值分别为 14060.05 亿元和 30601.20 亿元（赵同谦等，2004；余新晓等，2005），两者由于计算方法和选择类型不同导致研究结果出现较大的差距；也有学者对江西、广东、云南等以行政区域为单元进行生态功能价值评估（林媚珍等，2009；王兵等，2010），另外还有学者以保护区为单元进行生态功能价值评价，例如胡海胜和刘永杰等分别对庐山和神农架自然保护区的森林 ESF 进行评价，分别估算得出每年生态价值约为 26.11 亿元和 204.33 亿元（胡海胜，2007；刘永杰等，2014）。这些研究都对补充与完善森林 ESF 及其价值分析做出了巨大贡献。关于草地 ESF 及其价值研究，谢高地等较早对我国草地生态系统服务功能价值进行研究，之后赵同谦等对我国草地 ESF 间接价值进行估测，得出其每年生态价值约为 8803.01 亿元（赵同谦等，2004），而姜立鹏等利用遥感技术测算得出我国草地每年 ESF 价值约为 17050.25 亿元（姜立鹏等，2007）。近些年，学者还对天然的较大规模草地（藏北、三江源地区以及呼伦贝尔）的 ESF 价值进行测算和分析（石益丹等，2007；陈春阳等，2012；刘兴元、冯琦胜，2012）。对于湿地 ESF 及其价值研究，辛琨等和崔丽娟率先对湿地 ESF 进行评价，分别对盘锦地区和扎龙湿地 ESF 价值进行估测，分别得出生态价值为

62.13 亿元/年和 156.47 亿元/年，开创了对湿地 ESF 价值测算与评价的先河（辛琨、肖笃宁，2002；崔丽娟，2002）。而后学者更多关注湖泊湿地的 ESF 及其价值分析，庄大昌和崔丽娟分别对洞庭湖和鄱阳湖湿地 ESF 价值进行评价，分别得出 ESF 价值为 80.72 亿元/年和 362.7 亿元/年（庄大昌，2004；崔丽娟，2004）。许妍等对太湖湿地 ESF 价值进行评价，得出每年其生态价值约为 112.39 亿元（许妍等，2010）。另外，还有关于滨海湿地（张绪良等，2009；孟祥江等，2012）、流域等其他类型湿地的 ESF 价值研究（王春连等，2010；江波等，2011）。

2.3.1.3　研究述评

从国内外研究综述来看，生态系统服务功能价值这一概念是由国外学者提出，国内学者通过 Costanza 在自然发表的文章逐渐认识到生态系统服务功能的概念及其作用。近些年来，国内外都对生态系统服务功能及其价值进行了大量研究，尤其是我国这几年对其的相关研究呈现爆发性的增长。但是国内的研究主要还是基于国外的研究为基础，以此来对生态系统进行测算与评价。总体而言，生态系统服务功能价值这一概念的出现以及国内外大量对其的实践，是将自然资源转化为货币的关键环节和重要内容，这对于生态环境的价值测算以及环境保护具有理论和实际价值。另外，生态系统服务功能价值目前最主要的作用之一就是为生态补偿标准的制定与实施提供依据。

然而，该方法也存在一定的问题，目前生态系统服务功能价值评价采用的方法很多，主要有价格替代法、影子工程法、市场价值法、条件价值评估法、旅行评价法、能值评价法等，这些方法都有其优势与短处，但是其中最为重要的就是所计算出的生态价值往往由于过高（可能超出当年本地区的 GDP），使该方法所计算出的生态价值在现实生活中并不能直接运用到实际的补偿当中。同时，由于不同学者在计算同一研究对象的 ESF 价值采用不同的计算方法，这就使所计算出的生态价值会有不同的研究结果。笔者认为，若采用生态系统服务功能价值法来估测生态价值，并以此作为生态补偿的依据，应该还要结合当地的财政支付能力以及当地居民的意愿，这样计算得出的生态价值才可能具有实际意义。

2.3.2　条件价值评估法研究回顾与评述

2.3.2.1　国外研究综述

条件价值评估方法（CVM）是当今十分流行的研究方法并已被各国学者广泛使用，它可以被用来估测商品和项目价值，尤其是被用来估算非市场商品和社会公共项目的价值（Mitchell 和 Carson，1989；Carson 和 Hanemann，2005）。条件价值评估法通常采用调查问卷等方式直接向被调查者询问其意愿对非市场商品或服务进行支付/受偿的数额，例如调查者对被调查者进行环境治理/环境保护的意愿支付/受偿数额。人们被问到意愿获得补偿/支付的数额，使他们意愿放弃/接受某一种商品或者服务，这种方法被称作"条件"估测法。由于人们被要求在某一个特定的假设场景或环境中，陈述他们的支付（受偿）意愿，故 CVM 属于陈述偏好模型，与显示偏好模型不同的是，该方法要求人们直接给出他们需要的价格，而不是通过选择来推断其价值。另外，条件价值评估法（CVM）被认为是估算公共物品和环境产品最有价值的方法之一（Mitchell 和 Carson，1989；Pearce 和 Turner，1990；Arrow 等，1993；Casoni，1998）。

Davis 在 1963 年为测算美国缅因州边远地区户外休闲益处的价值，首次将条件价值评估法投入实际研究中。16 年后，美国政府机构（水委会）在颁布的水资源规划中将条件价值评估法和旅行成本法作为评价休闲娱乐等非市场价值最有效的方法，同时对条件价值评估法分析费用—收益的原则与步骤进行了阐述（Loomis，1999），这一举措大大推动了其他政府部门对条件价值评估法的运用。20 世纪 80 年代后期，美国内政部认为条件价值评估法（CVM）是评价生态环境非利用价值的一般方法（Loomis，1999）。20 世纪 90 年代初，National Oceanic and Atmospheric Administration（U. S.）成立以诺贝尔奖得主（Arrow 和 Solow）为核心的研究委员会，评价条件价值评估法对环境资源非市场价值测算的有效性，并提出了对"支付意愿"调查应优先选用面对面采访或投票问卷方式（Arrow 等，1993；Loomis 和 Walsh，1997；Bateman 等，1999）。美国政府机构对条件价值评估法的一系列研究，大大推动了该方法测算生态环境价值的广泛应用。条件价值评估法在 20 世纪 80 年代逐渐被引入英国、法国和德国等欧洲国家，虽然欧洲国家在采用条件价值评估法测算生态价值比美国起步晚，但截止到 1999 年运用该方法对生态价值进行评估的相关研究成果已经达到 600 多例，发展速度十分迅猛同时也对 CVM 的发展做出了巨大的贡献。

进入 21 世纪后，条件价值评估法的研究领域不断扩大并且发展也更为迅猛，从最早其仅被用来测算生态环境的休闲娱乐等单一价值，现已被世界各国广泛运用到各种实际价值测算中（Vatn，2004；Spash，2006）。条件价值评估法不仅用于测算环境收益（Knetsch，2005）、文化产品（Aabø 和 Strand，2000）、保健服务的价值（Protiere 等，2004），而且还被用来估测公共物品和生物多样性的价值、历史文物和古老建筑的存在价值（Loomis 和 Ekstrand，1998；Garrod 和 Willis，1999）、娱乐服务价值（Scarpa 等，2000）、森林火险与水质量价值以及公共卫生保健服务价值（Brox 等，2003；Riera 和 Mogas，2004；Tambor 等，2014）、垃圾填埋场矿业项目价值（Marella 和 Raga，

2014）、森林生态系统的经济价值等（Tao 等，2012）。总体而言，国外学者不断扩大条件价值评估法的研究范围，不断拓展 CVM 的内容以及不断完备 CVM 的方法，并将其广泛运用到研究生态经济、生态环境、经济管理以及社会管理等科研领域中。

条件价值评估法的引导方式随着 CVM 的发展也在不断演进，目前已经有开放式、二分式、投标式以及支付卡等引出方法。20 世纪 80 年代后期，由 Bishop 创出的二分式选择格式将条件价值评估法问卷形式从单边界限制演变为多阶段、多边界限制 WTP/WTA 研究。近些年来，西方国家主要采用开放式双边界二元选择作为 WTP 的诱导方式，这是因为其同时具备开放式和封闭式的长处，在获得被调查者实际 WTP 的基础上并可以最大限度地降低研究偏差。另外，条件价值评估法通过直接对被调查者的支付意愿或受偿意愿进行调查，能够获得大量的一手和真实的数据，这使其被学者广泛运用到生态环境的费用、效益等研究中，为制定生态环境政策做出巨大贡献。

2.3.2.2 国内研究综述

条件价值评估法在 20 世纪后期被引入国内，经过 20 多年的发展，该方法已经被国内学者广泛运用到各个领域的研究中。从研究内容来看，2001 年林英华率先使用该方法对野生动物价值进行评估（林英华，2001），开创了 CVM 投入实际研究的先河。2002 年张志强等在生态学报上发表文章，运用条件价值评估法对黑河流域张掖地区生态系统服务恢复价值进行评估（张志强等，2002），国内学者借鉴这一研究分别对城市内河（赵军、杨凯，2004）、流域（张志强等，2004）、海湾（汪永华、胡玉佳，2005）、草地（曹建军等，2008）、森林（王勇等，2009）、湿地等生态系统服务功能价值进行评估与分析（王小鹏等，2009）。近几年，运用 CVM 进行研究的文献增长速度非常快，先后被运用对轨道交通社会效益（林逢春、陈静，2005）、灌区农业水价（陈丹等，2005）、公共图书馆（殷沈琴，2007）、旅游资源（熊明均等，2007）、医院荣誉（李林等，2007）、生命（梅强、陆玉梅，2008）、生物多样性等价值的评估（陈珂等，2009）。因此，目前国内对条件价值评估法（CVM）的使用已经非常普遍，同时研究领域也已经相当广泛。

条件价值评估法的引导技术对研究结果起到了非常重要的作用，张志强于 2003 年对条件价值评估法的引导技术进行了系统的梳理，具体如图 2 - 4 所示。条件价值评估法主要分为连续型和离散型两种（张志强等，2003），其中，连续型 CVM 可以细分为开放式、重复投标以及支付卡的问卷格式，而离散型 CVM 主要为封闭式问卷格式，其又主要由二分式和不协调最小化组成（屈小娥、李国平，2011）。

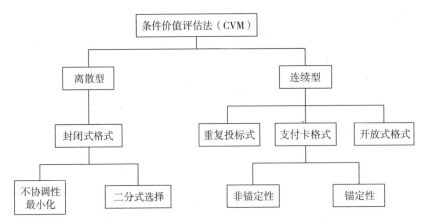

图 2-4 CVM 的支付意愿（受偿意愿）引导技术

学者对连续型和离散型条件价值评估法的二分式选择、支付卡格式、不协调性最小化等引导技术进行了较为详细的阐述并分析了其优势和劣势，如表 2-3 所示。

表 2-3 条件价值评估法引导技术基本概念以及优劣势

条件价值评估法基本类型	问卷格式	基本概念	优势	劣势
离散型条件价值评估法	二分式选择	被调查者只需对调查者提出的 WTP/WTA 值给出"愿意"或"不愿意"回答，目前该问卷格式运用较为广泛，同时根据实际的运用，也演变出了单边界、双边界、多边界等多种二分式形式	该种问卷形式与市场定价行为相近，使被调查者熟悉，能较有效地提高被调查者的回答精确度	由于询问被调查者之前需要给定 WTP/WTA 范围，提出恰当 WTP/WTA 的范围较为困难，同时对回答的结果计算、分析都相对复杂。另外，该问卷格式也可能造成肯定性偏差
	不协调性最小化	被调查者只需对调查者提出的 WTP/WTA 值给出"愿意"或"不愿意"回答，以此确定最为合适的 WTP/WTA。另外，调查者还会给出五种可供选择的与回答相关的评述	该种问卷格式能够有效降低肯定性偏差	由于询问被调查者之前需要给定 WTP/WTA 范围，提出恰当 WTP/WTA 的范围较为困难，同时对回答的结果计算、分析都相对复杂

续表

条件价值评估法 基本类型	问卷格式		基本概念	优势	劣势
连续型条件 价值评估法	支付卡	锚定	给予被调查者关于调查的相关资料，并询问被调查者相似产品/服务的WTP/WTA，以此作为本调查的限制性数据	由于给出了一组从高到低或从低到高排列值供被调查者选择，这样就可能解决"开放式"中的"信息偏差"	由于一系列支付/受偿价格是由调查者提出，就容易造成起点偏差
		非锚定	调查者对被调查者列出一组从高到低或从低到高排列的价格，被调查者从中选择认为最合适的WTP/WTA值，或也可以直接给出自己认为最适合的WTP/WTA值		
	开放式		调查者对被调查者进行提问，被调查者自由给出其认为最适宜的支付/受偿水平	问卷内容简单，获取、分析数据较易	当被调查者对问题不清楚时，容易造成被调查者的回答结果不准确，即容易引起信息偏差
	重复投标		调查者对被调查者进行首次报价，根据被调查者的意愿不断调高和调低价格，直到达到其意愿的支付/受偿水平	当面询问被调查者意愿时，较为容易得到价格	由于起始价格由调查者提出，这样就容易造成起点偏差

资料来源：根据张志强（2003）和屈小娥（2011）等相关研究文献整理。

2.3.2.3　研究评述

目前，国内外学者运用条件价值评估法来估测公共物品或自然环境价值的案例不胜枚举，虽然随着CVM的诞生和使用一直有很多学者对其提出了尖锐的质疑，但是绝大多数学者对该方法用于自然环境或公共物品生态价值的测算是普遍认可的，同时这些质疑也推进了条件价值评估法对WTP/WTA引导技术的改良（Ajzen等，1996），从当初的开放式、二分式、重复投标等引导方式发展到多边界二分式、开放式两边界二元选择模式等更为科学的引导方法。

国内近些年来对条件价值评估法的研究较多，但是国内学者对 WTP/WTA 的研究基本上是以国外学者的研究为基础，尤其是 WTP/WTA 的引导技术几乎都是由国外学者改良之后被国内学者直接运用到实际研究中，从而使我国在研究深度、广度以及成果推广方面比西方发达国家弱。国内学者目前调查 WTP/WTA 用得较多的诱导方式为简单二分式和支付卡式，而国际上运用较多的开放式二元选择等引导技术虽然近几年有一些学者在用，但是相关研究都较少，研究深度仍然不够。同时，国内运用条件价值评估法研究问题选择的样本数较少，大部分研究的抽样不科学，造成所抽到的样本很可能不能代表总体，使研究没有意义。另外，国内文献分析支付意愿/受偿意愿影响因素主要采用二元 Logistic 模型、Linear 模型和 Probit 模型等，而国际上运用较多同时也较为先进的 Heckman 两阶段模型、排序（或多元）Logistic 模型等在国内运用得较少。另外，国内学者通常使用平均值的方法来对 WTP/WTA 进行估计，而在研究中较少用到四分位数，加之对所得 WTP/WTA 数据整理、计算方法不完善，造成问卷调查所获得结果的准确性大打折扣。综上所述，国内关于条件价值评估的研究相比国外而言，在研究方法的改良、研究内容的深度和样本数据抽样科学性等方面仍然有一定的差距。

2.3.3　生态补偿的研究回顾与评述

2.3.3.1　国外研究回顾

国外文献没有生态补偿这一概念，而一般称之为"生态系统服务支付"（Payments for Ecosystem Services，PES）。PES 是指给农户或土地主提供一定的货币补偿等激励措施，以换取他们为土地管理而提供的"大气调节""污染治理""生物栖息地"等一系列生态服务，其已经成为为人类福祉而对生态系统服务功能进行管理和保护的以激励为基础的政策工具（Angela，2015）。PES 可以起到维持或提高生态资源的服务功能价值、高效发挥经济手段以及解决贫困目标等作用（Vijay 等，2015）。在过去十年中，生态系统服务支付（PES）和生态系统服务（ES）的概念得到越来越多学者的关注。Gomez-Baggethun 对生态系统服务（ES）以及其纳入市场付款方式的发展历史进行了较为详细的描述（Gomez-Baggethun 等，2010），Jack 对相关文献进行梳理并总结出经济社会环境和政治环境如何影响 PES 计划的结果（Jack 等，2008）。然而，生态系统服务支付（PES）仍然没有一个公认的定义。Wunder 一直专注于市场交易，并对 PES 给出了一个具有开创性的定义。PES 被 Wunder 阐释为在一个对生态系统服务有明确定义的环境下，购买者（至少一个）从生态系统服务提供者（至少一个）那儿对生态系统服务进行购买，但是购买双方必须是自愿的，同时当且仅当 ES 提供者能够确保对生态系统服务的供应（Wunder，2005）。该定义由于过于狭窄而一直受到批评，从而导致许多支付方案由于不符合其条件而被排除在 PES 之外。其中，交易的自愿性（至少在买家方面）这一条件尤其让学者质疑，这是由于很多生态系统服务支付（PES）的案例都有政府的关注和公共支付计划的参与（Vatn，2010）。Wunder 对 PES 的定义依赖于 Coasean 市场概念，这导致"纯 PES"和"似 PES"的区分（Muradian 等，2010）。Muradian 也给出一个 PES 的定义，而其主要关注生态系统服务的公共物品属性以及由此产生的 PES 外部性内部化的结果。生态系统服务支付（PES）应该建立对提供公共物品的激励机制，从而改变个人或集体行为，否则会导致生态系统和自然资源的过度恶化。因此，Muradian 将 PES 定义为提供者和购买者之间的资源转移，其有助于资源便利移动，旨在管理自然资源使个人或集体土地使用决策对社会利益产生一致的激励（Muradian 等，2010）。该定义没有排除政府的支付方案，这通常被称为 PES 的庇古（Pigouvian）概念（Vatn，2010）。Vatn 对 PES 的定义与 Wunder 认为支付基于市场行为这一概念截然相反，Vatn 对生态系统服务支付（PES）和生态/环境服务市场概念进行了详细区分，"市场需要支付，然而不同阶层和团体也会使用支付，例如国家税收、补贴或社区补偿等，因此，我发现了广义的生态系统服务支付（PES）概念和狭义生态环境服务市场（MES）的概念之间的区别"（Vatn，2010）。

另外，国际上对生态系统服务支付（PES）的实践也较早，爱尔兰于 20 世纪 20 年代就对森林所有者进行分期付费，从而促进其对森林资源的保护。随着时间的推移，全球变暖、土壤污染和湿地退化等环境问题不断涌现，国际上关于生态系统服务支付（PES）的文献内容包含了湿地、流域、森林等几乎所有自然资源。过去的十多年也有很多关于生态系统服务支付（PES）的案例被出版和讨论，现对哥斯达黎加、墨西哥、欧盟、美国、南非和巴西等国家或地区的生态系统服务支付案例进行详细叙述与讨论。

（1）哥斯达黎加。哥斯达黎加的国家"生态系统服务付费"项目，也被称为"Por Servicios Ambientales"（PSA），该项目于 1996 年成立，在一年后予以执行（Rodriguez，2002；Sanchez-Azofeifa 等，2007）。该项目基于政策支持、植树造林和森林管理支付系统，在 20 世纪 70 年代被开发（Araya，1998；Pagiola，2008）。PSA 项目的建立主要是为达到温室气体减排、更好水文服务、良好风景以及保持生物多样性四点目标（Sanchez-Azofeifa 等，2007）。基于保护区以外环境保护的目的，私有林的土地主进行森林保护或者植树造林都会被付费（Pagiola，2008）。最初，土地所有者也会因为可持续的土地管理被付费，但是这项措施在 2000 年的 PSA 项目中终止。

支付的费用在全国都是一样的，不同之处在于是签订森林保护还是植树造林合同（Pagiola，2008）。95％的注册地区签订了森林保护合同，2005 年底哥斯达黎加森林总面积的 10％涵盖到了 PSA 项目当中。由于该项目缺乏目标、未进行差异化支付、未考虑机会成本以及缺乏附加条件等，而饱受争议与批评（Sanchez-Azofeifa 等，2007；Daniels 等，2010）。PSA 项目的大部分资金来源于对化石燃料的强制性征税，每年筹措约 1000 万美元（Sanchez-Azofeifa 等，2007；Pagiola，2008）。同时，全球环境基金（GEF）、世界银行、国际保护基金会或德国援助机构也会对这一项目进行支助，这是因为该项目会对生物多样性进行保护并会产生对全球有利的碳减排（Pagiola，2008；Blackman 和 Woodward，2009）。还有就是，国内用户会对获得的水服务进行付费，2005 年特殊保护费被加入强制性水价，这意味着水保护费从自愿性转变为强制性（Pagiola，2008）。另外，2001 年挪威向哥斯达黎加购买了 200 万美元的碳抵消费，由于其在《京都议定书》清洁发展机制中只有植树造林的资格（Subak，2000；Corbera 等，2009）。

哥斯达黎加这一项目表面上看是"生态系统服务付费"项目，实际上该项目却背离了 PES 计划应该以市场为主导的基础。PSA 项目不符合 Wunder 对 PES 的定义（Wunder，2005），这是因为对环境付费的承诺是基于政府的强制性方式而不是基于买者或者提供者自愿的情况下，同时不满足 PES 计划的限制性条件。

（2）墨西哥。墨西哥国家 PES 项目在 2003 年启动，其最初被称为"Pagos por Servicios Ambientales Hydrologicos（PSA–H）"（Southgate 和 Wunder，2009）。该项目在国家层面被执行是为了阻止对地下水的过度开采，支付主要针对现有森林的保护，支付的金额依照统一的支付方案，支付款数额的不同仅在于云雾林和其他林之间（Munoz-Pina 等，2008）。墨西哥的 PES 项目计划主要是对私有土地所有者和合作农场①进行付费（Alix-Garcia 等，2009）。

该项目的资金主要来自一个强制性的水资源保护货币基金，它使水受益者与提供者之前有一定联系。水的这种良好公共属性促使墨西哥政府选择建立货币基金，同时其扮演水供应者和使用者的中介，而不是仅仅建立一个框架让需求者与供给者进行私人交易（Munoz-Pina 等，2008）。但是，该项目缺乏对解决过度开采地下水和边远地区居民的更为具体的目标（Alix-Garcia 等，2009；Corbera，2010），结果被登记的水域要么仍然是过度开采，要么仅仅是适度开采，从而导致该项目的成本与收益情况饱受争议。这是因为支付水平高就足以吸引大量的参与者，但是有很多加入该项目的参与者起初就没有砍伐森林的初衷（Alix-Garcia 等，2009），就算支付水平更低也是一样的结果。

在成功游说了农民以及拥有森林的组织之后，2004 年 PSA–H 项目改为

---

① 合作农场是当地进行土地管理的一种组织形式，其考虑到土地和森林是公共财产。合作农场占所有合同的 47％以及注册土地的 93％，其对 PES 项目发挥着主导作用（Alix-Garcia 等，2009）。

PSA‒CABSA 项目（Corbera，2010）。PSA‒CABSA 是一个全国性的政策项目，主要对森林固氮和阻止气候变化、农村地区对生物多样性保护以及农林复合经营系统的发展进行付费（Kosoy 等，2008）。最后，2006 年所有国家的森林保护项目都被涵盖到一个共同的生态系统服务支付（PES）政策框架中，被称作"Pro-Arbol"（Kosoy 等，2008；Corbera，2010）。

（3）欧盟。在欧盟，对生态系统服务支付（PES）作为一种外部性内部化的讨论可以追溯到 20 世纪 70 年代，因此比拉丁美洲讨论和实施 PES 要早很多。最早关于 PES 相关研究的文章出版于 1974 年，其对奥地利农业生态系统服务支付的不足进行研究（Kaiser，1974）。Giessubel-Kreusch 在 1998 年讨论了通过对农业进行支付，从而产生对环境保护的正向影响（Giessubel-Kreusch，1998）。Pevetz 在 1992 年讨论了农业政策支付的必要性，Pevetz 还阐述了其并不仅仅作为一种社会援助，而是一种真正的生态系统服务支付（Pevetz，1992）。在 20 世纪 80 年代，国家级 PES 项目正式实施（Baylis 等，2006）。1992 年的 MacSharry 改革导致一个超国家层面的欧盟整体政策的形成（Baylis 等，2008）。欧共体的 2078/92 号法规引入农业环境项目（AEPs），其作为整个欧盟成员国共同农业政策工具的一个补充（Baylis 等，2008）。AEPs 给农户提供薪资让农户实施保护措施以改善环境或维护农村面貌，但这一切都基于自愿的基础。

在欧盟，农户若想获得单一的农业补偿，需要符合一个最低的"优良农场经营情况"（GFP），超出 GFP 基线的部分能够从 PES 支付中自愿获得补偿（Baylis 等，2008）。AEPs 由一系列不同的农业环境保护方案和措施组成，根据农业环境保护方案，负外部性（比如硝酸和农药污染）的减少和正外部性的提供都会给予付费（Baylis 等，2008）。在欧盟，大约 20% 的农田根据农业环境保护方案减少了现代农业的负外部性，这一成本约为 15 亿美元（Scherr 等，2007）。Scherr 强调最大的公共生物多样性 PES 项目是美国和欧洲的农户环境保护支付项目，其对农户提供的一系列环境友好的土地使用和管理实践进行补偿（Scherr 等，2007）。另外，AEPs 对重要领域缺乏针对性的补偿方法，从而导致一些不令人满意和低效率的结果发生（Uthes 等，2010；Haaren 和 Bathke，2008；Bertke 等，2005；Groth，2005）。

（4）美国。美国政府实行激励措施促进环境保护工作的历史比欧盟要长。在 20 世纪 30 年代，美国政府就制订了现代保育休耕计划（Conservation Reserve Program，CRP）的前身，规定要保护土壤并试图减少某些农作物产量以防止生产过剩（Baylis 等，2008）。1985 年出台的农业法案（Farm Bill）扩大了美国农业政策以使环境保护和农业收入问题得到协调处理，"Swampbuster"和"Sodbuster"被整合到农业法案为阻止湿地资源被开发以及防止易遭腐蚀的土地改作农田（Baylis 等，2008）。而后，保育休耕计划（CRP）的诞生对易腐蚀土地的保护被取消（Dobbs，2006）。1996 年，环境质量激励计划（Environmental Quality Incentives Program，EQIP）引入农业法案并不断被修改，在 2002 年农业法案扩大了融资以及创立了保育休耕计划（CRP）。其中，EQIP 和 CRP 都是为保护耕种土地的农业环境保护计划（AEPs），同时也是联邦政府向农业购买环境服务的必要规章（Dobbs，2006）。

（5）南非。南非水利建设项目（WfW）是由政府于 1995 年建立，同时其也是一个公共扶贫项目。该项目之所以被认为是生态系统服务支付（PES）项目，是由于其致力于恢复山体流域多样性以及水文服务（Sarah 和 Bettina，2013）。WfW 项目不会对土地管理进行付费（即使该管理使土地利用更为高效或保持某种生态价值），取而代之的是与失业人员签订合同，进而让他们去清除山体流域和沿河区域外来物种和恢复被火烧过的植被（Sarah and Bettina，2013）。WfW 的主要资金来源于水务税（Swallow 等，2010；Turpie 等，2008）。

根据生态系统服务支付（PES）的定义，WfW 项目并没有依靠经济手段来对生态系统服务进行价值分配，这仅仅是一种就业工程来保持或获得生态服务。不过，该项目存在一种财政转移，给予保护生态系统服务功能者一定的酬劳（Sarah 和 Bettina，2013）。

（6）巴西。在 2009 年及以前，巴西既没有一个国家级的生态系统服务支付（PES）项目，也没有生态系统服务的相关法律以及对各种生态服务也并不具备经济价值的认识（Costenbader，2009）。然而，2010 年巴西政府就在讨论一个专门为定义生态系统服务概念的国家政策并建立一个国家级的生态服务支付（PES）项目（Farley 和 Costanza，2010）。

如果获得批准，巴西的生态系统服务支付（PES）概念将会借鉴 Proambiente 项目对生态系统服务的定义（Costenbader，2009）。Proambiente 是一种"社会环境服务项目"，其资金主要来源于"社会环境基金"，以此资金向小型生产商进行支付为报答他们对生态系统服务的保护或恢复（Hall，2008b）。该项目是在 2000 年首先由民间机构（农村合作社、社会团体以及非政府的环保组织）在亚马孙地区建立，而后在 2004 年该项目的主要实施及推动者从民间机构转变到环保部（Hall，2008a）。在 Proambiente 项目中，小农支付计划被利用向提供生态系统服务或减少其损失的农户付费（Boerner 等，2007），其中，生态系统服务包括减少或避免森林砍伐、固碳、恢复生态系统的水文功能、水土保持、保护生物多样性和减少森林火灾（Hall，2008a）。另外，待开发的巴西国家级 PES 项目将包括碳封存、减少伐林、林地恢复引起的碳减排（REDD）（Costenbader，2009）。

2.3.3.2　国内研究回顾

近些年来，国内学者和各级政府越来越关注生态补偿及其应用，很多学者也给出了生态补偿的定义，但是因为其自身的复杂性和学者研究角度的不同，直到现在也没有被普遍认可的定义。2008 年出版的《环境科学大辞典》中将"生物有机体、种群、群落或生态系统受到干扰时，所表现出来的缓和干扰、调节自身状态使生存得以维持或者可以看作生态负荷的还原能力；或是自然生态系统对由于社会、经济活动造成的生态环境破坏所起的缓冲和补偿作用"作为"自然生态补偿"的定义。除此之外，本书还列举出几位学者具有代表性的生态补偿定义。毛显强等较早就对生态补偿的定义进行研究和探讨，认为其本质是一种环境经济手段，该手段使环境产生的外部性问题通过经济转移达到内部化，主要包括补偿主客体、补偿标准和补偿方式三个核心内容（毛显强，2002）。吕忠梅将生态补偿分为广义和狭义两个方面，狭义的生态补偿是指因人类活动导致自然资源的损毁或破坏而对其进行的治理、补偿等活动总称。广义生态补偿除了包含狭义生态补偿的含义之外，还有另外两方面的内容：其一是指由于对环境的保护而导致某一地区民众失去经济发展机会，而对其进行实物、货币、技术等补偿；其二是指为提升某一地区民众对环境保护的认识，从而增强环保水平而在教育、科研方面的经费投入（吕忠梅，2003）。贺思源认为生态补偿是一种制度安排，该制度主要是调动生态保护积极性、增强补偿活动的一系列规则、协调和激励（贺思源，2006）。曹明德认为生态补偿是一种法律制度，该制度让环境资源的使用者或破坏者，向环境资源的所有者或保护者进行付费（曹明德，2004）。

　　从最新的研究文献来看，国内学者针对我国国情，追踪和比照国际上的研究热点，比较集中地从生态建设和生态保护两个方面展开生态补偿研究，其研究对象可以归纳为四大类型：①生态要素补偿研究，主要包括森林、湿地、草原等生态补偿的研究；②区域生态补偿研究，且主要集中在对西部经济欠发达地区和以行政省域为单元的生态补偿研究；③生态功能区补偿研究，主要包括水源涵养区生态补偿的研究和自然保护区生态补偿的研究；④流域生态补偿研究，主要集中于跨行政区域（省域、市域和县域等）的流域生态补偿研究。具体见表 2－4。

表 2－4　国内生态补偿研究

生态补偿类型		主要内容	参考文献
生态要素补偿	森林	初步探讨森林补偿标准，将其分为新造林和现有林两部分，其中新造林基于成本和生态系统服务的补偿标准分别为每年每公顷 4300 元和 19880 元，而现有林基于成本和生态系统服务的补偿标准分别为每年每公顷 2350 元和 19880 元。同时，建议对森林补偿应采用先完善森林补偿基金，再实施生态税和补偿基金，最后以生态税为主的补偿形式	李文华等（2007）

续表

生态补偿类型		主要内容	参考文献
生态要素补偿	湿地	崔丽娟在 2002 年对扎龙湖湿地生态价值进行探索性评估，得出其每年生态价值约为 156 亿元；熊鹰等 2004 年综合生态系统服务功能价值、农户经济损失和农户意愿三个方面得出洞庭湖湿地补偿标准约为每户 6084.6 元/年；同年，庄大昌测算出洞庭湖湿地价值每年约为 80.72 亿元；倪才英等对鄱阳湖湿地生态价值进行评估，得出其每年总价值约为 326.53 亿元	崔丽娟（2002）、熊鹰等（2004）、庄大昌（2004）、倪才英(2010)
	草地	刘兴元等对藏北高寒草地按照空间特征将其划分为生产、恢复和禁牧三个区域，并分区对其生态价值进行评估，得出共需补偿 5 年，每年补偿金额约为 7.16 亿元；贾卓等将甘肃省玛曲县草地优先级划分为一类、二类和三类，并分别计算其生态价值（一类优先级最高、三类优先级最低），同时按照优先级进行差异化的补偿和制定补偿政策	贾卓等（2012）、刘兴元（2013）
区域生态补偿	西部民族地区	虽现已建立对西部的财政补偿机制，然而其仍有短期、效率较低、不稳定等特性，钟大能试图研究一套较为可行、高效和长期的财政补偿机制	钟大能（2006）
	山东省	王女杰等依据生态补偿优先级对山东省区域生态补偿进行评估与分析，得出鲁西南平原湖区和鲁东丘陵、鲁中南山地丘陵生态区分别应为优先补偿区域和优先支付区域。同时得出，山东省的主要城市的补偿优先级低于其周边县（市）的补偿优先级	王女杰等（2010）
	江苏省	李智等依据 PES 模型对江苏省所有县（市、区）生态价值进行评估，得出苏北县（市、区）的经济水平最低而生态价值最高，为生态补偿区域；苏中、苏南县（市、区）的经济水平较高而生态价值较低，为生态支付区域	李智等（2014）
生态功能区补偿	水源涵养区	靳乐山等对贵阳鱼洞峡水库生态补偿标准进行评估与分析，估算得出鱼洞河上游的环境保护和维护成本每年在 89 万～168 万元，而采用 CVM 对下游（贵阳市）用水居民支付意愿进行测算得出其每年愿意的支付额约为 847 万元。通过测算出的数据，可以选择一个在上游和下游之间的补偿金额作为补偿标准，这在理论上是可行的	靳乐山等（2012）

续表

生态补偿类型		主要内容	参考文献
生态功能区补偿	自然保护区	陈传明采用 CVM 对闽西梅花山国家自然保护区居民进行意愿调查,得出居民每年每户意愿获得的补偿金额为 3800 ~ 5000 元,补偿主体主要为各级政府、受益组织或机构等	陈传明(2012)
流域生态补偿	黄河流域	葛颜祥等采用条件价值评估法对黄河流域(山东省)居民的支付意愿进行测算与分析,并得出人均 WTP 约为 184.38 元/年;同时,运用 Logistic 模型和线性回归模型分别对居民的支付意愿和支付水平影响因素进行分析和评价	葛颜祥等(2009)
	辽河中游	徐大伟等采用条件价值评估法对沿岸居民支付意愿和受偿意愿进行测算,得到其支付意愿水平和受偿意愿水平分别为每年每人 59.39 元和 248.56 元	徐大伟等(2011)

注:以上为生态要素补偿、区域生态补偿、生态功能区补偿和流域生态补偿的学术研究回顾。

我国政府非常重视环境资源的保护问题,已经建立相对完备的资源法和环境保护法体系,出台了很多关于生态补偿的政策条例。具体如表 2 - 5 所示。

表 2 - 5　国内生态补偿政策研究

政策名称	相关部门	相关文件	主要内容
生态环境补偿费政策	国家环保局	《关于确定国家环保局生态环境补偿费试点的通知》	确定山西、陕西、内蒙古、云南、河北等 14 个省的 18 个市、县(区)为试点单位,开展了有组织地征收生态环境补偿费的试点工作。征收生态环境补偿费的主要目的是利用经济激励手段,促使生态环境资源的使用者、开发者和消费者保护和恢复生态环境,有效制止和约束自然资源开发利用中损害生态环境的经济行为,保证资源的永续利用。同时,所征收的补偿费纳入生态环境整治基金,用于生态环境的保护、治理与恢复,可以弥补生态环境保护资金的不足,实现国家对生态服务功能购买的目的;征收主体是环境保护行政主管部门;征收对象主要是那些对生态环境造成直接影响的组织和个人;征收范围包括土地开发、旅游开发、矿产开发、自然资源开发、药用植物开发和电力开发等领域;征收方式多元化,可按投资总额、按单位产品收费、产品销售总额付费方式、使用者付费和抵押金收费的方式征收生态环境补偿费

· 45 ·

政策名称	相关部门	相关文件	主要内容
退耕还林（草）政策	国务院	《退耕还林条例》	对退耕还林（草）原则、工作重点等内容做了明确规定，并于2003年在全国实施退耕还林（草）政策。退耕还林坚持生态优先，对那些水土流失严重的耕地，沙化、盐碱化、石漠化严重的耕地，生态地位重要、粮食产量低而不稳的耕地实施退耕还林。退耕还林遵循政策引导和农民自愿退耕相结合，谁退耕、谁造林、谁经营、谁受益，对退耕的农户和地方政府分别提供补偿，补偿期限一般为5~8年。政策实施以来对长江和黄河上游地区生态环境的改善发挥了积极的作用，退耕还林后这些地区森林面积大幅度增加，植被得到了恢复，减少了水土流失，形成了以山兴林、以林涵水的良好生态环境基础
生态公益林补偿金政策	财政部和国家林业局	《中央森林生态效益补偿基金管理办法》	明确提出为保护重点公益林资源，促进生态安全，财政部建立中央森林生态效益补偿基金。同年，财政部和国家林业局在广泛调查研究的基础上，选择了11个省区的658个县和24个国家级自然保护区，先行开始森林生态效益补偿资金的试点，涉及1330万公顷重点防护林和特种用途林。中央森林生态效益补偿基金对重点公益林管护者发生的营造、抚育、保护和管理支出给予一定补助的专项资金，补偿范围包括国家林业局公布的重点公益林林地中的有林地，以及荒漠化和水土流失严重地区的疏林地、灌木林地、灌丛地，平均补偿标准为每年每公顷75元，其中68.5元用于补偿性支出，8.5元用于森林防火等公共管护性支出
天然林保护工程政策	国家林业局	—	天然林保护工程从1998年开始试点，最本质的目的是要为以天然林砍伐为主要生产方式和谋生手段的林场职工提供有关资金补偿，彻底、有效地实现对天然林资源的保护。保护实施范围主要是长江上游、黄河中上游和东北内蒙古等地的天然林，涉及18个省（区、市），734个县、167个森工局（场）。补偿对象包括森林资源管护、生态公益林建设、森工企业职工养老保险社会统筹、森工企业社会性支出、森工企业下岗职工基本生活保障费补助等方面。在1998~1999年该政策的试点过程中，国家投入了101.7亿元。2000~2010年工程期内，国家计划投入962亿元，其中中央补助80%，地方配套20%。2002年又新增富余职工一次性安置经费8.1亿元，总投入达1069.8亿元

续表

政策名称	相关部门	相关文件	主要内容
退牧还草政策	农业部、国家林业局等部门	《退牧还草和禁牧舍饲陈化粮供应监管暂行办法》	该政策针对我国天然草场的主要分布地区，通过采取经济补偿的手段实现对退化草场的修复和保护。主要目的是保护和恢复西北部、青藏高原和内蒙古的草地资源，以及治理京津风沙源，补偿方式是为"退牧还草"的牧民提供粮食补偿，补助期限均为5年，饲料粮（指陈化粮）补助最高标准为全年禁牧每公顷每年补助饲料粮82.5公斤，季节性休牧每公顷每年补助饲料粮20.6公斤
矿产资源税及矿产资源补偿费	国务院	《矿产资源补偿费征收管理规定》	旨在从保障和促进矿产资源的勘查、保护与合理开发，维护国家对矿产资源的财产权益的角度出发，规定对在我国领域和其他管辖海域开采矿产资源的采矿权人征收矿产资源补偿费。征收金额为"矿产品的销售收入、补偿费费率、开采回采率系数"三者之积。矿产资源补偿费纳入国家预算，实行专项管理，主要用于矿产资源勘查。矿产资源税和矿产资源补偿政策在全国各地已普遍实施，是各地在矿产资源开发中执行得最为广泛的生态补偿政策之一
水资源费政策	国务院	《取水许可和水资源费征收管理条例》	水资源费实施的一个重要目的是通过水资源费的经济调节作用调配水资源，是国家行使水资源所有权的一种形式。《取水许可和水资源费征收管理条例》规定了取用水资源的收费对象、征收标准、管理与使用、农业用水的水资源费有关规定等内容。在水资源费标准的制定过程中应考虑各地社会经济发展的实际情况，对不同的用水单位制定不同的水资源费标准
矿产资源开发的有关补偿政策	全国人大常务委员会	《中华人民共和国矿产资源法》	规定"开采矿产资源，应当节约用地。耕地、草地、林地因采矿受到破坏的，矿山企业应当因地制宜地采取复垦利用、植树种草或者其他利用措施。开采矿产资源给他人生产、生活造成损失的，应当负责赔偿，并采取必要的补救措施"。同时，《中华人民共和国矿产资源法实施细则》对矿山开发中的土地复垦、水土保持和环境保护的具体要求作了明确规定，对不能履行上述责任的采矿人，应向有关部门缴纳生态环境修复保证金
三江源保护工程政策	国务院	《三江源自然保护区生态保护与建设总体规划》	从2005年开始，总投资75亿元，计划用7年时间完成三江源地区生态保护与建设工程。截至目前，已全面完成三江源生态保护与建设、农牧民生产生活基础设施建设和支撑项目三大类项目，包括退耕还林、退牧还草、已垦草原还草、草地鼠害治理、生态恶化土地治理、森林草原防火、水土保持和保护管理设施与能力建设、草地保护配套工程和人畜饮水工程、生态移民工程、小城镇建设、人工增雨工程、生态监测与科技支撑等22项建设内容的实施方案

政策名称	相关部门	相关文件	主要内容
流域治理与水土保持政策	水利部和财政部	《小型农田水利和水土保持补助费管理规定》	将"小型农田水利和水土保持补助费"的专项资金纳入国家预算，用于补贴扶持农村防止水土流失、发展小型农田水利、建设小水电和抗旱等方面的投入

资料来源：根据相关文献（刘丽，2010）整理。

同时，国内关于生态补偿实践从最早仅仅作为对生态环境的损毁而进行处罚，到后来出于对生态环境的保护而进行的补偿措施或活动，到目前为止已有较多的案例，案例涉及农田、森林、水源地、流域等领域（李文华等，2006）。具体生态补偿实践如表2-6所示。

表2-6 国内生态补偿实践研究

生态补偿类型		主要内容	级别
森林	重点公益林补偿	为保护生态环境，2004年我国开始对各个省、自治区以及直辖市的国家级重点公益林，进行现金生态补偿，该资金主要由中央财政进行拨付	国家级
	天然林资源保护工程	1998年发生的特大洪水灾害，给我国东北和长江流域地区造成巨大的经济损失，也促使我国开始认识到森林保护的重要性。2000年国家正式开启"天保工程"，主要采取禁止天然林砍伐、加大对林区保护以及资金投入等措施	国家级
耕地	退耕还林工程	本工程主要是将土地较为贫瘠的耕地逐步转化为林地，增强对土地沙漠化的治理，以保护环境；本工程投资规模巨大，仅中央财政就最少花费4300亿元，涉及全国的省（自治区、直辖市），主要的补偿客体是受到影响的耕地农户，而主要的补偿主体是各级人民政府	国家级
	耕地占补平衡	该举措是国家为了保护"18亿亩"耕地红线而实施的，对于侵占农田进行建设的情况，由建设方（占用耕地方）补偿（开垦）相同的耕地面积，所用的资金也主要由项目方承担。同时，国家为此还出台了"耕地占用税"，对占用农田的行为人征税	国家级

续表

生态补偿类型		主要内容	级别
耕地	退田还湖	我国湖泊主要分布在长江流域,对长江洪汛具有较好的调节作用,但围湖(鄱阳湖、洞庭湖)造田,使这一功能逐渐消退,这是导致 1998 年特大洪水暴发的一大诱因。因此,国家大力推进退田还湖(湿)工程,使更多的农田转变为湿地,从而能更好地发挥湖泊调节洪水的作用。该举措的主要补偿客体是受到影响的耕地农户,而主要的补偿主体仍然为各级政府	国家级
水源地	北京密云水库	该水库是我国首都唯一一个饮用水水源地,对北京具有极其重要的作用;北京市不断出台各种措施(对库区农户进行生态移民或雇用当地村民进行生态保护等)来保护其生态环境,到目前为止已经建立了一系列的生态补偿措施。其中,主要的生态补偿主体是北京市政府,主要的补偿客体是库区居民	省级
	江西东江源区	东江源生态环境的好坏,直接影响下游广东省居民的饮用水安全。国家和江西省都对其高度重视,对东江源区域采取了封山、关闭企业等措施。国家财政和江西省财政都对其进行了补偿,但是由于补偿资金优先,该区域的县(市、区)经济发展严重滞后,目前对东江源区的保护遇到了瓶颈,未来应该加强省域补偿,更大限度地保护源区水质和生态环境	国家级
流域	墨水河流域生态补偿	为保护墨水河水质,青岛市专门拿出市财政资金用于墨水河水质保护,所有资金全部用于水污染的治理与防护工作;目前,青岛市环保局也给出了具体的补偿办法和实施方式,具体如《2014—2016 年墨水河流域水环境质量生态补偿办法》	市级
	黑河流域生态补偿	作为我国第二大内陆河,黑河率先进行水权改革,即以市场为主导的方式进行水的生态补偿。黑河上游农户拥有用水权和水权证,农户可以将自己多余的水用于市场交易,而政府仅充当水权交易的中介	国家级
	保山苏帕河流域生态补偿	水电开发公司利用其开发利用水资源所产生的经济收益,对因其而受到损失的流域周边农户或居民进行生态补偿;生态补偿的主体是保山苏帕河水电开发有限公司,而生态补偿客体主要是流域周边的农户或受其影响的居民	省级

注:以上仅列举出一些关于森林、耕地、水源地以及流域的生态补偿实践,并对其进行了简单的叙述。

2.3.3.3 研究述评

从最新的研究文献来看，国内学者针对我国国情，追踪和比照国际上的研究热点，比较集中地从生态建设和生态保护两个方面展开生态补偿研究，其研究对象可以归纳为生态要素补偿研究、区域生态补偿研究、生态功能区补偿研究和流域生态补偿研究四大类型。此外，我国较早开始的排污收费制度的研究以及传统的环境价值研究，可以看成是生态补偿机制研究的一部分，但它们还不是明确意义上的生态补偿研究。

应该说，近十几年来，我国学者对建立我国生态补偿机制的重大理论和现实问题进行了卓有成效的艰苦探索，取得了不少有重要价值的研究成果，为后续研究提供了很好的借鉴。由于生态补偿机制问题的异常复杂性，从我们力所能及的文献阅读和分析情况来看，我国生态补偿机制的科学研究仍存在较大的拓展空间。

（1）在研究内容上需要深化。国内研究的重点集中在生态补偿理论依据、生态补偿原则、补偿主体、补偿对象、补偿依据、补偿标准、补偿办法、资金筹措、资金管理以及运行机制研究等方面。生态补偿标准始终是生态补偿机制的核心内容，至今仍未形成学界和决策层能够普遍接受的方法体系，因此也成为学术研究的重点和难点，是需要深化研究的重要内容之一。当前，需要找到适当的函数关系，将生态系统服务功能价值转变为生态补偿标准，这是生态补偿标准研究的重要选择。生态补偿空间定位及优化研究至关重要，因为这是影响生态补偿机制有效性的关键内容，但是目前的研究还处于起步阶段。因此，生态补偿空间选择理论和方法研究是未来重要的创新内容。探索并明确影响补偿空间定位的关键因子，确定生态补偿的区域优先序列，是区域生态补偿空间选择研究的必然趋势。

（2）在研究方法和手段上有待创新。国内生态补偿机制研究以人文社会科学理论为基础的定性研究为多，基于生态学和遥感技术的生态系统服务功能价值定量评价的研究成果也十分丰富，但是从多时空尺度进行动态评价研究相对较少。补偿空间选择研究侧重于生态学原理和技术方法对特定生态系统的定量模拟，有少量融合社会经济因素的学术成果。但定性研究和定量研究的结合并不紧密，生态学、信息技术和经济学、社会学等交叉研究成果不多，这影响了定量评价成果向社会经济系统的有效转化。上述问题，是未来研究需要着力解决的关键问题之一。

（3）在研究尺度和对象上需要进一步拓展。基于全球、国家和省级等尺度，学界对森林、水、湿地、草地以及耕地等生态系统服务功能评价和生态补偿做了大量研究，且主要为在流域和自然保护区尺度上的案例研究，大尺度的空间区域研究尚不足（李晓光等，2009），有关鄱阳湖流域的定量研究还刚刚起步。整体上看，现有研究与国家区域重大发展战略的需求结合得不够紧密。以国家战略区域生态补偿机制的重大现实问题为立足点，加强区域生态补偿机制关键科学问题的研究，使之能在区域资源科学配置的政府决策中发挥实际支持作用，将是未来研究需要探索的方向之一。

另外，若根据生态系统服务功能价值来确定流域的生态补偿标准，虽然综合考虑了生态系统的供给服务、文化服务、调节功能和支持功能，但是所得到的补偿标准数额巨大，无法在实际中转换为现实的决策参考（孔凡斌等，2013）。而采用条件价值评估法调查到的居民实际补偿值往往高于所计算的理论值，这是因为居民在被询问其希望接受的补偿时，往往会扩大其受偿意愿。因此，在制定补偿标准时，应综合考虑当地农户维持基本生活标准、政府财力、湿地保护造成的损失以及农户受偿意愿等多方面的因素。同时，鉴于各类补偿对象的性质和利益实现方式的不同，在确定总体补偿标准的基础上，应坚持突出重点和统筹兼顾的原则，分类确定具体的补偿标准。另外，还要建立一整套的湿地生态功能评估和生态补偿考核指标，评估生态功能的大小，考核生态补偿的成效，据此不断调整完善，从而实现补偿效益最大化。针对上述问题，现参考我国建立和完善生态补偿机制面临的共性问题，提出在江西省建立鄱阳湖流域生态补偿机制过程中必须先行解决的关键科学问题及关注重点。

需要着力解决的两个关键科学问题：①揭示鄱阳湖流域不同生态系统服务功能价值与社会经济系统特征之间的时空关系，探索建立普适性的鄱阳湖流域生态补偿价值定量估算函数转换模型，为实施多尺度流域生态补偿标准提供理论和技术支撑。②探索建立以鄱阳湖流域所涵盖县（市、区）为基本行政单元的生态补偿对象及空间优化模型，为实施区域生态补偿效益最大化的优化方案提供理论和技术支持。

需要高度关注的研究重点：第一，进一步完善区域生态补偿机制理论与评价方法。以国内外相关研究为基础，研究生态补偿机制的概念、特征、领域和范围，分析世界生态补偿机制理论研究和政策实践经验，以及中国的战略选择、关键领域、政策需求，总结建立生态补偿机制的关键科学问题、研究进展和发展趋势，重点分析生态补偿标准和空间选择方面的理论研究成果及其应用，为后续研究提供理论基础。第二，建立鄱阳湖流域主要生态系统服务功能价值时空格局。基于生态系统服务功能评价方法，计量鄱阳湖流域所涵盖县（市、区）的流域生态系统等服务功能价值。在此基础上，从不同土地覆被类型、生态系统服务功能价值、不同研究单元等方面，分析研究时段内生态系统服务功能价值的时空格局特征及其影响因素。第三，建立鄱阳湖流域生态补偿价值的时空格局。生态补偿的经济模式只有与生态系统多尺度的自然特性相匹配，才能发挥其最好效果。本研究将基于生态系统服务功能价值的多尺度时空特性，分析服务功能价值的时空变化与社会经济统计数据之间的相关关系，创建具有多时空尺度内涵（功能区和县级）的生态补偿理论体系和定量评价模型。该模型适用于不同时空尺度的区域生态补偿价值量评价，为建立多尺度的生态补偿价值量评价提供理论依据和技术支撑。以各研究单元为基础，分析鄱阳湖流域多级尺度（县、市、区）区域生态补偿价值量的空间分布特征。第四，鄱阳湖流域生态补偿对象的空间优化。基于补偿资金效率最大化考虑，以鄱阳湖流域所含县（市、区）行政单元为基本研究单元，通过模型构建和测算，对鄱阳湖流域进行生态补偿区域优先序进行层次划分，对不同等级补偿区特征进行比较分析，得出预算约束下的区域生态补偿空间优化方案。第五，探索鄱阳湖流域生态补偿实施机制。生态补偿定量研究的最终目的是为生态补偿实施提供技术支撑，促进区域经济和生态的协调发展。

为解决以上问题，第一，本书对相关文献进行研究回顾与评述，并对生态补偿理论基础进行梳理与回顾；第二，基于生态系统服务功能来估测鄱阳湖流域生态价值，并得出鄱阳湖流域生态价值的空间分布；第三，采用条件价值评估法分别对居民的支付意愿、受偿意愿及其水平进行测算，并利用 Heckman 两阶段模型对居民支付意愿、支付水平、受偿意愿以及受偿水平的影响因素进行分析；第四，构建鄱阳湖流域内部和外部生态补偿标准估测模型，利用计算得出的鄱阳湖流域生态系统服务功能价值和居民的支付与受偿意愿值，计算并得出鄱阳湖流域内部和外部补偿标准；第五，根据所测算出的鄱阳湖流域内部、外部补偿标准，采用 Geoda 和 ArcGis 对鄱阳湖流域生态补偿标准进行空间自相关性和热点分析，以此为鄱阳湖流域生态补偿提供依据；第六，依据上述研究结果，对鄱阳湖流域的内部、外部生态补偿主客体以及补偿方式进行分析与研究。

第3章 我国流域资源禀赋特征及生态补偿内容

3.1 我国流域资源的禀赋特征

流域资源的禀赋特征是流域生态系统的自然属性所决定的，根据流域生态系统各个组成要素发挥的作用及河流的利用方式，可以将其主要归纳为物质提供（淡水、水产品、木材生产和碳贮存等）、调节功能（水调节、水土保持、水源涵养、废物净化等）、生境提供（生物多样性保护）和信息功能（文化、休闲娱乐等）。流域以生态系统的形式存在于自然界中，同时又区别于其他自然生态系统，具有一定的生态、经济和社会属性。这些本质特征既是流域生态系统服务价值计量的基础，同时也是流域生态补偿的重要依据。

3.1.1 流域资源绝对数量巨大

我国是世界上河流最多的国家之一，地域辽阔、地理环境复杂、地貌类型千差万别并且气候条件多样，因此我国流域体系繁多且较为复杂。根据中华人民共和国水利部流域划分，我国主要分为七大流域，分别为长江流域、黄河流域、珠江流域、海河流域、淮河流域、松辽流域和太湖流域。其中，中国第一大江长江是河流长度仅次于尼罗河和亚马孙河的世界第三大河流，河流水情极其复杂且支流湖泊星罗棋布，更有洞庭湖湿地和鄱阳湖湿地影响全国乃至世界气候。黄河作为中国第二大河则素以河水含沙量与水灾频繁闻名于世，是进行河流泥沙研究的天然实验室。

根据2011年第一次全国水利普查公告的结果，我国共有流域面积50平方公里及以上河流45203条（见表3-1），总长度为150.85万公里；流域面积100平方公里及以上河流 22909 条，总长度为 111.46 万公里；流域面积 1000 平方公里及以上河流 2221 条，总长度为 38.65 万公里；流域面积 10000 平方公里及以上河流 228 条，总长度为 13.25 万公里。由此可见，我国是世界上流域资源最为丰富的国家之一。

而国际上较大的流域体系也不在少数，例如，美国密西西比河，巴西亚马孙河以及法国塞纳河等。根据 UN Water 2009 年的调查显示，当前有 263 个被多个国家共享的国际流域，世界 40% 的人口居住在这些跨国家的流域当中，共计占据 45% 的全球土地面积。

表 3 - 1　河流分流域数量汇总

省份/流域	50 平方公里及以上	100 平方公里及以上	1000 平方公里及以上	10000 平方公里及以上
合计	45203 条	22909 条	2221 条	228 条
黑龙江	5110 条	2428 条	224 条	36 条
辽河	1457 条	791 条	87 条	13 条
海河	2214 条	892 条	59 条	8 条
黄河流域	4157 条	2061 条	199 条	17 条
淮河	2483 条	1266 条	86 条	7 条
长江流域	10741 条	5276 条	464 条	45 条
浙闽诸河	1301 条	694 条	53 条	7 条
珠江	3345 条	1685 条	169 条	12 条

资料来源：水利部 2011 年《第一次全国水利普查公告》。

表 3 - 2　全世界各区域的国际流域数

大洲	1999 年更新后数（条）	1978 年登记数（条）
合计	261	214
非洲	60	57
亚洲	53	40
欧洲	71	48
北美洲	39	33
南美洲	38	36

资料来源：根据相关文献（Wolf, 1999）数据整理获得。

表3-3 国际流域区域占比

大洲	1999 年更新后占比（%）	1978 年登记占比（%）
合计（南极洲除外）	45.3	47
非洲	62	60
亚洲	39	65
欧洲	54	50
北美洲	35	40
南美洲	60	60

资料来源：根据相关文献（Wolf，1999）数据整理获得。

3.1.2 流域是水资源的载体

　　水是重要的战略性经济资源，而流域是人类最主要的饮用水源地。广义的水资源概念是指流域中以固态、液态、气态等各种形式存在的水，包括地面水体、池塘水体、湖泊水体、河水和水库水体等。地球上的水在地球表面的覆盖率为70.8%。然而，其中近97.5%的水是咸水，无法直接饮用。在余下的2.5%的淡水中，有89%是极地和高山上的冰川和冰雪，人类难以利用。因此，人类能够直接利用的水仅占地球总水量的0.26%。2005～2014年，我国平均降水量、地表水资源、水资源总量和总用水量分别为636毫米、25857亿立方米、26917亿立方米、5966亿立方米，具体如表3-4所示。水资源循环体系中人类最易于获得淡水的环节便是当水汇集成河流形成流域时，简言之，流域体系是供应淡水的直接对象。这些宝贵的河流淡水资源将直接运用到人们的生产生活之中，是维系社会生存和发展的重要资源之一。全国的可利用淡水资源基本来自各流域的供给，极少数为冰川融雪，总共约为2.8万亿立方米。但我国人均水资源量只有230立方米，约为世界人均水平的1/4，因此我国是一个水资源相对贫乏的国家。流域是淡水资源的供给方，在农业蓄水灌溉、工业生产和城市发展等方面起到了至关重要的作用，保护和维持流域的基本功能，也是保障我国有限水资源合理规划利用和可持续利用的必然选择。近十年来我国水资源总量保持在2.69万亿立方米左右，但用水总量却呈持续增长的态势，对我国流域淡水补给形成较大的压力，如图3-1所示。

表 3-4　2005～2014 年我国水资源变化情况

年份	全国平均降水量（毫米）	地表水资源（亿立方米）	全国水资源总量（亿立方米）	全国总用水量（亿立方米）
2005	644	26982	28053	5633
2006	611	24358	25330	5795
2007	610	24242	25255	5819
2008	655	26377	27434	5910
2009	591	23125	24180	5965
2010	695	29798	30906	6022
2011	582	22214	23257	6107
2012	688	28373	29529	6131
2013	662	26840	27958	6183
2014	622	26264	27267	6095

资料来源：2005～2014 年《中国水资源公报》。

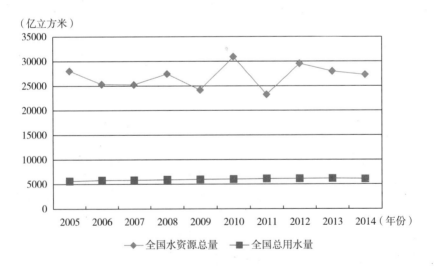

图 3-1　水资源总量和用水量变化趋势

3.1.3　流域孕育生物多样性

流域中存在的巨大食物链及其所支撑的流域多样性为众多野生动植物提供了

独特的生境，具有丰富的遗传特性。依托流域所建立的生态保护区也不在少数。根据国家生态环境部《2017 年中国生态环境状况公告》显示，我国内陆湿地和水域生态系统总共有 381 个，占自然生态系统类总数的 13.85%，总面积为 3098.69 万公顷，占总面积的 21.06%。在这些独特的生态系统中蕴含着丰富的生物资源。以我国第一大河长江为例，长江流域珍稀濒危植物 60 科 109 属 154 种，其中国家重点保护植物 126 种。动物方面，长江流域一共分为 10 个动物生态区，除常见的鸟类、鱼类和珍稀物种如国家 I 级保护动物白鳍豚、中华鲟、白鲟、白鹤、大鸨以及国家 II 级保护动物胭脂鱼、江豚、白额雁、灰鹤等同样也不在少数。此外，长江口地处长江三角洲冲积平原，区域地貌简单、气候温和、水资源充沛、人类活动频繁、开发程度高。据统计，长江口区域分布有浮游植物 211 种，浮游动物 174 种，底栖生物 181 种，鱼类 128 种，鸟类 312 种，维管束植物 240 种。详情见图 3 - 2 和表 3 - 5。

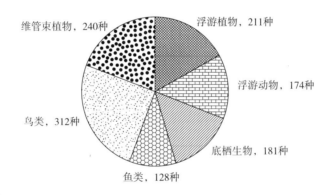

图 3 - 2　长江口各生物种类数量统计

表 3 - 5　长江流域鸟类及鱼类统计

分类		种类（含各区域重复种类）	比例（%）	珍稀物种
鱼类	长江上游	112	32.00	达氏鲟、哲罗鲑等
	长江中下游	240	68.57	江豚、白鳍豚等
	长江口	128	36.57	中华鲟等
	鱼类总数	350	—	
鸟类	长江中下游	217	—	白鹳、白鹤等
	长江口	312	—	珍贵迁徙类候鸟

资料来源：根据相关文献（蒋固政和李红清等，2011）数据整理获得。

3.1.4 流域具有高效的物质生产力

流域体系不仅组成了人类生活的基本空间，而且是人类从事生产劳动的原材料主要来源，是延续人类社会发展的必要条件。流域是具有极高生物生产力的生态系统，由于流域给城市带来的巨大生产力效益及生存保障，世界上大多数城市都是依河而建。一个健全且生态环境优异的流域体系主要对农业生产、工业生产以及城市发展带来极大益处。2010 年我国工业、农业、生活及生态环境总需水量在中等干旱年为 6988 亿立方米（其中生活用水 953 亿立方米，工业用水 1560 亿立方米，农田灌溉用水 3982 亿立方米，林牧渔业用水 493 亿立方米）。目前，全国稻田总面积已达 3446.7 × 10⁴ 公顷，稻田占我国可利用土地的 1/4，稻米产量则占粮食总产量的 2/5。而这些稻田所需要的灌溉用水基本都是由全国大小各流域提供的。沿流域开垦的许多地区已成为国家重要的商品粮基地。如三江平原地区是我国最大的沼泽区，中华人民共和国成立初期，该区仅有耕地 78.6 × 10⁴ 公顷，目前耕地面积已达 367.8 × 10⁴ 公顷，开垦湿地 289 × 10⁴ 公顷（刘兴土，1995），各市县和国营农场从 1994 年累计向国家上交商品粮豆 5480 × 10⁴ 吨。长江中下游是我国淡水湖泊集中分布区，也是国家重要的水稻和棉花生产基地。流域同样是各种鱼、虾蟹、贝类等渔业资源的栖息地，2008 年中国的渔业产量已达 4895.6 万吨，已经跃居为世界上最大的渔业生产国，其中 80% 的渔业经济靠流域来支撑。另外，流域中的天然湿地还可提供芦苇、木材、藕、莲等植物产品。在我国造纸原料中，芦苇占 26%。在内蒙古的科尔沁地区，大面积流域植物为当地人们在半干旱环境中提供了畜牧业所需的草料，畜牧业收入已占当地经济总量的 49%。

3.1.5 流域拥有巨大能源宝藏

（1）矿物质资源。流域具有从事生产生活的绝大部分矿物质，其中包括黑色金属、磷、硫等常见矿物和有色金属等稀有矿物。以长江流域为例，长江流域已探明的矿产共 109 种（不包括铀、钍），占全国探明矿产种数的 80%。其中 38 种主要矿产里，储量占全国总量 60% 以上的有 13 种，储量占全国总量 40% ~ 60% 的有 5 种，储量占全国总量 20% ~ 40% 的有 11 种，储量占全国总量 20% 以下的有 9 种。总的来看，流域内矿种齐全，主要矿产中多数都具有优势。此外，长江流域矿产资源分布有一定的规律。能源、黑色金属、磷、硫等多集中于上游地区，有色金属主要分布于中游，下游以非金属矿为主。具体如表 3 − 6 所示。从利用角度看，上游地区矿产资源的特点是运量大、耗能高；中游是运量小、价值高；下游是价值低、运量大。上游地区由于交通不便，经济欠发达，矿产利用程度低；中下游地区经济较发达，利用程度高。

表 3 - 6 长江流域主要矿产资源

矿产	占全流域总量的%			矿产	占全流域总量的%		
	上游	中游	下游		上游	中游	下游
煤	90.7	8.8	1.0	铋矿	—	100.0	
天然气	99.5	0.5	—	铝矿	13.7	84.6	1.7
水电资源（可能开发量）	74.6	25	0.3	锑矿	23.5	76.5	—
石油	12.0	88.0	—	金矿	8.2	70.9	12.9
铁矿	61.4	24.4	14.2	银矿	30.1	55.1	14.9
锰矿	53.2	46.8	—	铌矿	1.0	99.0	—
矾矿	72.8	20.6	6.6	钽矿	1.0	99.0	—
钛矿	99.0	1.0	—	硫铁矿	54.6	13.8	31.6
铅锌矿	46.5	45.5	8.0	磷矿	53.5	46.1	0.4
铝土矿	92.6	7.4	—	芒硝	78.4	21.6	—
镍矿	57.6	42.4	—	盐矿	41.1	58.4	—
汞矿	92.0	8.0	—	重晶石	44.4	55.6	—
铂矿	100.0	—	—	云母	95.7	4.3	—
铍矿	100.0	—	—	水泥灰岩	49.7	32.4	17.9
锂矿	63.1	36.9	—	石棉	100.0	—	—
铜矿	40.2	48.5	11.8	石膏	23.2	45.7	31.1
钴矿	31.6	46.5	21.9	萤石	3.2	85.9	10.9
钨矿	1.0	99.0	—	高岭土	6.4	37.6	56.0
锡矿	19.1	80.9	—	膨润土	2.1	37.6	56.0

资料来源：黄德华所著《长江流域矿产资源开发问题的探讨》。

　　作为中国第二大流域的黄河流域同样具有丰富资源，主要体现在其拥有大量的河流泥沙。河流泥沙是工业建筑的重要原材料，也是许多工业产品的重要原材料，我国河流多年平均输沙量均值达到 16.9 亿吨，如表 3 - 7 所示。

表 3 - 7 中国河流年平均输沙量

流域	2005 年输沙量（万吨）	多年平均输沙量（万吨）
长江	21600	41400
黄河	32800	111000

流域	2005 年输沙量（万吨）	多年平均输沙量（万吨）
淮河	847	1170
海河	6.16	1870
珠江	3630	7590
松花江	2430	1270
辽河	261	1690
闽江	737	656
塔里木河	2230	2340
总计	64700	169000

资料来源：中华人民共和国水利部《2006 年中国河流泥沙公报》。

（2）水能和水运。流域中的河流蕴藏着极大的势能，尤其是在流域上游，狭窄落差大的上游河谷是水势能得到充分利用的地段，可以提供大量能源。其中水电在中国电力供应中占有重要的地位，中国的水能蕴藏量占世界第一位，达 5.42×10^8 千瓦，技术可开发装机容量 4.02 亿千瓦，是仅次于煤炭的常规能源。我国水力发电行业发展迅猛，截至 2012 年底，全国水电装机容量达到 2.49 亿千瓦（如表 3 - 8 所示），年发电量达到 8657 亿千瓦时。河流还具有重要的水运价值，中下游地区平缓的地势利于发展航运交通，沿海、沿江地区经济的快速发展，很大程度上受惠于此，特别是长江流域，其航运产业直接带动了长三角经济快速发展。中国约有 10×10^4 公里内河航道，内陆水运承担了大约 30% 的货运量。

表 3 - 8　我国水能资源开发趋势

年份	全国水电装机（万千瓦）	全年发电量（亿千瓦时）
2007	14523	4870
2008	17090	5614
2009	19686	5055
2010	21157	6813
2011	23007	6507
2012	24881	8657

资料来源：《2012 年全国水利发展统计公报》。

（3）流域湿地中的泥炭资源。泥炭是沼泽形成和发育过程的产物，它不仅是宝贵的非金属矿产资源，又是蕴含巨大价值的土地资源。中国泥炭资源比较丰富，据统计其总资源量约为 46.87×10^8 吨，湿地中蕴含的泥炭资源占全国泥炭资源总量的80%（尹善春，1992）。从湿地中直接采挖泥炭用于燃烧，将湿地中的林草作为薪材，是湿地周边农村重要的能源来源。据测算，我国湖泊和沼泽湿地的总的固碳潜力为7.19Tg/a，其中沼泽湿地占72.32%，远大于湖泊湿地的固碳潜力，如表3-9所示。

表3-9 沼泽湿地的固碳速率和固碳能力

沼泽湿地类型	面积（平方公里）	固碳速率（gC/m² · a）	固碳潜力（GgC/a）
泥炭和苔藓泥炭沼泽	42349	24.80	1050.26
腐泥沼泽	24977	32.48	811.25
内陆盐沼	22369	67.11	1501.12
沿海滩涂盐沼	1717	235.62	404.56
红树林沼泽	2561	444.27	1137.78
总计	93973	—	4904.97

资料来源：根据相关文献（段晓男等，2008）数据整理获得。

3.1.6 流域生态功能特色鲜明

与森林、海洋以及其他陆地生态系统相比，流域生态自身特点鲜明而强大，在保护与维护区域生态环境乃至国土生态安全中发挥着无可替代的作用，主要表现在以下四个方面。

第一，调蓄洪水并预防自然灾害。流域河流水资源丰富，合理开发流域，通过建设水电站等设施可以有效地调蓄洪水，主要的水利工程包括水库、水电站以及水闸和堤防，具体数据如表3-10所示。

表3-10 我国水利工程统计

类型	数量	总库容（亿立方米）	装机容量（万千瓦）	总长度（公里）
水库	98002	9323.12	—	—
水电站	46758	—	33288.93	—
水闸	268476	—	—	—
堤防	—	—	—	413679

资料来源：根据《2012年全国水利普查公告》整理获得。

除水利工程外，流域范围内还有众多湿地，湿地在控制洪水、蓄水、调节河川径流、补给地下水和维持区域水平衡中发挥着重要的作用，是蓄水防洪的天然"海绵"。湿地具有的低洼特性和特殊介质使其拥有巨大的持水能力，如泥炭层的饱和含水量为500%～800%，高者可达到每公顷900%，沼泽湿地的蓄水能力可达到8100立方米。因此，湿地对水的调蓄空间巨大（黄锡畴，1988）。在天然条件下，湿地在汛期可以蓄存大量洪水，在干旱季节通过蒸散和地下水转化等方式调节和维持局部气候与局部生态系统水平衡。中国科学院研究资料表明，三江平原沼泽湿地蓄水达38.4亿立方米，挠力河上游大面积河漫滩湿地的调节作用，能将下游的洪峰值削减50%。在沿海，许多湿地抵御风浪和海潮的冲击，有效地防止了海岸被侵蚀。

第二，调节区域气候。由于流域河流及湖泊有大面积水面、植被和湿润土壤的存在，水面、土壤的水分蒸发和植物叶面的水分蒸腾，使流域与大气之间不断进行着广泛的热量交换和水分交换，因此在增加局部地区空气湿度、削弱风速、缩小昼夜温差、降低大气含尘量等大气调节方面具有明显的作用。如巢湖流域由于近些年来工农业和城市的快速发展，流域生态受到了一定程度的影响。土壤流失情况由于森林覆盖率的降低而变得越发严峻，轻、中度流失区已经占流域土地面积的67.86%。流域水质也大不如前，原本水资源充沛的水源地也因为富营养化变得供水吃紧。塔里木河流域由于农业开垦主要河流流量也日渐减少，其中的阿拉尔河的数据显示，20世纪90年代所测多年平均耗水量占阿拉尔年径流量的95%，相比于之前的85.5%增幅不小，流量的减少导致河流泥沙增多，进一步影响当地居民生活质量。新疆干旱地区的博斯腾湖泊面积为1410平方公里，流域湖泊通过水平方向的热量和水分交换，使博斯腾湖比其他干旱地区气温低1.3～4.3°C，相对湿度增加了5%～23%，沙暴日数减少了25%。湖沼系统通过调节周边气候，为当地居民的生活和生产创造了良好的条件。

第三，清理污染，维持可持续发展。地球的运行离不开水循环，水循环是多环节的自然过程，全球性的水循环涉及蒸发、大气水分输送、地表水和地下水循环以及多种形式的水量贮蓄。而径流，也就是流域体系是其中的重要环节之一。流域生态体系的正常运转是大自然实现自我净化能力的重要保证。在流域以及流域附属的湖泊和湿地等生态系统中生长、生活的多种多样的植物，分工明确地吸收并降解污染物，使污染沉积物快速沉降。同时，河流中流动的水流能快速将污染物冲至大海中，湖泊和湿地中也富含众多微生物，生活和生产污水排入湖泊与湿地后，通过湖泊与湿地中植物和微生物的共同作用，水中污染物可被储存、沉积、分解或转化，使污染物消失或浓度降低。

第四，具有旅游、教育和科研功能。流域系统中蕴含丰富的水文化，人们在水务活动中所获得的物质、精神的生产能力和创造的物质、精神财富的总和被称为广义水文化。人类社会也是随着水域的演变而变化的。流域中的河流湖泊乃至湿地都是独特的自然景观，具有自然观光、疗养、娱乐等功能。中国有许多重要的旅游风景区都分布在流域之中，如长江、黄河、洞庭湖、鄱阳湖、洱海、太湖、西溪都是国际著名的风景区，除可直接获得经济效益外，还具有重要的文化价值。而三江源、黄河源和青海湖等流域的生态系统、动植物群落、濒危物种以及这些流域中保留的生物、地理等方面演化进程的信息，在研究环境演化、古地理方面有重要价值。此外，具有较高生物多样性的流域是开展生物多样性研究的重要根据，也是进行环境教育的基地。

3.2　流域生态补偿内容和模式

　　流域生态补偿是协调流域生态环境保护者、流域生态服务受益者、流域生态环境建设者、流域生态环境破坏者之间利益关系的一种制度安排。本节的内容主要包括流域生态补偿的必要性、流域生态补偿的研究内容、流域生态补偿的实质与特征以及流域生态补偿的模式。

3.2.1　流域生态补偿的必要性

　　流域面积与流量减少、流域生态功能严重退化、流域资源保护与利用矛盾的日益尖锐以及国家对流域资源保护的投入不足决定了我国亟须建立以流域为补偿对象的生态补偿机制。

　　（1）解决当前流域资源利用与保护矛盾的需要。流域资源所在地的农业灌溉通常是以流域河流及地下水为依靠的，因此农业经济对自然资源的依赖性较强，而自然资源的存量是有限的，对流域资源进行持续、高强度的开发必然会对流域生态系统造成破坏。近些年来，流域生态系统的健康状况已经引起了国家和众多学者的重视。一方面，国家投入流域资源保护工作的资金日益增多；另一方面，流域上游所在地的居民渴望提高生活质量的愿望愈加迫切，当地居民要求开发利用流域资源，这与流域上游大多数为保护区的现实相悖。因此，流域资源的保护和利用就形成了尖锐的矛盾。政府建立了湿地自然保护区、水源地保护区等诸多保护区，使当地居民对流域资源的开发利用行为受到限制，然而这也导致当地居民的生存权与发展权受到限制。建立流域生态补偿制度，旨在补偿那些为保护流域生态环境做出牺牲的个人或群体的经济利益，使他们受损的经济利益得到一定补偿，从而调动他们保护流域生态环境的积极性。

（2）实现流域生态系统与经济系统协调发展的需要。我国大多数河流的上游地区往往是经济相对贫困、生态相对脆弱的区域，这些区域很难独自承担建设和保护流域生态环境的重任，同时这些地区摆脱贫困的需求又十分强烈，导致流域上游区域发展经济与保护流域生态环境的矛盾十分突出。而协调好这种关系，就需要下游受益区和中央政府来帮助流域上游地区分担生态建设的重任。因此，建立流域生态补偿机制，实施中央及下游受益区对流域上游地区的补偿机制，可以理顺流域上下游间的生态关系和利益关系，加快上游地区经济社会发展并有效保护流域上游的生态环境，从而促进全流域的社会经济可持续发展（张慧远等，2006）。维持流域生态系统结构的稳定性，对于流域所在区域的经济社会发展有十分重要的意义。建立流域生态补偿机制，使流域生态效益价值在市场经济中得到实现，能够深化人们对流域生态效益价值的认识，从而调动流域生态服务提供主体进行流域生态建设的积极性。

生态补偿机制是一种具有经济激励特征的制度，该制度通过一定的政策手段实行生态保护外部性的内部化，让生态保护成果的"受益者"支付相应的费用，并让"受损者"得到一定补偿，解决保护者与受益者、破坏者与受害者之间的不公平分配问题（宋敏等，2008）。只有建立流域生态补偿机制，制定相应的政策，并设立流域生态补偿专项基金，支持流域生态补偿项目的实施，才能解决流域资源保护者与受益者、破坏者与受害者之间的利益失衡问题。

3.2.2 流域生态补偿的研究内容

流域生态补偿的研究内容包括流域生态补偿的范围、流域生态补偿的主体、流域生态补偿的标准和流域生态补偿的方式。

（1）流域生态补偿的范围。明确流域生态补偿的范围，是建立统一、规范的流域生态补偿机制的需要。目前我国流域补偿机制尚在试行阶段，没有明确合理通用的补偿机制，但各省已经做出了相关尝试。江西省在流域生态补偿机制的建立方面走在了全国前列。国家六部委在2014年11月批复实施的《江西省生态文明示范区建设实施方案》（以下简称《方案》）标志着江西省为成为生态文明先行示范区而做的建设工作将升级为国家级战略。《方案》明确提出"加强对源头水生态涵养区和河流源头的保护"以及"强化五河源头保护"等。下游区域居民无偿享受到的相对而言更为良好的生态环境大部分得益于上游地区不断加大的环境保护力度。根据受偿原则，赣江流域上游地区理应从下游地区获得经济补偿以填补上游地区为保护流域生态环境而牺牲的各种利益。江西省政府在近些年已经颁布并实施的《江西省流域生态补偿办法（试行）》对构建和谐亮丽的生态化江西有至关重要的作用。

在流域生态补偿实践中要明确界定流域生态补偿的范围，要组织专家对流域的生态功能进行评估，那些具有重要生态功能的流域是我们重点保护的对象，也是我们优先补偿的对象。

（2）流域生态补偿的主体。流域生态补偿关系的主体涉及流域生态补偿的核心问题，即"谁补偿谁"的问题。依据刘玉龙对生态补偿的定义，流域生态补偿的主体应该是消费（消耗）流域生态服务功能的人类社会经济活动的行为主体。由于流域生态补偿是一种给付关系，因此流域生态补偿的主体就涉及两个方面：支付主体和责任主体。支付主体是指直接支付补偿款给补偿对象或其代表（代理）人的主体，其支付补偿的经济责任最终由责任主体承担；责任主体是指补偿支付经济责任的直接承担者。流域生态补偿支付主体的确定，依据以下四个原则。①破坏者付费原则。破坏者付费原则要求对流域生态环境产生不良影响从而导致流域生态系统遭到破坏、流域生态服务功能退化的经济主体承担给付责任，要求他们出资来解决其经济活动对流域生态系统产生的负外部性问题。即由流域生态环境破坏的责任主体来承担流域生态补偿给付责任，消除或减轻其经济活动对流域生态环境产生的负外部性。②使用者付费原则。流域资源属于社会公共资源，随着我国经济的进一步发展，自然资源中的不可再生资源的资本存量持续减少，这使自然资源稀缺性的特征更加明显。按照使用者付费原则，由流域资源的占有者或开发利用者根据其对流域资源使用情况向当地政府、机构或个人进行补偿。③受益者付费原则。在区域之间或流域上下游之间，应该遵循受益者付费原则，即流域生态服务的受益者应向流域生态服务的提供者支付相应的费用。如长江流域提供的生态服务的受益范围十分广泛，小到流域各段所在区域，大到省域甚至国家，那么地区、各省市乃至国家层次的不同受益者都应按照长江流域提供的生态服务价值量的大小支付费用。④保护者得到补偿的原则。对流域资源的保护和建设做出贡献的集体和个人，对其直接投入的直接成本和因为流域资源保护而丧失发展机会的机会成本应给予补偿。这里的保护者不包括流域自然保护区管理部门的工作人员，因为保护流域生态是他们本身的工作职责所在。

（3）流域生态补偿的标准。确定流域生态补偿的标准，从理论层面与实际操作两个方面来看，应综合考虑以下四个方面：①对保护流域生态环境的直接投入。管理、看护、修复流域生态系统等方面投入的人力、财力和物力。②保护流域生态环境而使经济发展受到限制或放弃发展机会而产生的机会成本。国家保护流域生态环境的要求，使当地对于流域资源的利用受到限制，部分地区甚至完全禁止利用流域资源，从而影响当地的社会经济发展。在确定流域生态补偿的标准时，务必要考虑当地人为了保护流域生态环境而放弃经济发展所带来的区域集体利益的损失。③流域生态系统服务的价值量。在确定流域生态补偿的标准时，流域生态系统每年提供的生态服务价值量的大小是一个重要的参考标准。依据生态系统服务理论，建立流域生态系统服务价值评估指标体系，对流域生态系统每年提供的生态服务进行定量评估。④区域的经济发展水平。从理论上来讲，流域生态补偿的标准应与流域生态系统每年提供的生态服务价值量的大小等值。但现实是，采用不同的生态系统服务评估方法得到的生态系统服务价值量大小是不同的，而且当前流域生态补偿资金不足也是现实难题。这就要求我们在确定流域生态补偿的标准时必须考虑当地的经济发展水平。如果确定的补偿标准太高，就会导致补偿资金不足，从而不能支持我们进行流域生态补偿。

（4）流域生态补偿的方式。流域生态补偿的方式很多，按照不同的分类标准则有不同的分类。从地理尺度，流域生态补偿可分为国际流域生态补偿和国内流域生态补偿，其中，国内流域生态补偿按照补偿方式的不同又可分为资金补偿、实物补偿、政策补偿和智力补偿。按照流域补偿主体和运作机制的差异，流域生态补偿可以分为市场补偿和政府补偿两大类：①市场补偿方式。市场补偿即市场交易主体在各项环境法律、法规和政府政策许可的范围内，运用经济手段参与流域生态环境市场的产权交易，通过市场方式来调节流域资源的开发利用活动，以达到对流域资源的合理利用。在流域资源开发与利用的过程中，当受益人与受害人可以明确界定时，双方可以通过谈判的方式来解决，当然在这个过程中，必要时也要政府出面予以干预。②政府补偿方式。政府补偿是指以国家或上级政府为实施和补偿支付主体，以区域、下级政府或农牧民为补偿对象，以维持区域生态安全、维护社会稳定、经济与流域生态环境协调发展等为目标，以财政补贴、政策优惠、工程实施、税费改革等为手段的一种流域生态效益补偿方式。流域生态服务是一种公共物品，政府是公共物品的提供主体。因此，在对流域生态服务进行补偿时，政府应承担主要的责任。就目前我国急需建立的流域生态补偿机制而言，政府应该是而且一定是流域生态补偿活动的实施主体和组织主体。政府补偿的方式又包括财政转移支付、差异性的区域政策、生态保护项目的实施、环境税费制度等多种形式。我国目前的流域生态补偿应该还是以政府补偿为主，这是由我国独特的土地产权制度和非政府组织发展迟缓的国情决定的。

3.2.3 流域生态补偿的实质与特征

对流域生态补偿的实质与特征的科学认识有助于深化我们对流域生态补偿实践的认知，同时有助于我们构建并完善流域生态补偿的理论体系。

（1）流域生态补偿的实质。流域生态补偿的实质，就是对流域生态补偿制度进行设计，并通过流域生态补偿实践的开展把流域生态效益对社会经济系统的正外部性内部化，同时也把流域生态环境的负外部性内部化。具体而言，流域生态效益是指流域生态系统为人类提供的各项生态服务功能，它主要包括调蓄洪水、净化水质、保持土壤肥力、调节气候、改善生物多样性等方面。如长江流域中的洞庭湖调节径流、调蓄洪水生态功能的发挥，对于确保地区生态安全有十分重要的作用。长江中下游沿岸的村民是直接的受益人，他们每个人都在享用这一生态服务功能，但每个人都不用付费就可以免费享受这种服务。这说明流域生态服务具有典型的公共物品特性。在市场经济条件下，流域生态服务对外部经济系统的正外部性并不能反映到经济系统的成本—效益分析中来，即产生了不反映到私人收益中的社会效益。

解决外部性问题有两个途径：一是征收庇古税，二是科斯手段。庇古认为可以让政府通过征税的方式，将污染引起的外部成本加到污染企业的产品价格中去，使之企业内部化解决。征收庇古税的目的在于通过向把私人成本转嫁给社会的企业收税，让他们知道企业这种转嫁成本的做法会受到惩罚，通过惩罚使企业减少这样的做法。科斯定理的基本内容包括：①具有明确的产权，即当事者双方无论谁拥有产权，最终结果都相同；②无须政府出面，由当事者双方通过协商、交流等手段自行解决；③交易成本为零时，当事者双方的边际收益达到最大化。科斯的该种方式通过界定流域资源的产权，由市场机制自动调节当事人的利益，无须政府的介入。我国目前虽然走的是市场经济之路，但我国特有的土地与自然资源所有权制度决定了，在我国仅依靠税收手段或者市场方式无法实现对流域资源的优化配置。

（2）流域生态补偿的特征。借鉴尹少华教授《森林生态服务价值评价及其补偿与管理机制研究》的研究成果，流域生态补偿主要具有如下特征。

第一，补偿对象的确定性。依据江西省政府在近些年已经颁布并实施的《江西省流域生态补偿办法》，流域生态补偿的对象是重要生态流域所在地的农民。当然，流域生态补偿的对象不仅包括当地的农民，还应包括在流域资源保护工作中有较大贡献的集体、个人和流域资源被破坏的直接受害人（如造纸厂向河口排污，水质被污染，耕牛饮水致病给受害人带来的损失）。

第二，补偿机制的二元性。市场和政府都不是万能的，其本身各自具有的缺点导致生态环境的保护成为一个难题。市场主要通过价格机制来调节生态环境资源的利用，但正如前文所述，以流域生态产品为原材料的商品价格中并不包括环境成本，商品的成本是低于其实际成本的，此时市场交易虽然可以顺利实现，但这并不能反映流域生态资源的价值，即市场在流域生态资源的配置中是低效率的（也就是我们通常说的市场失灵）。政府在流域生态资源保护的过程中也会出现低效率的现象。如在制定经济政策时的决策失误、地方政府部分领导人在带领团队促进当地经济发展的过程中出现的顾此失彼、流域生态资源的保护与管理部门的工作人员也可能工作不力等这些都会造成政府失灵。市场失灵与政府失灵现象的客观存在决定了我国的流域生态补偿机制要包含行政机制与市场机制两个方面，任何单个的机制都不能完全解决问题。就流域生态补偿的资金筹集而言，政府财政的支持与社会资本的融入两者相结合才能很好地解决流域生态补偿资金的来源问题。

第三，补偿手段的多样性。长期以来，我国政府对农户的补偿或补助多以现金和实物的形式进行。最近几年，国家大力支持农业的生产与发展，对农户有各种补贴（如种子补贴、为建大棚从事农业生产的农民提供建棚材料等）。现今不少学者都意识到现金和实物补偿的缺点（有些地方政府截留补助资金），因此，大多数学者提倡"造血型补偿"方式，如使用技术补偿、劳务输出服务补偿等。另外，政府也在积极提倡使用多种补偿手段，多管齐下，以便在有限的补偿资源情况下最大限度地提高生态补偿的效果。

第四，补偿的法定性。我国的森林生态效益补偿制度在 2000 年发布的《森林法》中有明确的规定，同理，我国的流域生态补偿制度也需要有法理的支撑。因为流域生态补偿也会涉及补偿资金的筹集与使用问题，与金钱有关的都必须有法的规范和外在的监督。因此，全国性的《生态补偿法》是十分必要和亟须的，我们相信在不久的将来此法定会正式颁布并实施。到时，《生态补偿法》中必定会对流域生态补偿的补偿范围、补偿对象、补偿标准、补偿资金如何使用及谁来监督等问题做出明确的规定。

3.2.4 流域生态补偿的模式选择

在我国只有市场化补偿方式与政府补偿方式相结合，才能在有限补偿资金的前提下使补偿效果达到最好。因此，流域生态补偿的模式也包括政府模式和市场模式。借鉴陈兆开教授对于湿地生态补偿模式的阐述，流域生态补偿的模式有公共支付模式、私人交易模式、开放市场贸易模式和生态标记模式。

（1）公共支付模式。公共支付模式（即政府补偿模式），是指国家或上级政府以政府财政作为资金支持，以下级政府或农户为补偿对象，通过政府转移支付、政策倾斜、技术支持、项目实施等手段的一种生态效益补偿模式。目前补偿流域生态服务价值的政府补偿模式主要有禁渔、建立自然保护区、实施退田还湖工程等。江西鄱阳湖、湖南洞庭湖、湖北洪湖都实施了禁渔政策，在禁渔期间渔政部门给渔民发放生活补助。对于具有重要生态功能的区域，政府出资按照保护的重要程度建立不同级别的自然保护区，在自然保护区设立专门的管理机构。实施退田还湖工程是在经济上补偿湖泊周边的居民，通过退田的方式改变当前流域总面积不断减少的局面（主要为湖泊和湿地面积的减少）。

（2）私人交易模式。私人交易模式是指流域生态服务的受益方与受损方之间的直接交易，是一对一的交易。这种模式适用于那些流域生态服务的受益方较少并能明确界定，流域生态服务提供方能够被组织起来或者不多的情况。交易双方经过谈判或通过中介确定交易的条件和价格。私人交易主要得益于较为明晰的产权和可操作的合同，该模式常见于产权比较明确的森林生态系统与其周边受益地区以及小流域的上下游之间。

（3）开放市场贸易模式。选用开放的市场贸易模式，其前提是生态服务市场上买方和卖方的数量比较多或者不确定，同时流域生态系统提供的生态系统服务是可以被计量的。在满足上述条件情况下，生态服务买方和卖方则可以通过开放的市场，对生态系统服务进行自由交易。此模式充分调动了市场特性，将生态服务化成实体商品放入市场进行交易，符合市场自身运行规律，如果同时根据流域生态服务的特性结合政府宏观调控，则有很强的实际意义。

（4）生态标记模式。生态标记（Ecological Mark），即给环境友好型的产品贴上标记，这个标记可以证明该产品的生产过程是环保且健康的，以区别于其他一般的产品。通常经过认证贴上标记的产品的价格要高于一般商品的价格，消费者在选择购买有生态标记的产品的同时，也就支付了附加在产品上的那部分生态服务的价格。生态标记是消费者间接支付生态服务价值的一种方式。

生态标记模式在我国尚处于探索阶段，部分地区正在试点对野生动物产品进行生态标记。国家林业局、国家工商管理总局于2003年发出了《关于对利用野生动物及其产品的生产企业进行清理整顿和开展标记试点工作的通知》。2006年上海市报经国家林业局批准使用"野生动物经营利用管理专用标识"的野生动物制品有象牙及制品、蟒皮及制品、皮具及制品、麝香及制品、熊胆及制品五大类13类产品，申报野生动物制品标记数量1363万件，2006年上半年标记产品的销售额达2.04亿元。丹麦制定了一项生态耕作法，它允许对农业产品贴上正式生态产品标记。我国也可以尝试对流域生态产品如药材、食品、木材贴上生态标记，这些有生态标记的产品的价格可以略高于同类产品的价格，消费者在选择消费此类产品时必须支付较高的价格，高出的那一部分价格就体现了流域生态服务的价值。

第4章 我国流域生态补偿动因和可行性分析

4.1 我国流域生态补偿动因分析

4.1.1 流域退化的现状及成因分析

《千年生态系统评估报告》是由 95 个国家 1300 多名科学家历时 4 年完成的研究，该研究表明人类赖以生存的生态系统有 60% 正处于不断退化状态，地球上近 2/3 的自然资源已经消耗殆尽。其中，流域生态资源也出现了非常明显的退化。流域生态系统的退化主要指由于自然环境或人类对流域自然资源过度以及不合理地利用而造成的流域生态系统结构破坏、功能衰退、生物多样性减少、生物生产力下降以及流域生产潜力衰退、流域资源逐渐丧失等一系列生态环境恶化的现象。由此还可能导致水资源短缺、气候变异、各种自然灾害频繁发生等。下面先从流域面积和质量两方面对我国流域生态系统退化的现状进行剖析，再对流域退化的成因进行分析。

（1）流域面积减少。流域面积多寡是反映流域资源丰裕程度的最直观的指标，面积的减少可以作为流域退化的重要依据。尽管我国的土地资源非常丰富，但我国人口众多，人均土地资源因此相对贫乏，因人口增长和经济发展所带来的土地资源需求压力非常巨大。特别是近 50 年来，在沿海地区、长江中下游湖区和东北沼泽湿地区，随着对土地资源需求量的增大，各类工农业用地和城市建设用地等都在向流域要地，流域面积丧失非常严重。2013 年，我国公布《第一次全国水利普查公报》，其中在河流方面，流域面积 50 平方公里及以上河流共有45203 条，总长度为 150.85 万公里；河流面积 100 平方公里及以上河流 22909

条，总长度为111.46万公里；流域面积1000平方公里及以上河流2221条，总长度38.65万公里；流域面积10000平方公里及以上河流288条，总长度为13.25万公里。在湖泊方面，常年水面面积1平方公里及以上湖泊2865个，水面总面积7.80万平方公里（不含跨国界湖泊境外面积）。相比20世纪90年代的统计数据，这次普查出的河流和湖泊面积出现了不同程度的锐减。其中，我国流域面积在100平方公里及以上河流就比20世纪90年代的统计减少了2.7万多条。流域是水和水生动植物资源的承载体，流域面积的大量减少，将严重影响流域生态系统服务功能的发挥，削弱流域调蓄和缓冲洪水的功能，进而引发一系列生态灾难。正是由于长江中下游流域面积的大量减少，长江流域洪涝灾害才变得更为频繁。特别是1998年的特大洪灾，给沿江人民生命财产造成重大的损失，受灾人口2.23亿，直接损失达1666亿元。同样1998年嫩江、松花江流域和2003年淮河流域的特大洪水，也与流域面积的减少和丧失有直接关系。

（2）流域质量下降。第一，流域生产力和生物多样性降低。流域生态系统的结构和功能取决于生物多样性的状况，一般来说在生物群落结构中，生物种类越多、数量越大、食物链的结构越复杂的流域，其发展越成熟。流域退化导致流域生态系统的结构破坏、功能衰退，进而使其抗干扰能力下降，不稳定性和脆弱性增大，生物多样性和生产力降低。流域植物特别是藓类和蕨类植物处于生物界食物链的末端，是构成流域生物多样性的基础资源，然而这两类流域植物的现状令人担忧，此外还有许多过去常见的湿地植物已经濒临灭绝。除了植物资源外，鱼类天然捕捞产量的下降也是流域退化的最直观反映。目前，中国许多流域的经济鱼类年捕获量明显下降且种类单一、种群结构趋于低龄化，其他如湖泊、沼泽湿地等的鱼类资源和生物多样性同样也受到严重威胁。以我国几大重要渔业资源产区为例。20世纪70年代，每年长江鱼类的捕捞量为20×10^4吨，而最近几年的捕捞量下降到10×10^4吨，不足最高年份的1/4。鄱阳湖鱼类总捕捞量近20年间已经减少了43.9%，洞庭湖鱼类捕捞总产量由1949年的3.0×10^4吨降到现在的1.1×10^4吨，减少了近63%，且杂食型和小型鱼类比重占50%以上（吕宪国，2008）。另外，许多大型哺乳动物和鱼类，如白鳍豚、中华鲟、达氏鲟和江豚等已成为濒危物种，而长江鳗鱼、鲥鱼、银鱼等经济鱼类的种群数量已变得十分稀少。庄大昌等对洞庭湖渔业产品多年平均损失的直接经济价值进行了评估，得出洞庭湖渔业产品多年平均损失的价值为7800多万元（庄大昌等，2003）。第二，流域物质能量流失衡。流域系统物质能量流主要表现为系统内外水的动态变化和地球的化学循环过程，也可以称为碳、氢、氧、氮、磷、硫以及各种生命必需元素在流域土壤和植物之间进行的各种迁移转化和能量交换过程。流域生态系统的退化表现为流域内部化学物质（主要是碳和氮）循环平衡被打破，流域吸收和固定污染物的功能降低。最直观的表现有两方面，一方面是流域固碳能力降低，由大气 CO_2 的"汇"转变为"源"，如图 4-1 和图 4-2 所示，这种"源和汇"之间的转化已经在世界上一些极冷地区发生。中国原有 1.3×10^4 平方公里的泥炭地，分布在青藏高原（79%）和东北地区（21%）（郎慧卿等，1998），在过去的 50 年间，我国有大量泥炭地以惊人的速率消失。根据学者的估计，2000 年我国碳排放的 0.8% 是由于泥炭开采和沼泽丧失导致。另一方面是流域固定和分解氮、磷、硫等污染物的能力降低，流域水环境质量下降，甚至富营养化。根据《2008 年中国环境状况公报》，我国七大水系水质总体为中度污染，71.4% 的重点大型湖泊失去了饮用水源的功能，其中 50% 污染严重（水质 V 类或劣 V 类）。湖泊、水库重要渔业水域主要受到总氮、总磷和高锰酸盐指数的污染，湖泊（水库）富营养化问题突出。第三，生态调节功能减弱。流域的生态调节功能包括多个方面，但流域的水文调节功能是流域的基础功能，也是流域具备其他功能的前提条件，流域环境问题产生的关键即是生态水文格局的紊乱。以吉林省向海国家级自然保护区为例，由于流域水源的不足导致原有流域的水环境结构遭到破坏并且流域蓄水能力、调节径流能力严重退化，同时流域的调蓄功能也大幅度下降。

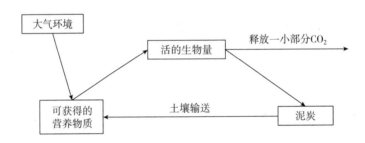

图 4-1 流域作为碳的源

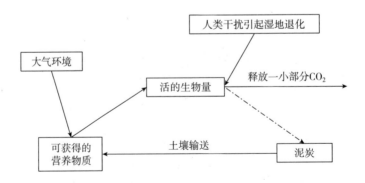

图 4-2 流域作为碳的汇

根据 1989 年、2001 年遥感解译成果，仅十年间流域中的向海湿地面积减少 735.61 平方公里，盐碱化土地增加了 930 平方公里。蓄水能力的下降还导致流域上的动植物种类减少，流域自净能力降低。我国华北地区具有重要水源调蓄功能的白洋淀流域，近年来最大水面面积和水量不断减少，1996 年最大水面面积已经减少到不足 1970 年的一半，而最大水量减少到约为 1963 年的 1/10，生物多样性也随之急剧减少，其中藻类减少了 15.5%、鱼类减少了 44.4%。在安徽省安庆沿江湖区，由于湖泊面积的减少，多数湖泊的调蓄能力由原来的 15% 下降到 8%，并形成连年的洪涝灾害（卢松等，2004）。

（3）流域退化的成因分析。流域退化是生态环境脆弱性的具体表现，而脆弱性是生态环境的自然属性。流域作为一个完整的自然生态系统，对外界的干扰具有一定的免疫能力，这种自身免疫能力包括流域的集水能力、系统内植被生态保护能力和流域水体的自净能力等。当其免疫能力不足以抵御外界影响时，生态系统会受到破坏并使流域发生退化，如无法及时进行补救则会彻底消失。对流域生态系统造成伤害的外界因素可以分为自然因素和人为因素。自然因素主要是指全球和区域气候变化所造成的影响，全球气候变暖、持续的高温干旱使降水量降低，地表水面积减少（甚至发生枯水），导致矿物质富集、水体矿化度增高并形成盐碱化流域。需要指出的是，自然因素所造成的流域退化通常是在较长的时间段内形成的，并且其影响局限于某些特殊区域或中小尺度范围内。人为因素是我国流域退化最根本的原因。随着人口增长以及人类的物质需求不断提高，人类不断建造城市、开辟农田、兴建水利、发展农牧业与工业以及相关的服务产业。又由于人们对流域生态价值缺乏必要的认知，对保护生态环境重要性认识不足等，长期以来未能正确处理社会经济发展与流域生态环境保护之间的关系。因此，自然因素和人为因素的共同作用导致在过去的 50 年间我国流域资源被过度利用，进而使流域生态环境逐步恶化，生态系统服务功能日益衰退。

4.1.2　社会经济发展的负外部性影响

第一，农业围垦。农业垦殖是流域的最大威胁，对流域环境的影响巨大，大面积自然流域不断被改造为农业用地，造成流域的大幅度萎缩。在我国，为了满足国家粮食生产需求和受"向湖要粮"的思想影响，大量流域无偿转变为耕地。近 40 年来，全国围垦面积已超过五大淡水湖面积之和，失去调蓄容积 325 亿立方米，每年损失淡水资源约 350 亿立方米。这些问题主要集中于东北沼泽湿地地区和长江中下游湖区。我国最大的沼泽集中分布区（三江平原）原有沼泽湿地 534.5×10^4 公顷，共经历了四次湿地开荒高潮，1975～1983 年，耕地面积扩大一倍，到 1994 年经 TM 卫星图像解译，耕地面积已经扩大了 5.82 倍。我国长江中下游的洞庭湖、鄱阳湖、洪湖等湖区水面面积急剧减少，仅湖南、湖北、江西、安徽、江苏五省就因围垦造田使湖泊面积减少 1.2×10^4 公顷，容水量减少 60 ~ 70 立方公里，相当于损失数百座大型水库。湖北调研显示，中华人民共和国成立初期，湖北省有湖泊 1332 个，总面积达 85.28×10^4 公顷。由于 20 世纪 50 年代末和 60 年代初大规模的围垦，到 2000 年面积在 100 公顷以上的湖泊仅有 261 个，面积为 28.85×10^4 公顷。

第二，城镇化建设。城镇化建设是我国社会经济发展的最主要的特征之一，也是导致流域面积减少和退化的主要原因之一。《中国城市发展报告 2008》显示，截至 2008 年底，我国的城镇人口已突破 6 亿，城镇化水平达到 45.68%。改革开放 40 年来，我国的城镇化水平逐步提高，全国设区市从 193 个增至 655 个，建制镇从 2174 个增至 2 万多个，城镇人口由 1.7 亿增至 5.9 亿。城镇化建设需要发达的道路交通体系、大量的民用与商用房产、工厂及科技园区，大规模、高密度的城市扩张必然会占用大量的土地，这些土地除了未利用地外，大部分是农村和郊区耕地及湿地。其中，公路建设是一项占地面积较大的开发行为，高速公路和一级公路平均每公里占地约 80 亩。如果公路建设经过湿地又不采取措施，就会占用大量流域中的湿地。公路建设占用面积主要包括公路路基和场站的占压，弃土、弃渣的占压以及施工过程中对流域的临时占用（包括各种施工机械的停放、筑路材料的堆放、施工队伍的生活区等）。已有研究表明，公路建设带来的城镇化效应也会使公路两侧的湿地改变用途，造成流域面积的减少。黑龙江省林业厅 2004 年对扎龙自然保护区状况进行过的一次调查显示，大庆和齐齐哈尔两市在扎龙自然保护区共修建各类大小工程 21 项，仅在扎龙保护区核心区内的道路开发建设的项目就有 3 项，这些工程是中引八支干工程，约 60 公里；唐土岗子、林齐岛至 301 国道公路 16 公里；唐土岗子石家店公路 6 公里。特别是横穿扎龙自然保护区的 301 国道，在保护区内总长为 42 公里，严重阻碍了湿地两侧水的流通性。按照我国《公路工程技术标准》中规定的二级公路最小宽度 7 米来计算，这些道路最少侵占了扎龙自然保护区 86.8 公顷的流域面积。由于计量上的困难和我国现有的统计资料缺乏，无法确切统计因城市建设而占用的流域面积和数量。但流域与耕地具有许多共同之处，两者都广泛分布于地租低廉的农村地区，且具有同样重要的资源产出功能，为社会经济发展提供了必不可少的资源产品，因此我们可以通过城市化建设占用耕地的变化趋势来间接地反映流域占用的情况。众所周知，我国实行的是世界上最严格的耕地保护制度，然而即使如此，根据 1998 ~ 2006 年《中国农业统计年鉴》，城市建设平均每年占用耕地的面积为 17.6×10^4 公顷，平均约占每年净减少耕地数量的 19.92%，且近几年城市建设占用耕地面积的增长率极速上涨（姜宏瑶，2010）。因此，城市化建设对流域破坏巨大。

第三，水利水电建设。近几十年来，由于社会经济发展、清洁能源以及节能减排的需要，我国大力开展水利水电建设，而水利水电开发对流域生态环境影响巨大，已经成为对流域生态系统健康影响最广泛的人类活动之一。到目前为止，我国只有极少数的河流上未建大型水电设施，而长江、岷江、金沙江等河流从干流到各级支流均已建设。据初步统计，我国现有 8 万多座水库，水电装机已超过 1.72 亿千瓦，30 米以上的大坝 4000 多座。水利水电的开发固然对社会经济发展做出了巨大贡献，但水利水电开发也对流域造成了致命的威胁。首先，建闸筑坝等水利建设活动，直接导致了天然流域面积的减少，或改变了自然流域的原始生态结构，甚至直接将天然流域转变为人工流域。以河流为例，截至 2003 年，我国水坝侵占了 14834.77 公顷的河流面积。其次，水利设施建设对流域生态环境造成巨大破坏，位于我国 12 大水电基地之首金沙江的小江流域，由于泥沙淤积和水土流失，地面每年上涨 0.2 米，目前这一地区已彻底变成了无人区。在漫湾水库，由于库区水流速度的减慢，泥沙淤积严重，水库蓄水运行 3 年后整个库容淤损率已达 18.1%。最后，水利设施改变了江河生态结构，破坏了动植物栖息地，对流域资源构成威胁。例如，洪湖在 20 世纪 50 年代自由通江时，平均每年鱼产量可达到每公顷 154.5 公斤，60 年代建闸节制后下降到每公顷 132.0 公斤，70 年代更下降到每公顷 114.0 公斤。江河阻隔已经导致我国从海水到淡水洄游的珍贵鱼类和淡水哺乳动物如白鳍豚、江豚及中华鲟等珍稀物种濒临绝迹。据调查，目前我国白鳍豚的数量仅有 20 头左右。由于水利水电建设获得的经济收益并未对其造成的生态环境破坏进行合理的补偿，流域生态退化的现状无法得到缓解，因此，水利水电建设与流域保护的矛盾越发激烈。

第四，水资源粗放利用。我国 90% 以上的供水来源于地表水，水资源的过度利用以及效率较低等问题，严重影响了我国流域的蓄水、供水能力，导致许多流域面积锐减或急剧萎缩。自 1949 年以来，我国社会经济用水量迅速增长，近年来虽逐渐趋于稳定但年用水总量仍维持高位。总体来看，我国水资源利用方式较为粗放，以生产单位国内生产总值（GDP）所用水量作为评价综合用水效率的指标，2000 年我国万元 GDP 用水量为 4797 立方米，约为同期世界平均水平的 4 倍、日本的 25 倍。一方面，我国工业用水效率偏低，2000 年我国的万美元工业增加值用水量为 2419 立方米，是世界平均水平的 3 倍、日本的 23 倍。另一方面，农业用水数量大、效率低且浪费严重。近 50 年来，我国农业用水量始终占据总用水量的 60% 以上，然而全国农业用水效率不足先进国家的 50%，每生产 1 公斤粮食需耗水 1000 公斤。目前，流域水资源的过度利用已导致区域性生态缺水问题的出现，并引发了地面沉降和海水入侵等灾害。据统计，华北地区浅层地

下水漏斗面积达到 2×10^4 平方公里，漏斗中心水位下降最大达到 40 厘米；深层地下水漏斗面积更达 2.2×10^4 平方公里，漏斗中心最大埋深达 75.7 米。超采地下水使承压水位连年下降，从而导致区域性的地面沉降。

第五，渔业资源过度利用。流域中利用最广泛的经济资源是鱼类。截至 2009 年，我国已经成为世界上最大的渔业生产国，流域支撑着我国渔业产业的发展，但渔业资源的过度捕捞也严重威胁着我国流域资源的可持续发展。我国渔业产业迅猛发展，特别是在中华人民共和国成立后的前 30 年，天然捕捞渔业占我国渔业产量的 50% 以上，但粗放型生产方式也导致渔业资源日趋枯竭和衰退，捕捞量下降就是最直观的反映。在经历了 1979 ~ 1999 年天然捕捞产量迅猛增长后，渔业资源遭到了极大的破坏，以致 2000 年后我国天然渔业的捕捞量呈现了负增长的趋势。也是在这个时期，我国许多重要的经济型鱼类资源如鳜鱼、中华鲟、胭脂鱼、银鱼濒临灭绝，渔获量向低龄化和个体小型化方向变化。由于渔业资源的枯竭，国家需要大量、持续地投入资金进行渔业资源增殖放流，促进渔业可持续利用。仅 2009 年上半年，我国已投入增殖放流资金 3.47 亿元，比 2008 年同期增加了 57%，内陆各省的投入均在 1000 万元以上，沿海各省更是达到 1500 万元以上。

第六，污染物的过度排放。区域污染物的排放是影响我国流域质量的主要因素。随着我国工农业的发展和城市化的拓展，农药、化肥、工业污染物（废渣、废气、废水）、生活污水等污染物排放越来越多，大量未经处理的污水直接向流域排放，污染物的含量远远超过流域的降解能力。工矿企业废水和城镇生活污水是流域污染的来源之一。1980 年以来，全国废水排放总量不断上涨，生活污水排放量增长迅猛，1998 年生活污水已经超过工业废水成为主要污染源。更重要的是，我国的污水处理率极低，全国约有 30% 以上的工业废水和 90% 以上的生活污水未经处理直接排入江河湖泊，致使全国七大流域近 50% 的河段受到不同程度的污染，其中 10% 的河段污染极为严重，已丧失了水体的使用功能，75% 的城市河段已不适宜作为饮用水的水源。另外，我国农业面源污染也十分严重。农业面源污染会直接导致湖泊和河流的富营养化，根据刘润堂等的调查结果，我国湖泊环境处于严重的富营养化状态。在被调查的 130 多个湖泊中，有 75% 的湖泊受到明显污染，处于富营养状态的湖泊有 51 个，占调查总数的 39%，占湖泊总面积的 33.8%。水体富营养化也进一步加剧了我国水资源短缺的紧张局势（刘润堂等，2002）。

4.1.3 流域保护管理中的政府失灵

（1）流域保护资金投入不足。流域生态系统保护作为事关国家生态安全的大事，目前的投入主要来源于国家的公共财政，即政府投入是流域保护的主要资金来源。虽然中央政府和部分地方政府在流域保护方面进行了一定的投入，但是总体来看投入远低于流域所产生的生态系统价值。与此同时，实际资金到位情况较不理想（姜宏瑶，2010），远远不能满足流域保护和恢复的需要。主要问题表现在以下两个方面。第一，中央财政资金投入结构不合理，地方资金无配套。由于国家财政能力的限制，以及地方流域保护资金没有被纳入同级财政预算，一些中小流域处于管理和保护的真空地带，极易受到社会经济活动的影响。从资金的用途上看，流域保护资金多是用于重点流域生态保护和恢复等工程建设，而在流域调查、流域监测与研究、人员培训、执法手段与队伍建设等方面都缺乏必要的资金支持，流域日常保护经费不足。第二，流域保护社会投入不足，尚未形成多渠道、多元化、多层次的全社会参与流域保护的资金投入机制。政府投入是流域保护资金的主要来源，但不应该是唯一的来源，由于社会长期以来对流域的认识不足，人们对流域的生态效益意识淡薄并缺乏流域投入的积极性。在江西、湖南、湖北、福建、河南、云南、辽宁七省份中，只有江西省、福建省构建了上下游流域生态补偿资金，然而这与我国流域保护事业面临的形势相比显得十分微薄。

（2）国家层面的流域保护专项法律缺失。综观世界各国和我国生态保护的实践，完善的政策和法律是规范相关利益者行为的重要手段。但是我国流域相关的立法不完善，在一定程度上难以保障和支撑流域保护事业的发展。我国迄今为止还没有一部专门针对流域生态系统的全国性立法。因此，流域的保护和管理只能比照或参照多部法律执行，而由于立法目的不同，很多流域保护的重要原则、制度无法在现行法律法规中得以体现，流域生态系统的整体保护方面仍存在法律空缺。由于流域保护专项法律的缺失，流域保护管理工作也举步维艰。首先，由于涉及流域资源相关法律的执行机构不同，各部门间立法多注重流域经济价值的开发和利用，而忽视对流域生态功能的保护。其次，由于这些法律出台的时间不尽相同，在执行的过程中常常面临法律法规交叉及冲突的问题，增加了流域保护管理的难度。

（3）保护方式单一及市场手段缺乏。建立各级自然保护区是我国流域保护的主要手段，但这种以国家财政为主要投入的保护方式正在逐渐显露出其资金来源单一、保护效率不高的弊端。我国自然保护区的建立需要地方政府先规划再上报国家主管部门审批，一些经济发展条件较好区域所属的地方政府没有建立自然保护区的积极性，从而容易导致那些自然条件好、生产力高的流域被用于开发以便获取经济利益。我国流域生态系统退化的现状也足以证明，单纯依靠建立自然保护区的方式很难取得良好的保护效果。发达国家的实践证明，与建立自然保护区这种传统的政府主导型手段相比，基于市场的经济手段对流域进行保护更加灵活也更加有效。国际上通用的市场化途径有财政补贴、生态补偿税费、保证金、基金捐款、优惠信贷等多种方式。然而我国流域保护在市场经济手段的运用上基本处于空白，针对日益稀缺的流域资源，我国尚未统一征收任何资源使用和保护性税费，也没有征收因占用、开垦建设等造成环境破坏的惩罚性税费，仅有零散的一些部门事业性收费，即便如此也是由不同政府部门收取和使用。诸如针对水资源的使用费、排污费和针对沿海滩涂的海域使用费，这些资金的收入也并未用于流域的保护和恢复。对流域资源被占用、使用以及破坏进行收税（费）等经济手段的缺位，一方面会导致流域资源的市场价格扭曲，另一方面容易造成流域资源低价的错误引导，在某种意义上起到了鼓励使用和破坏流域资源行为的作用，加速了流域资源的锐减。

4.2 我国流域生态补偿可行性分析

4.2.1 流域生态补偿的政策可行性

流域生态补偿制度作为国家自然保护制度的重要组成部分，首先应该符合国家环境保护政策的要求，并与现阶段的社会经济发展水平相适应。即在市场经济并不发达的我国，国家的法律法规、制度及政策导向是流域生态补偿能否有效实施的决定性因素。因此，本节主要从宏观层面上分析我国流域生态补偿实施的可行性。

第一，国家的生态补偿政策不断完善。近年来，生态补偿已经成为中国社会各界广泛关注的热点问题。一方面，全国人大代表和政协委员多次提案，呼吁尽快建立相关机制和政策；另一方面，政府也对建立生态补偿机制问题给予了高度重视。2005 年我国颁布的《国务院关于落实科学发展观加强环境保护的决定》明确提出，要完善生态补偿政策，尽快建立生态补偿机制，中央和地方财政转移支付应考虑生态补偿因素，国家和地方可分别开展生态补偿试点。2011 年颁布的《中华人民共和国国民经济和社会发展第十二个五年规划纲要》要求，按照"谁开发谁保护、谁受益谁补偿"的原则，加快建立生态补偿机制。2008 年 2 月新修订颁布并于 6 月开始实施的《中华人民共和国水污染防治法》第七条规定：国家通过财政转移支付等方式，建立健全对位于饮用水水源保护区区域和江河、湖泊、水库上游地区的水环境生态保护补偿机制。这标志着流域生态补偿机制在法律层面的正式确立。2016 年 7 月 2 日第十二届全国人民代表大会常务委员会第二十一次会议修订通过《中华人民共和国水法》。为保护和改善沱江流域水环境，防治水污染，保护水资源和水生态，促进生态文明建设和经济社会可持续发展，根据《中华人民共和国环境保护法》《中华人民共和国水污染防治法》《中华人民共和国水法》等法律法规，结合四川省实际，2019 年 5 月 23 日四川省第十三届人民代表大会常务委员会第十一次会议，通过《四川省沱江流域水环境保护条例》。因此，关于流域生态环境保护的生态补偿政策在不断完善。

第二，国家相关法律法规为生态补偿提供了保障。虽然我国尚未出台全国性的流域保护专项法律和保护条例，但自 1988 年以来，从中央层面颁布实施的与流域资源相关的十几项法律法规中，都出现了明确具有流域生态补偿性质的规定。这些法律法规对流域生态补偿的征收方式、征收部门、征收标准的制定都有明确的规定，同时一些法律法规中还制定了明确的补偿标准。另外，上述法律还包括的内容有采取的流域生态补偿方式为流域资源使用费和流域生态补偿费的税费方式，对流域保护对周边农户造成损失的机会成本补偿的财政补贴方式。这些法律法规为流域生态补偿制度提供了重要依据和保障，但现阶段由于缺乏具体的实施办法和细则，导致这些法律规定难以落到实处，因此还需通过法律的完善、制度的创新对流域生态补偿进行统一的规划和安排。

第三，国家鼓励环境保护经济手段的运用。各国环境管理的实践表明，基于市场机制的经济手段在环境保护中发挥着越来越重要的作用。随着市场经济的不断完善，我国的环境保护也进入了由单纯的"命令—控制"手段转向采取更为灵活的经济手段的阶段。归纳起来，环境保护的经济手段可以分为六大类 22 种，如表 4 - 1 所示。虽然这些经济手段都在某一区域或小范围内展开了实施，但目前我国主要还是采取以排污收费和矿产资源补偿费为代表的生态补偿费制度，以及以消费税和城市建设维护税为主的环境税收制度。另外，从环境保护税（费）的增长和发展就可以明显看出国家对环境保护经济手段的支持力度，近十年来，我国环境保护经济税（费）收入以 20% 左右的速率增长，已经远超国内生产总值的增长速度。

表 4 - 1　环境保护经济手段的基本类型

经济手段类型	主要内容
产权手段	所有权：明晰所有权
	使用权：许可权、特许权、开发权

经济手段类型	主要内容
建立市场	可交易的排污许可证
	可交易的资源配置
税收手段	针对污染收税、资源利用收税和产品收税；排污费、使用费、管理费、补偿费等
收费制度	财政补贴、优惠贷款、环境基金、周转金
财政补贴	环境、资源损害赔偿责任、保险赔偿、补贴和鼓励金
债务和押金制度	政府和企业债券、押金退款制度

而从生态补偿的定义和范畴来讲，环境保护的经济手段与生态补偿的内容相一致，生态补偿的重要目的就是通过经济手段实现对生态环境的补偿。环境税（费）的收入与支出原则也与生态补偿目标相一致，即环境税（费）的主要功能是刺激降低污染的行为，而不是创造税收收入。同时，其支出则全部用于环境资源的持续利用与保护、污染预防与削减以及补偿有关环境损害活动带来的社会损失。另外，为提高资金利用效率，应从该资金中提取一定比例建立有关的环保基金或环保投资公司，实行有偿使用管理以提高其利用效率。从这个意义上讲，国家广泛开展的环境税（费）制度实际上就是对生态补偿的支持与鼓励。

4.2.2 流域生态补偿的财政可行性

近年来，随着社会经济的高速发展，以及自然灾害、环境污染问题的逐渐加剧，国家对生态环境的需求也日益增加。与此同时，国家也加大力度进行环境保护投入，特别是中国实行积极财政政策以来，环保投入增幅较大。仅1998~2002年，国家对生态和环境保护的总投资就达到5800亿元，是1950~1997年总投入的1.7倍。近十年间国家环境保护的投入增长了5.45倍，环境保护占财政支出和国内生产总值的比重逐年增加，已经分别达到7.17%和1.49%（姜宏瑶，2010）。特别是近年来国债资金也将生态建设和环境保护作为投资重点，相应地带动了社会资金对生态环境的投入。虽然国家对环境保护的重视程度和环保投入力度快速增长，但与发达国家相比还有一定差距（姜宏瑶，2010），环保投入的增长还有很大的空间。从目前国家的财政能力以及国家对环保投入的资金规模来看，完全有能力划拨出一部分资金用于流域生态补偿建设，为流域保护提供必要的经济支撑。

4.2.3 流域生态补偿的制度需求

在经济日益全球化的国际背景下，流域生态补偿的可行性还需要从国内外的市场需求和形势的角度加以分析。当前，无论从国际流域保护的发展趋势，还是从我国流域保护与利用的现实矛盾来看，都对流域生态补偿制度有较为迫切的需求。而这种制度需求既是流域生态补偿开展的动力，同时也是流域生态补偿的发展方向所在。

（1）国内流域保护政策的必要补充。我国流域保护需要采取更加灵活且具有经济惩罚和激励性质的流域保护措施，并且运用市场经济的办法缓解目前流域保护资金投入不足的现状。流域生态补偿与现有的流域保护政策和措施并不冲突，而是作为目前流域保护政策的必要补充，其目的在于纠正在流域保护管理中的市场失灵，并在一定程度上缓解政府失灵问题。

（2）缓解贫困和改善环境重要途径。在国际上，流域生态环境付费机制（PES）建立的目的之一就是缓解流域周边社区农户的贫困问题（Engela 等，2008）。而在我国，无论是森林的生态效益补偿，还是耕地的占补平衡补偿，都是针对保护过程中的正外部性问题，将补偿的主体设定为从事农林业生产的农户，补偿的目标是弥补由生态保护而造成的农户利益损失，从一定程度上缓解农民因生态保护返贫的问题。同样，我国流域保护的过程也存在严重的正外部性问题，流域保护区大多建立在经济不发达、人口众多的广大农村地区，人口的压力导致在我国自然保护区与周边社区之间存在着一些矛盾。一是基于社区土地利用率较低和自然保护区大量占地而产生的社区人口与土地的矛盾，二是基于自然保护区限制资源利用和当地居民迫切对自然资源开发与利用之间的矛盾。随着生态功能区的增加和自然保护区建设进程的加快，将使流域保护区周边社区农户的福利水平下降，进而导致贫困问题越发尖锐。所以，从实现环境保护和消除贫困双重目标出发，流域生态补偿是促使流域周边社区走可持续发展之路的重要途径。一方面，流域生态补偿可以实现对流域保护正外部性的补偿，有效地促进流域保护地区的基础生活条件改善、产业结构优化、人口素质提高，从根本上消除社区的贫困。另一方面，通过流域生态补偿机制的引导作用，转变社区的资源利用方式，最终实现环境保护的目标。

（3）流域"零净损失"国际趋势的要求。世界流域保护政策经历了鼓励流域利用、流域保护与限制使用和流域"零净损失"三个阶段。针对 20 世纪以来全世界流域生态系统退化严重的现状，各国都纷纷采取措施保护本国现有的流域资源和流域生态系统，而流域"零净损失"政策就是在这样的背景下产生的。"零净损失"的实现需要以流域的占补平衡为依托，并通过流域资源开发、许可权的审批和交易机制来实现对流域资源的总量控制，这也是流域生态补偿在全球范围内最有代表性的体现。我国高速的经济发展而造成的流域生态系统退化，及由此引发的生态灾难不逊于任何发达国家，且由于国家经济发展的需要，这一趋势还将继续延续。但是，当流域生态系统的消耗和环境破坏超过其生态阈值（Eco-threshold）时，自然生态系统就会崩溃，受到破坏的生态环境就再也不能恢复到原来的状态。因此，我国应该顺应国际趋势和自然法则的要求，尽快开展"占一补一"的流域生态补偿措施。

4.3　本章小结

　　本章对流域生态补偿动因分析表明，造成我国流域生态系统的严重退化及流域保护效果的不显著的深层次原因，是由市场失灵和政府失灵两方面的共同作用而形成的，而这也是建立流域生态补偿机制的驱动力及必要性所在。归纳起来，本章关于生态补偿动因分析的主要结论有以下几点。首先，农业围垦、城市化建设、水利水电建设，水资源粗放利用、渔业资源的过度利用、污染物的排放对流域的无偿占用和破坏，是我国流域面临的最主要的社会经济威胁。其次，从政府管理的角度，流域保护的资金投入不足、流域保护专项法律的缺失、流域保护手段的单一、多部门的管理体制以及对流域保护区周边农户的利益侵占等流域保护政策、法律和管理制度的不完善，造成了政府无法纠正流域资源配置中的市场失灵，从而无法有效遏制流域生态系统退化的趋势。也就是说，抑制我国流域生态系统退化、有效实施流域生态保护的核心在于协调流域利用与保护之间的利益关系，而现有的流域保护手段和管理方式无法有效解决这一问题，因此亟须通过流域生态补偿的制度创新来弥补流域保护中的政府失灵。最后，本章还从国家政策、财政投入、制度需求三个方面对流域生态补偿可行性的综合评析认为，我国已经基本具备了实施流域生态补偿机制的政治意愿、经济基础和技术保障，流域生态补偿机制的实行具有一定的可行性。具体来讲，首先，国家有关生态补偿的政策及法律法规为流域生态补偿提供了发展的契机，而国家促进环境保护经济手段运用也为生态补偿起到了正向的激励作用；其次，国内流域保护与发展的现实矛盾以及合理利用和"零净损失"的国际流域保护趋势，都要求我国顺应社会的发展趋势并创新现有流域保护手段，实现流域资源的可持续利用。

第5章 鄱阳湖流域基本情况研究

5.1 研究区域概况

5.1.1 研究范围界定

2012年6月,《国务院关于支持赣南等原中央苏区振兴发展的若干意见》中明确提出"将赣江源、抚河源列为国家生态补偿试点",2015年发布的《江西省生态文明先行示范区实施方案》确定要先行探索建立赣江、抚河两大流域生态补偿机制。《中华人民共和国国民经济和社会发展第十三个五年规划纲要》提出"强化三江源等江河源头和水源涵养区生态保护",《江西省国民经济和社会发展第十三个五年规划纲要》也明确提出"落实全省重点流域生态补偿办法"。因此,对江西省主要流域建立生态补偿机制十分必要也相当紧迫。建立生态补偿机制的关键内容之一是确定流域生态补偿标准,国家环保总局于2007年出台的《关于开展生态补偿试点工作的指导意见》就明确指出应根据跨境截面水质状况确定横向补偿标准。目前,国内外学者普遍认为建立流域生态补偿机制能够有效地解决这一问题,而流域生态补偿机制的核心内容就是要确定生态补偿标准、生态补偿主客体以及生态补偿的方式即补偿多少、谁补偿给谁以及如何补偿。为解决以上问题,本书选取江西省的鄱阳湖流域作为研究区域,其中鄱阳湖流域主要包括赣江流域、抚河流域、信江流域、饶河流域和修河流域,具体研究区域如表5-1所示。

(1)赣江流域。赣江是长江的第一大支流,也是鄱阳湖水系的鄱阳湖流域中的第一大河流,主河道全长766公里,面积为83500平方公里,占全流域国土面积的51.5%,赣江下游尾闾地区所涉及的南昌市、南昌、新建、永修等县划归鄱阳湖区。源于石城县洋地乡石寮东部，干、支流自南向北流经赣州市、吉安市等八个市的 47 个县，全长 312 公里。流域范围涉及赣州、吉安、萍乡、宜春、新余等市所辖的 44 个县（市、区）。上游流域区，区域范围包括整个赣州市所辖各县（市、区），以赣州市为中心；中游流域区，范围包括整个吉安市所辖各县（市、区）及乐安县（属抚州市），以吉安市为中心；下游流域区，范围包括新余所辖各县（市、区）及宜春市除丰城市外各县（市、区）。

表 5-1　鄱阳湖流域的上下游所覆盖县（市、区）

所处位置	上游地区	中下游地区
赣江流域	从河源到赣州均为上游地区，具体包括赣州市市辖区、赣县、南康市、信丰县、大余县、上犹县、崇义县、龙南县、全南县、宁都县、于都县、兴国县、瑞金市、会昌县、石城县、安远县、定南县、寻乌县等	吉安市市辖区、井冈山市、吉安县、吉水县、峡江县、新干县、永丰县、泰和县、遂川县、万安县、安福县、永新县、抚州市乐安县、萍乡市湘东区、莲花县、芦溪县、新余市渝水区、分宜县、宜春市市辖区、丰城市、樟树市、高安市、万载县、上高县、宜丰县、南昌市市辖区、南昌县、新建县、九江市永修县等
抚河流域	抚河干流南城以上为上游河段，称为盱江。具体包括广昌县、南丰县、南城县、黎川县、资溪县、宜黄县和乐安县等	南城到廖家湾为中游河段，廖家湾以下是下游河段，具体包括金溪县、东乡县、崇仁县、抚州市辖区、丰城市、进贤县、南昌县、余干县等
信江流域	河源至上饶均为上游区域，具体包括玉山县、上饶县、广丰县、信州区、铅山县、横峰县、弋阳县等	贵溪市、鹰潭市辖区、余江县、余干县等
饶河流域	景德镇市辖区、浮梁县、婺源县等	德兴市、乐平市、万年县和鄱阳县等
修河流域	沿河流地势的变化可以分为上、中、下游三段，抱子石以上为上游地区，具体包括铜鼓县、修水县、宜丰县等	抱子石至柘林镇为中游区域，柘林镇以下为下游区域，具体包括武宁县、永修县、奉新县、靖安县、安义县、新建县、湾里区、高安市、瑞昌市、共青城市、庐山市、彭泽县、湖口县、德安县、九江县、浔阳区、濂溪区等

（2）抚河流域。抚河流域是鄱阳湖流域中第二大流域，主河道长 350 公里，流域面积 15811 平方公里。抚河地处江西省东部，是鄱阳湖流域的河流之一，源自广昌县的血木岭灵华峰，其海拔高达 991 米，与石城、宁都两县相毗邻。流经抚州境内约 276 公里，处于抚州市范围的流域面积约为 15608.81 平方公里，占

全市总面积的 82.95%，约占鄱阳湖水网总面积的 9.75%。抚河流域覆盖了抚河市、宜春市、南昌市、上饶市四个地级市中的 15 个县（市、区），其中，南丰、广昌、黎川、南城、资溪、宜黄和乐安县等为抚河流域的上游，而金溪县、崇仁县、东乡县、临川区、丰城市、南昌县、进贤县、余干县等为抚河流域的下游。数据来源于国家统计局公布的《江西统计年鉴》以及江西省水利厅公布的《江西水资源公报》和《江西省水土保持公报》。

（3）信江流域。信江流域是鄱阳湖流域之一，位于江西省的东北部。主河道长 359 公里，流域面积 17599 平方公里。发源于浙赣两省交界的怀玉山南的玉山水和武夷山北麓的丰溪，在上饶汇合后始称信江。干流自东向西，流经上饶、铅山、弋阳、贵溪、鹰潭、余江、余干等县市，在余干县境分为两支注入鄱阳湖，沿途汇纳了石溪水、铅山水、陈坊水、葛溪、罗塘河、白塔河等主要支流。其中，玉山、上饶、铅山、横峰、弋阳县和广丰、信州区在信江流域的上游，而月湖、余江区和余干县在信江流域的下游。

（4）饶河流域。是鄱阳湖流域之一，位于江西省的东北部。主河道长 299 公里，流域面积 6000 平方公里。发源于皖赣交界的莲花顶西侧。昌江发源于安徽黄山脚下的祁门县境，流经江西的景德镇市和鄱阳县；乐安河发源于婺源县北部的黄山余脉郭公山，流经婺源、德兴、乐平、万年、鄱阳五县，从南到北覆盖德兴市、乐平市两个地级市中的六个县（市、区），其中，昌江、珠山区和浮梁、婺源县等在饶河流域的上游，而万年、鄱阳县等在饶河流域的下游。

（5）修河流域。修水（河）流域是鄱阳湖流域之一，位于江西省的西北部。主河道长 419 公里，流域面积 14797 平方公里。发源于铜鼓县境内的修源尖东南侧。源河为金沙河，流入修水县境内称东津水，流经修水县马坳镇寒水村附近与渣津水汇合后始称修河。从东到北覆盖高安、瑞昌等地级市中的 21 个县（市、区），其中，铜鼓、修水、宜丰县在修水流域的上游，而武宁、永修、奉新、靖安、安义、新建、九江、德安、都昌、湖口、彭泽县和濂溪、浔阳区等在修水流域的下游。

5.1.2　研究区域自然地理情况

江西省位于长江中下游南岸，东经 113°35′至 118°29′，北纬 24°29′至 30°05′之间。东邻浙江、福建，南接广东，西连湖南，北毗湖北、安徽。境内地势南高北低，边缘群山环绕，中部丘陵起伏，北部平原坦荡，四周渐次向鄱阳湖区倾斜，形成南窄北宽以鄱阳湖为底部的盆地状地形，跨北亚、热带、中亚热带和南亚热带三个生物气候带；地处长江中下游交接处的南岸。省区南北长 620 公里，东西宽 490 公里，全省土地总面积 16.69×10^4 平方公里，占全国土地总面积的

1.74%。全省土地总面积中，山区面积 6.01×10^4 平方公里，丘陵区面积 7.01×10^4 平方公里，平原区面积 3.68×10^4 平方公里，分别占全省总面积的 36%、42% 和 22%（江西省水利厅）。

江西省有降雨量大，河流数量多，水域面积广的水文特点。全省多年平均降水量 1638 毫米，居全国第四位；多年平均水资源总量 1565 亿立方米，人均水资源量 3557 立方米，均居全国第七位。河网密布，水系发达，长江有 152 公里流经江西，境内有大小河流 2400 多条（其中常年有水的有 160 多条），总长约 18400 公里，流域总面积 167176 平方公里。除瑞昌、彭泽等地部分河流直接注入长江，萍乡、寻乌和定南部分地区分属湘水与珠江流域外，其他各水系都发源于省境的东、南、西境山区，穿越广大丘陵和山间盆地，汇成赣江、抚河、信江、饶河、修河五大水系，最后注入鄱阳湖，再经湖口入长江，构成江西省以鄱阳湖为中心的完整水系（官少飞，1992）。江西省境内主要水系为"五河"（赣江、抚河、信江、饶河、修河）、"一江"（长江）和"一湖"（鄱阳湖）。江西的水资源总量相比其他省份较为充足，我们熟知的中国最大的淡水湖——鄱阳湖就在江西。江西省水域总面积为 15900 平方公里，约占江西省行政总面积的 1/10。

第一，从地形地貌特征来看。江西地形以丘陵山地为主，盆地、谷地广布，具有亚热带温暖湿润季风气候。江湖众多，以鄱阳湖为中心呈向心水系。江西省是中国南方红壤分布面积较大的省区。植被以常绿阔叶林为主，具有典型的亚热带森林植物群落。地质与地貌地质构造上，以锦江—信江一线为界，北部属扬子准地台江南台隆，南部属华南褶皱系，志留纪末晚加里东运动使二者合并在一起，后又经受印支、燕山和喜马拉雅运动多次改造，形成了一系列东北—西南走向的构造带，南部地区有大量花岗岩侵入，盆地中沉积了白垩系至老第三系的红色碎屑岩层，并夹有石膏和岩盐沉积；北部地区形成了以鄱阳湖为中心的断陷盆地，盆地边缘的山前地带有第四纪红土堆积。这是造成全省地势向北倾斜的地质基础。

地貌上属江南丘陵的主要组成部分。省境东、西、南三面环山，中部丘陵和河谷平原交错分布，北部则为鄱阳湖湖积、冲积平原。鄱阳湖平原与两湖平原同为长江中下游的陷落低地，由长江和省内五大河流泥沙沉积而成，北狭南宽，面积近 20000 平方公里。地表主要覆盖红土及河流冲积物，红土已被切割，略呈波状起伏。湖滨地区还广泛发育有湖田洲地。水网稠密，河湾港汊交织，湖泊星罗棋布。

赣中南以丘陵为主，多由红色砂页岩及部分千枚岩等较松软岩石构成，经风化侵蚀，呈低缓浑圆状，海拔一般 200 米，接近边缘山地部分的高丘，海拔 300～500 米；其相对高度除南部在百米以上外，一般 50～80 米。丘陵之中，间夹有盆地，多沿河作带状延伸，较大的有吉泰盆地、赣州盆地及于都、瑞金、兴国、宁都、南丰、贵溪等盆地。

山地大多分布于省境边缘，主要有东北部的怀玉山，东部沿赣闽省界延伸的武夷山脉，南部的大庾岭和九连山，西北与西部的幕阜山脉、九岭山和罗霄山脉（包括武功山、万洋山、诸广山）等，成为江西与邻省的界山和"分水岭"。山脉走向以东北—西南向为主体，控制着省内主要水系和盆地的发育。多数山地由古老的变质岩系和花岗岩组成，山峰陡峭，堆积物较厚。

第二，从水文特征来看。江西省境地形南高北低，有利于水源汇聚，水网稠密，降水充沛，但各河水量季节变化较大，对航运略有影响。全省共有大小河流2400 多条，总长度达 1.84 万公里，除边缘部分分属珠江、湘江流域及直接注入长江外，其余均分别发源于省境山地，汇聚成赣江、抚河、信江、饶河、修河五大河系，最后注入鄱阳湖，构成以鄱阳湖为中心的向心水系，其流域面积达16.22 万平方公里。鄱阳湖是中国第一大淡水湖，连同其外围一系列大小湖泊，成为天然水产资源宝库，并对航运、灌溉、养殖和调节长江水位及湖区气候均起重要作用。江西地表径流赣东大于赣西、山区大于平原。

江西河川径流主要靠降水补给，故季节性变化很大。汛期河水暴涨，容易泛滥成灾；枯水期水量很小，又感水源不足。故具有夏季丰水、冬季枯水、春秋过渡的特点。年内波动较大：1 ~ 3 月占 14% ~ 17%，4 ~ 6 月占 53% ~ 60%，7 ~ 9 月占 18% ~ 22%，10 ~ 12 月占 6% ~ 10%。径流最大月份一般出现在 5 月或 6 月，各河最大月占全年径流量的 22% 左右；径流最小月份一般出现在 12 月或 1 月，各河最小月占全年径流量的 3% 以下。由于径流的年内分配主要集中在 4 ~ 6 月，这段时间降水集中，且多以暴雨形式出现，易造成洪涝灾害。而 7 ~ 9 月，降水稀，气温高，工农业用水正值高峰，江河却处在少水期。各河径流量最大年是最小年的 4 ~ 5 倍。年径流量变化还存在连续干旱和连续洪水的情况。

5.1.3　研究区域自然资源情况

5.1.3.1　矿产资源

江西为环西太平洋成矿带的组成部分，区内地层出露齐全，矿产资源丰富，是中国主要的有色、稀有、稀土矿产基地之一，也是中国矿产资源配套程度较高的省份之一。江西已发现各类固体矿产资源 140 多种，其中探明工业储量的 89 种；矿产地 700 余处，其中大型矿床 80 余处，中型矿床 100 余处。

5.1.3.2　水资源和水力资源

（1）地表水资源。江西平均年降水深 1600 毫米，相应平均每年降水总量约2670 亿立方米。河川多年平均径流总量 1385 亿立方米，折合平均径流深 828 毫米，径流总量居全国第七位，人均居全国第五位，按耕地平均居全国第六位，约为全国亩均占有水量的两倍。

（2）地下水资源。地下水天然资源多年平均值为212亿立方米以上。年内分配为：丰水期123.8亿立方米，占全年的58%，多在4～7月；平水期55.5亿立方米，占26%，多在3、8、9、10月间；枯水期34.1亿立方米，占16%，多在11、12、1、2月间。其年际变化为：偏丰年（频率20%）282亿立方米，平水年（频率50%）217亿立方米，偏枯年（频率75%）150亿立方米，枯水年（频率95%）67亿立方米。江西具有集中开采价值的地下水资源为68亿立方米/年。鄱阳湖平原最丰富，其次为袁水、锦江和泸水流域等。具集中开采价值的地下水在江西分布面积较小，仅2.7万平方公里。主要有平原冲积层潜水，赋存于河谷及湖盆砂砾石中，水量大，天然资源量达40亿立方米/年，水质好、水位浅。其次是赋存于石灰岩、白云岩一类可溶性岩石中的岩潜水，水量也较大，天然资源量28亿立方米/年，水质也较好。其他地区可供集中开采的大面积地下水分布则较少，但一些丘陵山区仍可利用地下水作为农田自流灌溉的主要水源；同时在这些区内的地层断裂发育段，也可能有可开采的中小型供水源地。

（3）水力资源。江西水能理论蕴藏量682万千瓦以上，在华东地区六个省区中处于第二位。可开发的水力资源有610.89万千瓦，年发电量215.61亿度。其中25万千瓦以上大型水电站有万安、峡山、峡江3处，装机容量131.8万千瓦，年发电量45.55亿度。省内中小河流密布，广大农村蕴藏着相当丰富的小水电资源。可开发小水电资源在一万千瓦以上的有60个县。

5.1.3.3 耕地土壤资源

土壤与植被红壤和黄壤是江西最有代表性的地带性土壤。以红壤分布最广，总面积13966万亩，约占江西总面积的56%，根据红壤的发育程度和主要性状，大致可划分为红壤、红壤性土、黄红壤三个亚类。黄壤面积约2500万亩，约占江西总面积的10%，常与黄红壤和棕红壤交错分布，主要分布于中山山地中上部，海拔700～1200米。土体厚度不一，自然肥力一般较高，适合发展用材林和经济林。此外还有山地黄棕壤，而山地棕壤和山地草甸土面积则很小。非地带性土壤主要有紫色土，是重要旱作土壤，此外有冲积湖积性草甸土。石灰石土面积不大。耕作土壤以水稻土最为重要，面积约3000万亩，占江西耕地的80%。

5.1.3.4 野生动植物资源

（1）植物资源。江西有种子植物约4000余种，蕨类植物约470种，苔藓类植物约100种以上。低等植物中的大型真菌可达500余种，有标本依据的就有300余种，其中可食用者有100多种。植物系统演化中各个阶段的代表植物在江西均有分布，同时发现不少原始性状的古老植物，还有"活化石"银杏等[①]。江西有 110 种珍稀、濒危树种，这些树种属于中国特有，其中 60 余种属中国亚热带特有，16 种属中国江西特有。这些品种约占江西珍稀树种的 73.3%。江西境内尚有不少古木大树。如庐山晋植"三宝树"、东林寺"六朝松"以及树龄逾千年的"植物三元老"之一的古银杏也保留有数十处；在婺源县篁岭保存有 80 多株红豆杉，是世界上公认的濒临灭绝的天然珍稀抗癌植物。江西保留下来的古木大树有近 40 种，分属 13 科 29 属，分布点达 95 处之多。

（2）动物资源。历年调查表明，江西有脊椎动物 600 余种。其中鱼类 170 余种，约占全国的 21.4%（淡水鱼）；两栖类 40 余种，约占全国的 20.4%；爬行类 70 余种，约占全国的 23.5%；鸟类 270 余种，约占全国的 23.2%；兽类 50 多种，约占全国的 13.3%。

5.1.4 研究区域总体经济情况

（1）赣江流域各县（市、区）地区生产总值情况。表 5 - 2 显示了 2016 年赣江流域各县（市、区）地区生产总值情况，资料来源于江西省统计局发布的 2017 年《江西统计年鉴》。由表 5 - 2 可以看出，赣江流域上游共有 19 个县（市、区），它们的地区生产总值总和为 2418.94 亿元，第一产业总和为 337.01 亿元，占生产总值的 13.93%；第二产业总和为 1076.18 亿元，占生产总值的 44.49%；第三产业总和为 1005.72 亿元，占生产总值的 41.58%。从数据反映，第一产业占地区生产总值比重最小，第二产业占地区生产总值比重最大。在赣江流域上游城市中，章贡区生产总值最高，为 332.01 亿元，其次是昌江区，为 226.62 亿元；生产总值最低的城市是石城县，为 46.56 亿元，次之是上犹县，为 57.32 亿元。结合图 5 - 1 可以直观地看出，宁都县的第一产业贡献最多，有 32.26 亿元，章贡区第一产业贡献最少，为 4.93 亿元；昌江区的第二产业贡献最多，有 150.34 亿元，石城县第二产业贡献最少，为 13.14 亿元；章贡区的第三产业贡献最多，有 215.18 亿元，石城县第三产业贡献最少，为 19.80 亿元。

表 5 - 2 2016 年赣江流域各县（市、区）地区生产总值情况

所属流域	所属区域	县（市、区）	地区生产总值（亿元）	第一产业（亿元）	第二产业（亿元）	第三产业（亿元）
赣江流域	上游	昌江区	226.62	5.19	150.34	71.10
		章贡区	332.01	4.93	111.91	215.18

---

① 资源来源于江西省人民政府网。

续表

所属流域	所属区域	县（市、区）	地区生产总值（亿元）	第一产业（亿元）	第二产业（亿元）	第三产业（亿元）
赣江流域	上游	南康区	188.78	26.36	93.58	68.84
		赣县区	146.37	22.37	81.19	42.81
		信丰县	171.59	30.76	69.63	71.20
		大余县	101.05	12.97	48.97	39.11
		上犹县	57.32	11.42	21.56	24.33
		崇义县	71.43	10.81	33.26	27.36
		安远县	58.75	16.84	12.84	29.07
		龙南县	135.51	13.10	73.59	48.82
		定南县	67.14	10.23	29.97	26.94
		全南县	58.43	9.04	29.00	20.38
		宁都县	143.16	32.26	56.49	54.40
		于都县	183.83	26.57	88.49	68.77
		兴国县	142.30	32.14	65.38	44.78
		会昌县	90.46	17.90	34.79	37.77
		寻乌县	62.69	18.56	18.50	25.62
		石城县	46.56	13.62	13.14	19.80
		瑞金市	134.94	21.94	43.55	69.44
	下游	东湖区	417.69	0.67	36.44	380.57
		西湖区	465.06	0	103.73	361.33
		青云谱区	327.61	0	201.89	125.72
		青山湖区	539.83	0.55	351.72	187.55
		新建县	388.89	53.40	210.41	125.07
		南昌县	673.23	54.83	433.97	184.43
		安源区	269.98	3.61	122.94	143.43
		湘东区	195.29	13.50	106.24	75.54
		莲花县	60.20	9.58	25.43	25.18
		上栗县	187.62	13.42	104.54	69.65
		芦溪县	139.57	15.47	73.33	50.77
		永修县	136.88	19.28	84.32	33.28
		渝水区	810.02	42.36	437.83	329.83
		分宜县	226.17	21.38	101.74	103.55

续表

所属流域	所属区域	县（市、区）	地区生产总值（亿元）	第一产业（亿元）	第二产业（亿元）	第三产业（亿元）
赣江流域	下游	吉州区	142.56	9.95	54.31	78.30
		青原区	90.34	9.56	50.54	30.23
		吉安县	157.16	28.69	80.82	47.65
		吉水县	133.44	29.29	56.02	48.14
		峡江县	65.33	13.84	29.77	21.71
		新干县	114.17	21.02	55.92	37.23
		永丰县	137.65	25.90	63.53	48.22
		泰和县	147.06	29.28	71.22	46.55
		遂川县	135.54	18.74	52.49	42.30
		万安县	67.82	15.50	29.23	23.08
		安福县	131.20	24.10	64.06	43.03
		永新县	93.44	20.20	39.20	34.05
		井冈山市	62.88	7.87	17.31	37.70
		袁州区	248.94	33.64	90.11	125.19
		万载县	120.03	17.43	61.46	41.15
		上高县	143.17	24.60	63.87	54.70
		宜丰县	102.75	22.02	47.22	33.50
		丰城市	423.66	65.73	209.43	148.50
		樟树市	333.59	38.69	166.14	128.77
		高安市	208.05	40.73	93.30	74.02
		乐安县	56.82	11.69	19.39	25.74

资料来源：2017 年《江西统计年鉴》。

由表 5-2 可以看出，赣江流域下游共有 35 个县（市、区），它们的地区生产总值总和为 7953.64 亿元，第一产业总和为 756.52 亿元，占生产总值的 9.51%；第二产业总和为 3809.87 亿元，占生产总值的 47.90%；第三产业总和为 3365.66 亿元，占生产总值的 42.32%。从数据反映，第一产业占地区生产总值比重最小，第二产业占地区生产总值比重最大。在赣江流域下游城市中，渝水区生产总值最高为 810.02 亿元，其次是南昌县，为 673.23 亿元；生产总值最低的城市是乐安县，为 56.82 亿元，次之是莲花县，为 60.20 亿元。结合图 5-2 可以直观地看出，丰城市的第一产业贡献最多，有 65.73 亿元，西湖区和青云谱区第一产业贡献最少，为 0 亿元；渝水区的第二产业贡献最多，有 437.83 亿元，

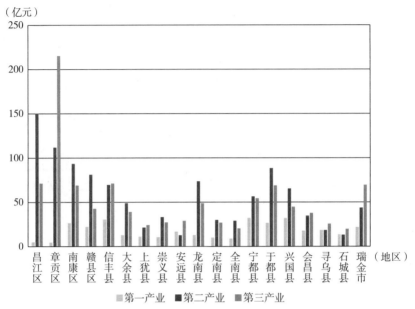

图 5-1 2016 年赣江流域上游各县（市、区）地区生产总值情况

井冈山市第二产业贡献最少，为 17.31 亿元；东湖区的第三产业贡献最多，有 380.57 亿元，峡江县第三产业贡献最少，为 21.71 亿元。

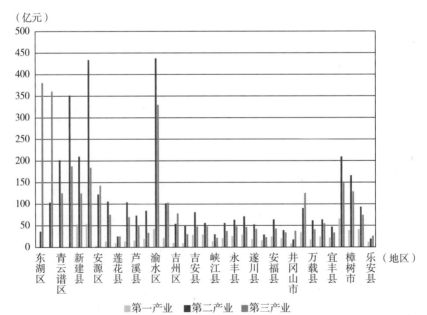

图 5-2 2016 年赣江流域下游各县（市、区）地区生产总值情况

（2）抚河流域各县（市、区）地区生产总值情况。表 5 - 3 显示了 2016 年抚河流域各县（市、区）地区生产总值情况。由表 5 - 3 可以看出，抚河流域上游共有六个县（市、区），它们的地区生产总值总和为 451.8 亿元，第一产业总和为 92.3 亿元，占生产总值的 20.43%；第二产业总和为 173.11 亿元，占生产总值的 38.32%；第三产业总和为 186.4 亿元，占生产总值的 41.26%。从数据反映，第一产业占地区生产总值比重最小，第三产业占地区生产总值比重最大。在抚河流域上游城市中，南城县生产总值最高，为 116.55 亿元，其次是南丰县，为 115.20 亿元；生产总值最低的城市是资溪县，为 34.02 亿元，次之是乐安县，为 56.82 亿元。结合图 5 - 3 可以直观地看出，南丰县的第一产业贡献最多，有 34.39 亿元，资溪县第一产业贡献最少，为 4.42 亿元；南城县的第二产业贡献最多，有 48.27 亿元，资溪县第二产业贡献最少，为 14.02 亿元；南城县的第三产业贡献最多，有 48.73 亿元，资溪县第三产业贡献最少，为 15.58 亿元。

表 5 - 3　2016 年抚河流域各县（市、区）地区生产总值情况

所属流域	所属区域	县（市、区）	地区生产总值（亿元）	第一产业（亿元）	第二产业（亿元）	第三产业（亿元）
抚河流域	上游	南城县	116.55	19.56	48.27	48.73
		黎川县	65.79	11.84	28.89	25.05
		南丰县	115.20	34.39	32.14	48.67
		乐安县	56.82	11.69	19.39	25.75
		宜黄县	63.42	10.40	30.40	22.62
		资溪县	34.02	4.42	14.02	15.58
	下游	南昌县	673.23	54.83	433.97	184.43
		进贤县	297.62	55.13	146.43	96.07
		丰城市	423.66	65.74	209.43	148.50
		临川区	373.25	50.85	180.27	142.13
		崇仁县	107.55	27.74	43.10	36.71
		金溪县	79.37	14.46	31.21	33.69
		东乡县	145.92	24.61	72.15	49.16
		余干县	132.16	38.74	48.10	45.31

资料来源：2017 年《江西统计年鉴》。

由表 5 - 3 可以看出，抚河流域下游共有八个县（市、区），它们的地区生产总值总和为 2232.76 亿元，第一产业总和为 332.1 亿元，占生产总值的 14.87%；

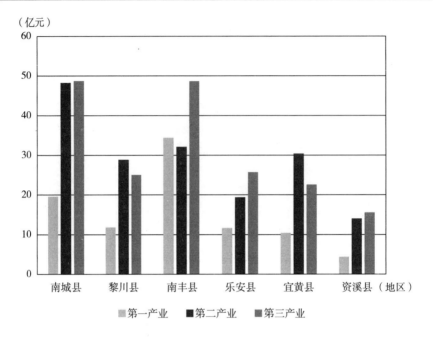

图5-3 2016年抚河流域上游各县（市、区）地区生产总值情况

第二产业总和为1164.66亿元，占生产总值的52.16%；第三产业总和为736亿元，占生产总值的32.96%。从数据反映，第一产业占地区生产总值比重最小，第二产业占地区生产总值比重最大。在抚河流域下游城市中，南城县生产总值最高，为673.23亿元，其次是丰城市，为423.66亿元；生产总值最低的城市是金溪县，为79.37亿元，次之是崇仁县，为107.55亿元。结合图5-4可以直观地看出，丰城市的第一产业贡献最多，有65.73亿元，金溪县第一产业贡献最少，为14.46亿元；南昌县的第二产业贡献最多，有433.97亿元，崇仁县第二产业贡献最少，为43.1亿元；南昌县的第三产业贡献最多，有184.43亿元，金溪县第三产业贡献最少，为33.69亿元。

（3）信江流域各县（市、区）地区生产总值情况。表5-4显示了2016年信江流域各县（市、区）地区生产总值情况。由表5-4可以看出，抚河流域上游共有七个县（市、区），它们的地区生产总值总和为1166.04亿元，第一产业总和为101.79亿元，占生产总值的8.73%；第二产业总和为584.01亿元，占生产总值的50.08%；第三产业总和为470.23亿元，占生产总值的40.32%。从数据反映，第一产业占地区生产总值比重最小，第二产业占地区生产总值比重最大。在信江流域上游城市中广丰区生产总值最高，为332.04亿元，其次是信州区，为212.76亿元；横峰县生产总值最低，为76.91亿元，次之是弋阳县，为

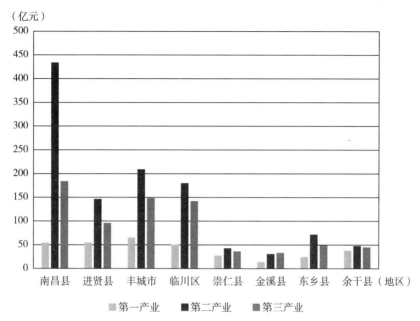

图5-4 2016年抚河流域下游各县（市、区）地区生产总值情况

资料来源：江西省统计局发布的2017年《江西统计年鉴》。

92.01亿元。结合图5-5可以直观地看出，广丰区的第一产业贡献最多，有22.28亿元，信州区第一产业贡献最少，为6.8亿元；广丰区的第二产业贡献最多，有174.92亿元，弋阳县第二产业贡献最少，为43.17亿元；信州区的第三产业贡献最多，有157.42亿元，横峰县第三产业贡献最少，为23.92亿元。

表5-4 2016年信江流域各县（市、区）地区生产总值情况

所属流域	所属区域	县（市、区）	地区生产总值（亿元）	第一产业（亿元）	第二产业（亿元）	第三产业（亿元）
信江流域	上游	信州区	212.76	6.8	48.57	157.42
		广丰区	332.04	22.28	174.92	124.82
		上饶县	195.43	16.98	147.35	31.10
		玉山县	149.02	15.23	76.23	57.56
		铅山县	107.87	18.15	48.31	41.40
		横峰县	76.91	7.53	45.46	23.92
		弋阳县	92.01	14.82	43.17	34.01

续表

所属流域	所属区域	县（市、区）	地区生产总值 （亿元）	第一产业 （亿元）	第二产业 （亿元）	第三产业 （亿元）
信江流域	下游	月湖区	217.99	1.95	96.05	119.99
		余江县	122.90	27.89	63.44	31.57
		贵溪市	372.65	20.20	240.86	111.58
		余干县	132.16	38.74	48.11	45.31

资料来源：2017 年《江西统计年鉴》。

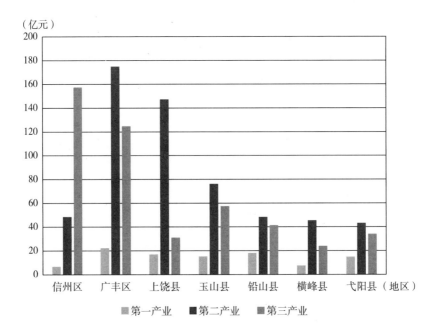

图 5 - 5 2016 年信江流域上游各县（市、区）地区生产总值情况

由表 5 - 4 可以看出，信江流域下游共有四个县（市、区），它们的地区生产总值总和为 845.7 亿元，第一产业总和为 88.78 亿元，占生产总值的 10.50%；第二产业总和为 448.46 亿元，占生产总值的 53.03%；第三产业总和为 308.45 亿元，占生产总值的 36.47%。从数据反映，第一产业占地区生产总值比重最小，第二产业占地区生产总值比重最大。在信江流域下游城市中，贵溪市生产总值最高，为 372.65 亿元，其次是月湖区，为 217.99 亿元；生产总值最低的城市是余江县，为 122.9 亿元，次之是余干县，为 132.16 亿元。结合图 5 - 6 可以直观地看出，余干县的第一产业贡献最多，有 38.74 亿元，月湖区第一产业贡献最少，

为 1.95 亿元；贵溪市的第二产业贡献最多，有 240.86 亿元，余干县第二产业贡献最少，为 48.11 亿元；月湖区的第三产业贡献最多，有 119.99 亿元，余江县第三产业贡献最少，为 31.57 亿元。

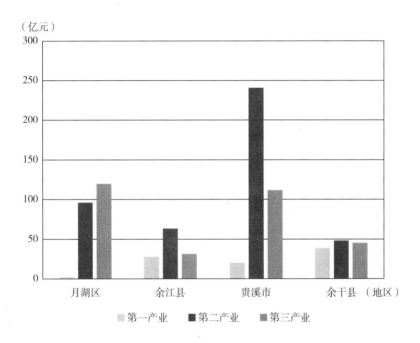

图 5-6　2016 年信江流域下游各县（市、区）地区生产总值情况

（4）饶河流域各县（市、区）地区生产总值情况。表 5-5 显示了 2016 年饶河流域各县（市、区）地区生产总值情况。可以看出，饶河流域上游共有三个县（市、区），它们的地区生产总值总和为 423.38 亿元，第一产业总和为 26.68 亿元，占生产总值的 6.3%；第二产业总和为 181.15 亿元，占生产总值的 42.39%；第三产业总和为 215.55 亿元，占生产总值的 50.01%。从数据反映，第一产业占地区生产总值比重最小，第三产业占地区生产总值比重最大。在饶河流域上游城市中，珠山区生产总值最高，为 220.96 亿元，其次是浮梁县，为 110.99 亿元，最后是婺源县，为 91.43 亿元。结合图 5-7 可以直观地看出，浮梁县的第一产业贡献最多，有 14.29 亿元，珠山区第一产业贡献最少，为 0.44 亿元；珠山区的第二产业贡献最多，有 84.93 亿元，婺源县第二产业贡献最少，为 30 亿元；珠山区的第三产业贡献最多，有 135.59 亿元，浮梁县第三产业贡献最少，为 30.48 亿元。

表 5-5　2016 年饶河流域各县（市、区）地区生产总值情况

所属流域	所属区域	县（市、区）	地区生产总值（亿元）	第一产业（亿元）	第二产业（亿元）	第三产业（亿元）
饶河流域	上游	珠山区	220.96	0.44	84.93	135.59
		浮梁县	110.99	14.29	66.22	30.48
		婺源县	91.43	11.95	30.00	49.48
	下游	乐平市	290.99	30.84	160.22	99.92
		鄱阳县	189.90	59.80	81.65	48.45
		万年县	121.07	13.65	68.50	38.92
		德兴市	127.16	11.66	53.44	62.06

资料来源：2017 年《江西统计年鉴》。

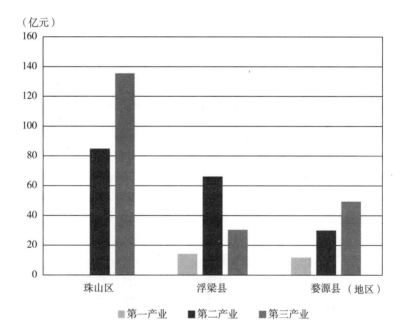

图 5-7　2016 年饶河流域上游各县（市、区）地区生产总值情况

　　由表 5-5 可以看出，饶河流域下游共有四个县（市、区），其地区生产总值总和为 729.12 亿元，第一产业总和为 115.95 亿元，占生产总值的 15.9%；第二产业总和为 363.81 亿元，占生产总值的 49.90%；第三产业总和为 249.35 亿元，占生产总值的 34.2%。从数据反映，第一产业占地区生产总值比重最小，第二产业占地区生产总值比重最大。在饶河流域下游城市中，乐平市生产总值最高，为 290.99 亿元，其次是鄱阳县，为 189.9 亿元；生产总值最低的城市是万年县，为

121.07 亿元，次之是德兴市，为 127.16 亿元。结合图 5-8 可以直观地看出，乐平市的第一产业贡献最多，有 30.84 亿元，德兴市第一产业贡献最少，为 11.66 亿元；乐平市的第二产业贡献最多，有 160.22 亿元，德兴市第二产业贡献最少，为 53.44 亿元；乐平市的第三产业贡献最多，有 99.92 亿元，万年县第三产业贡献最少，为 38.92 亿元。

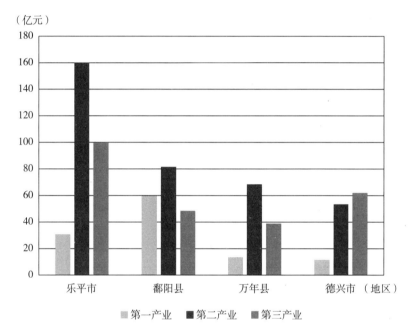

图 5-8　2016 年饶河流域下游各县（市、区）地区生产总值情况

　　（5）修河流域各县（市、区）地区生产总值情况。表 5-6 显示了 2016 年修河流域各县（市、区）地区生产总值情况。可以看出，修河流域上游共有三个县，其地区生产总值总和为 287.78 亿元，第一产业总和为 48.35 亿元，占生产总值的 18.76%；第二产业总和为 132.5 亿元，占生产总值的 46.04%；第三产业总和为 106.94 亿元，占生产总值的 37.16%。从数据反映，第一产业占地区生产总值比重最小，第二产业占地区生产总值比重最大。在修河流域上游城市中，修水县生产总值最高，为 145.96 亿元，其次是宜丰县，为 102.75 亿元，最后是铜鼓县，为 39.07 亿元。结合图 5-9 可以直观地看出，宜丰县的第一产业贡献最多，有 22.03 亿元，铜鼓县第一产业贡献最少，为 6.80 亿元；修水县的第二产业贡献最多，有 69.64 亿元，铜鼓县第二产业贡献最少，为 15.64 亿元；修水县的第三产业贡献最多，有 56.80 亿元，铜鼓县第三产业贡献最少，为 16.64 亿元。

表5-6 2016年修河流域各县（市、区）地区生产总值情况

所属流域	所属区域	县（市、区）	地区生产总值（亿元）	第一产业（亿元）	第二产业（亿元）	第三产业（亿元）
修河流域	上游	修水县	145.96	19.52	69.64	56.80
		宜丰县	102.75	22.03	47.22	33.50
		铜鼓县	39.07	6.80	15.64	16.64
	下游	湾里区	54.97	2.59	23.01	29.36
		新建区	388.89	53.40	210.41	125.07
		安义县	99.04	11.50	49.19	38.35
		濂溪区	223.47	4.84	119.53	99.11
		浔阳区	342.01	0.36	58.74	282.92
		九江县	109.40	15.84	57.99	35.58
		武宁县	108.05	17.20	51.23	39.62
		永修县	136.88	19.28	84.32	33.28
		德安县	97.43	7.02	64.31	26.10
		都昌县	115.51	25.67	51.22	38.61
		湖口县	121.19	12.99	83.08	25.12
		彭泽县	106.93	19.92	58.46	28.55
		瑞昌市	165.01	16.39	108.33	40.29
		共青城市	98.30	4.51	64.93	28.86
		庐山市	105.96	7.95	30.87	67.14
		奉新县	123.11	19.13	54.61	49.37
		靖安县	39.30	7.30	16.28	15.72
		高安市	208.54	40.73	93.30	74.02

资料来源：2017年《江西统计年鉴》。

由表5-6可以看出，修河流域下游共有18个县（市、区），其地区生产总值总和为2643.99亿元，第一产业总和为286.62亿元，占生产总值的10.84%；第二产业总和为1279.81亿元，占生产总值的48.40%；第三产业总和为1077.07亿元，占生产总值的40.74%。从数据反映，第一产业占地区生产总值比重最小，第二产业占地区生产总值比重最大。在修河流域下游城市中，新建区生产总值最高，为388.89亿元，其次是浔阳区，为342.01亿元；生产总值最低的城市是靖安县，为39.30亿元，次之是湾里区，为54.97亿元。结合图5-10可以直观地看出，高安市的第一产业贡献最多，有40.73亿元，浔阳区第一产业贡献最少，为0.36亿元；新建县的第二产业贡献最多，有210.41亿元，湾里区第二产业贡献最少，为23.01亿元；浔阳区的第三产业贡献最多，有282.92亿元，靖安县第三产业贡献最少，为15.72亿元。

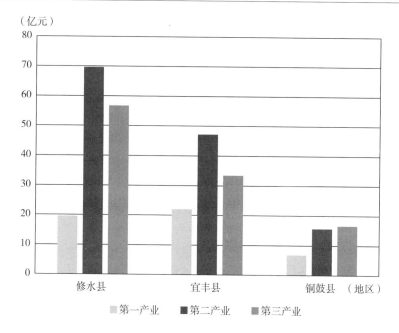

图 5-9 2016 年修河流域上游各县（市、区）地区生产总值情况

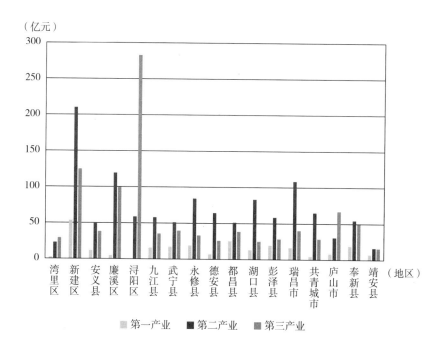

图 5-10 2016 年修河流域下游各县（市、区）地区生产总值情况

5.2 鄱阳湖流域水质情况

根据数据的可得性，本书对鄱阳湖流域 2011～2015 年水质情况进行研究，数据来源于江西省环保厅公布的《环境质量月报》。

5.2.1 赣江流域水质情况

赣江流域的水质监测点在江西五河当中最多，上游地区有市自来水厂、新庙前两个监测点，位于赣州市境内；中下游地区监测点有大洋洲、生米、滁槎、周坊、大港和吴城赣江监测点（如表 5－7 所示）。

表 5－7　赣江流域水质情况

年份	月份	市自来水厂	新庙前	大洋洲	生米	滁槎	周坊	大港	吴城赣江
		赣州市		吉安市	南昌市			九江市	
2011	1	Ⅱ	Ⅱ	Ⅱ	Ⅱ	Ⅳ	Ⅲ	Ⅱ	Ⅱ
	6	Ⅱ	Ⅲ	Ⅱ	Ⅱ	Ⅳ	Ⅱ	Ⅱ	Ⅱ
	12	Ⅲ	Ⅲ	Ⅱ	Ⅲ	Ⅳ	Ⅲ	Ⅲ	Ⅲ
2012	1	Ⅲ	Ⅲ	Ⅱ	Ⅱ	Ⅲ	Ⅲ	Ⅲ	Ⅲ
	6	Ⅱ	Ⅲ	Ⅱ	Ⅱ	Ⅲ	Ⅱ	Ⅱ	Ⅱ
	12	Ⅲ	Ⅲ	Ⅱ	Ⅲ	Ⅲ	Ⅲ	Ⅲ	Ⅲ
2013	1	Ⅲ	Ⅲ	Ⅱ	Ⅲ	Ⅲ	Ⅲ	Ⅱ	Ⅲ
	6	Ⅲ	Ⅲ	Ⅱ	Ⅲ	Ⅲ	Ⅲ	Ⅲ	Ⅲ
	12	Ⅲ	Ⅳ	Ⅱ	Ⅲ	Ⅲ	Ⅲ	Ⅲ	Ⅲ
2014	1	Ⅲ	Ⅴ	Ⅲ	Ⅲ	Ⅲ	Ⅲ	Ⅲ	Ⅲ
	6	Ⅲ	Ⅲ	Ⅲ	Ⅲ	Ⅲ	Ⅲ	Ⅱ	Ⅱ
	12	Ⅱ	Ⅲ	Ⅲ	Ⅲ	Ⅲ	Ⅲ	Ⅱ	Ⅱ
2015	1	Ⅲ	Ⅲ	Ⅲ	Ⅲ	Ⅲ	Ⅲ	Ⅲ	Ⅲ
	6	Ⅲ	Ⅲ	Ⅲ	Ⅲ	Ⅱ	Ⅲ	Ⅱ	Ⅱ
	12	Ⅲ	Ⅱ	Ⅲ	Ⅲ	Ⅲ	Ⅲ	Ⅲ	Ⅱ

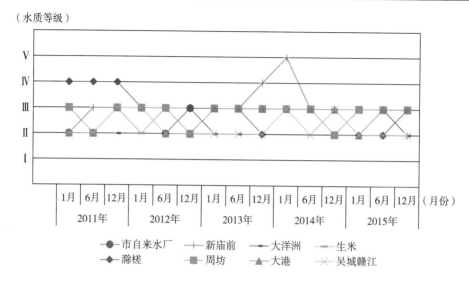

图 5 - 11　赣江流域水质情况

表 5 - 7 和图 5 - 11 显示，赣江流域上游地区（赣州市），除新庙前监测点监测的水质在 2013 年 12 月和 2014 年 1 月分别出现Ⅳ类和Ⅴ类外，其余时段水质均为Ⅲ类及以上。这说明赣江流域上游地区的水质总体情况较好，这是由于赣州市森林覆盖率长期较高，2015 年赣州市森林覆盖率更是高达 76.4%。与此同时，赣州市农业占其地区生产总值比例较高，工业相对薄弱，因此生态环境和水资源质量情况相对较好。赣江流域中下游地区，除滁槎监测点监测到水质在 2011 年出现Ⅳ类外，其余时段均保持Ⅲ类及以上。大洋洲、生米等其他监测点监测到的水质均保持在Ⅲ类及以上。这说明赣江流域中下游地区水质总体也较好，这主要是由于吉安市、南昌市和九江市的生态环境总体较好。2015 年，吉安市森林覆盖率达到 67.6%，九江市森林覆盖率达到 52.93%，南昌市森林覆盖率为 35.04%。同时，吉安市、南昌市和九江市工业分别占其地区生产总值均不高，尤其南昌市主要是以服务业为主，因此赣江流域中下游地区生态环境和水资源质量情况也较好。总体来看，赣江流域水资源质量较好，同时水资源质量保持也较为稳定。

5.2.2　抚河流域水质情况

抚河流域上游地区暂未有水质监测点，在抚河流域中下游地区仅拥有塔城和新联两个水质监测点（如表 5 - 8 所示）。表 5 - 8 和图 5 - 12 显示，抚河流域的塔城监测点监测的水质在 2015 年 1 月出现Ⅳ类外，其余时段水质均保持为Ⅲ类及以上。同时，新联监测点监测的水质在近五年均保持在Ⅲ类及以上。

表5-8 抚河流域水质情况

年份	月份	塔城	新联
		南昌市	
2011	1	Ⅲ	Ⅲ
	6	Ⅱ	Ⅲ
	12	Ⅲ	Ⅲ
2012	1	Ⅱ	Ⅲ
	6	Ⅲ	Ⅲ
	12	Ⅱ	Ⅲ
2013	1	Ⅲ	Ⅲ
	6	Ⅲ	Ⅲ
	12	Ⅱ	Ⅲ
2014	1	Ⅱ	Ⅲ
	6	Ⅲ	Ⅲ
	12	Ⅱ	Ⅲ
2015	1	Ⅱ	Ⅳ
	6	Ⅲ	Ⅲ
	12	Ⅲ	Ⅲ

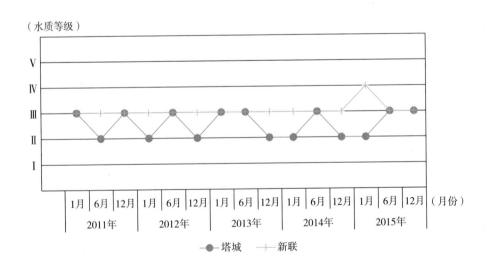

图5-12 抚河流域水质情况

虽然在流域上游地区还未有水质监测点，但是从以上两个监测点的水质情况来看，可以推断出抚河流域上游地区的水质应该较好。抚河流域上游地区主要位于抚州市境内，抚州市森林覆盖率较高。2015年全市森林覆盖率达到64.1%，抚州市的资溪县森林覆盖率更是高达85.9%，良好的生态环境促使水资源环境十分优良。总体来看，抚河流域水资源质量较好，同时水资源质量保持较为稳定。

5.2.3 信江流域水质情况

信江流域共有三个水质监测点，分别为弋阳、梅港和瑞洪大桥监测点，均位于上饶市境内（如表5-9所示）。

表5-9 信江流域水质情况

年份	月份	弋阳	梅港	瑞洪大桥
		上饶市		
2011	1	Ⅲ	Ⅱ	Ⅲ
	6	Ⅱ	Ⅲ	Ⅲ
	12	Ⅲ	Ⅲ	Ⅱ
2012	1	Ⅲ	Ⅱ	Ⅱ
	6	Ⅲ	Ⅲ	Ⅱ
	12	Ⅲ	Ⅱ	Ⅱ
2013	1	Ⅲ	Ⅱ	Ⅱ
	6	Ⅱ	Ⅲ	Ⅲ
	12	Ⅱ	Ⅱ	Ⅱ
2014	1	Ⅲ	Ⅲ	Ⅱ
	6	Ⅲ	Ⅱ	Ⅲ
	12	Ⅱ	Ⅱ	Ⅱ
2015	1	Ⅲ	Ⅱ	Ⅲ
	6	Ⅲ	Ⅱ	Ⅱ
	12	Ⅲ	Ⅱ	Ⅲ

从表5-9可以发现，弋阳县处于信江流域的上游地区，余干县处于信江流域的下游地区。弋阳监测点位于弋阳县内，梅港和瑞洪大桥监测点处于上饶市余干县内。因此，弋阳监测点主要反映信江流域上游水质情况，梅港和瑞洪大桥监测点主要反映信江流域中下游水质情况。表5-9和图5-13显示，信江流域在

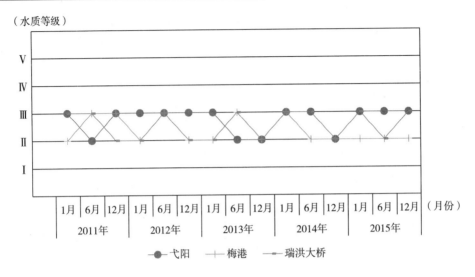

图 5 - 13　信江流域水质情况

近五年水质保持较好，上游监测点和下游监测点监测到的水质均在Ⅲ类以上。从表 5 - 1 得知，上游地区主要是上饶市，而中下游主要经过贵溪市、鹰潭市辖区、余江区、余干县等。上饶市生态资源丰富，2015 年全市森林覆盖率达到 61.8% 以上。同时，中下游地区的生态环境也相对较好，虽然鹰潭市是我国著名的铜都，然而在发展铜产业的同时也在不断加大环境的保护，2015 年鹰潭市的森林覆盖率达到 58.19%。因此，总体来看信江流域的水质较好，并且水资源质量保持也较为稳定。

5.2.4　饶河流域水质情况

　　饶河流域的水质监测点共有三个，上游地区有镇埠、鲇鱼山两个监测点，位于景德镇市；中下游地区仅有赵家港监测点，其位于上饶市（如表 5 - 10 所示）。表 5 - 10 和图 5 - 14 显示，饶河流域上游地区（景德镇市）的鲇鱼山监测点仅在 2014 年 1 月监测出水质为Ⅳ类，而其余时段水质均保持为Ⅲ类及以上；从镇埠监测点对流域近五年的监测发现，水质均保持为Ⅲ类及以上；这说明饶河流域的上游地区的水质较好，这和景德镇市良好生态环境密不可分，2015 年景德镇市森林覆盖率达到 65.73%。同时，表 5 - 10 和图 5 - 14 还显示饶河流域中下游的赵家港监测点，2011 ~ 2015 年，多次监测出饶河下游水质为Ⅳ类或Ⅴ类，水质波动较大。这说明饶河流经上饶地区之后，水质出现较为明显的变差趋势。从表 5 - 1 中发现，饶河中下游地区主要有德兴市、乐平市、万年县和鄱阳县等。其中，德兴市和乐平市都是比较典型的工业城市，德兴市支柱产业就是铜矿，而乐平市是江西省重要的化工产业基地。由于工业生产是导致水资源污染的重要因数之一，这就直接使饶河流域中下游地区水质变差。

表5-10　饶河流域水质情况

年份	月份	镇埠	鲇鱼山	赵家港
		景德镇市		上饶市
2011	1	II	III	III
	6	II	III	II
	12	II	III	V
2012	1	II	III	V
	6	II	II	III
	12	II	III	III
2013	1	II	II	III
	6	II	III	III
	12	II	III	V
2014	1	I	IV	III
	6	II	II	III
	12	II	II	III
2015	1	II	III	V
	6	II	III	II
	12	I	III	IV

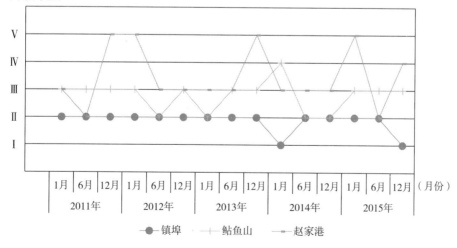

图5-14　饶河流域水质情况

与此同时，饶河下游地区也是人口密集区，对水质保护也存在一定的困难。总体而言，饶河流域水质还是处于较好水平，然而水质波动相对较大。

5.2.5 修河流域水质情况

修河流域的水质监测点目前仅有一个，为吴城监测点，该站点位于修河流域下游地区的九江市境内（如表5-11所示）。表5-11和图5-15显示，修河流域在近五年水质十分好，除了2012年1月和2015年1月监测出是Ⅲ类水质外，其余时段均为Ⅱ类及以上水质。虽然缺乏对饶河流域上游和中游地区监测的水质监测点，但是由于修河下游地区水质常年保持优良水质，这可以说明修河的上中游地区的水质也十分好。从表5-1可以发现，修河的上游地区主要有修水县、铜鼓县和宜丰县等，由于这几个地区的生态环境优良、森林覆盖程度高、人口密度低、工业所占当地生产总值比重亦较低，进而能够较好地保护流域水生态资源不受污染。

表5-11 修河流域水质情况

年份	月份	吴城修河 九江市
2011	1	Ⅰ
	6	Ⅱ
	12	Ⅱ
2012	1	Ⅲ
	6	Ⅱ
	12	Ⅱ
2013	1	Ⅱ
	6	Ⅱ
	12	Ⅱ
2014	1	Ⅱ
	6	Ⅱ
	12	Ⅱ
2015	1	Ⅲ
	6	Ⅱ
	12	Ⅱ

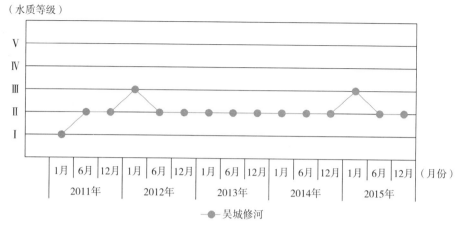

图 5－15　修河流域水质情况

　　表 5－1 中还显示，饶河中游地区主要以柘林镇为中心区域，其主要以国家
4A 级景区庐山西海为核心，由于优美的自然风光，良好的水资源等生态环境，
在 2015 年庐山西海景区也在申报国家 5A 级风景区。从侧面也可以反映出饶河流
域中游地区水质情况是非常好的。因此，总体来看修河流域水资源质量优良，水
质保持较为稳定。

5.3　鄱阳湖流域水量情况

　　根据数据的可得性，本书对鄱阳湖流域 2008～2013 年水量情况进行研究，
数据来源于江西省水利厅公布的《江西省水资源公报》。

5.3.1　赣江流域水量情况

　　赣江流域水量在鄱阳湖流域中最为充沛。表 5－12 显示，2008 年赣江流域上
游、中游和下游流域面积分别为 38949 平方公里、22493 平方公里和 18224 平方
公里。

表 5－12　赣江流域水量情况

年份	上游			中游			下游		
	面积	年流经量	年径流深	面积	年流经量	年径流深	面积	年流经量	年径流深
2008	38949	306.5	786.9	22493	183.54	816	18224	139.75	766.8
2009	38949	201.06	516.2	22493	137.03	609.2	18224	139.06	763.1

续表

年份	上游			中游			下游		
	面积	年流经量	年径流深	面积	年流经量	年径流深	面积	年流经量	年径流深
2010	38949	415.59	1067	22493	296.21	1316.9	18224	232.79	1277.4
2011	38949	213.21	547.4	22493	117.61	522.9	18224	105.27	577.6
2012	38949	452.53	1161.9	22493	248.61	1105.4	18224	232.08	1273.5
2013	38949	557.1	1430	22493	319.28	1420	18224	253.39	1390

注：面积单位为平方公里，年流经量单位为亿立方米/年，年径流深单位为毫米/年。

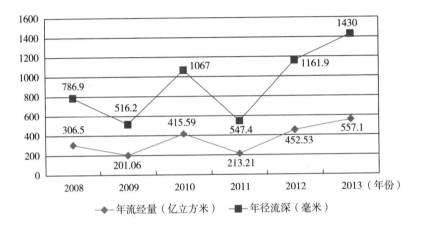

图 5－16　赣江流域（上游）水量情况

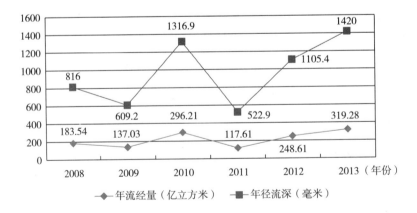

图 5－17　赣江流域（中游）水量情况

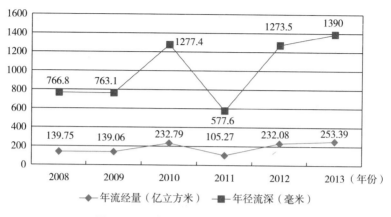

图 5-18 赣江流域（下游）水量情况

结合图 5-16、图 5-17 和图 5-18 可以发现，虽然赣江流域上游和中下游年径流深相差不大，但是赣江流域的上游年流经量比中下游都高，这主要是由于赣江上游流域面积远高于中下游地区流域面积。总体来看，在 2011 年赣江整个流域的年流经量达到较低值，上中下游年流经量分别仅有 213.21 亿立方米、117.61 亿立方米和 105.27 亿立方米。这主要是由于 2011 年降雨偏少和河床下切等原因，使赣江流域水位不断下跌，赣江流域中下游水量相继跌破历史最低纪录。在 2013 年赣江流域年流经量达到这五年的最高值，上中下游年流经量分别为 557.1 亿立方米、319.28 亿立方米和 253.39 亿立方米。总体看来，赣江流域上、中、下游在研究的六年间年流经量和年径流深均波动较大。

5.3.2 抚河流域水量情况

江西省目前主要对抚河流域李家渡以上水量进行监测。表 5-13 显示，抚河流域面积（李家渡以上）为 15788 平方公里。

表 5-13 抚河流域水量情况

年份	李家渡以上		
	面积	年流经量	年径流深
2008	15788	143.83	911
2009	15788	120.75	764.8
2010	15788	276.62	1752.1
2011	15788	94.88	601
2012	15788	254.03	1609
2013	15788	234.52	1485

注：面积单位为平方公里，年流经量单位为亿立方米/年，年径流深单位为毫米/年。

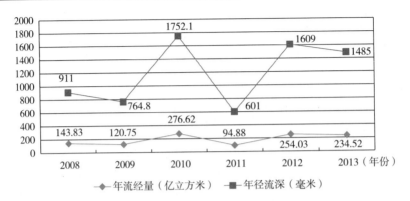

图 5 - 19　抚河流域水量情况

总体来看，2011 年抚河流域的年流经量和年径流深在研究的六年期中均达最低值，分别为 94.88 亿立方米和 601 毫米。2010 年抚河流域年流经量和年径流深在研究的六年期中均达最高值，分别为 276.62 亿立方米和 1752.1 毫米。抚河流域年流经量在研究的六年中，最高值和最低值之间的差额高达 181.74 亿立方米；抚河流域年径流深在研究的六年中，最高值和最低值之间的差额高达 1151.1 毫米。因此，依据上述数值并结合图 5 - 19 可以发现，抚河流域在研究的六年间年流经量和年径流深均波动较大。

5.3.3　信江流域水量情况

江西省目前主要对信江流域梅港以上水量进行监测。表 5 - 14 显示，信江流域（梅港以上）面积为 14516 平方公里。总体来看，2011 年信江流域的年流经量和年径流深在研究的六年期中均达最低值，分别为 130.55 亿立方米和 899.4 毫米。2012 年信江流域年流经量和年径流深在研究的六年期中均达最高值，分别为 284.07 亿立方米和 1956.9 毫米。信江流域年流经量在研究的六年期中，最高值和最低值之间的差额高达 153.52 亿立方米；信江流域年径流深在研究的六年期中，最高值和最低值之间的差额高达 1057.75 毫米。

表 5 - 14　信江流域水量情况

年份	梅港以上		
	面积	年流经量	年径流深
2008	14516	144.31	994.1
2009	14516	147.47	1015.9
2010	14516	274.31	1889.7

续表

年份	梅港以上		
	面积	年流经量	年径流深
2011	14516	130.55	899.4
2012	14516	284.07	1956.9
2013	14516	258.74	1782

注：面积单位为平方公里，年流经量单位为亿立方米/年，年径流深单位为毫米/年。

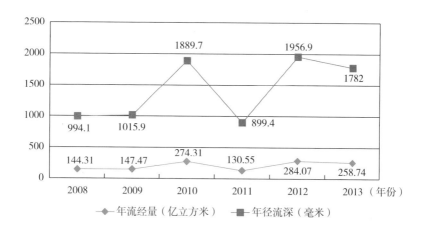

图 5-20　信江流域水量情况

因此，依据上述数值并结合图 5-20 可以发现，信江流域在研究的六年间年流经量和年径流深均波动较大。

5.3.4　饶河流域水量情况

江西省目前主要对饶河流域石镇街、故县镇以上水量进行监测。表 5-15 显示，饶河流域面积（石镇街、故县镇以上）为 12044 平方公里。总体来看，2011年饶河流域的年流经量和年径流深在研究的六年期中均达最低值，分别为 100.94 亿立方米和 838.1 毫米。

表 5-15　饶河流域水量情况

年份	石镇街、故县镇以上		
	面积	年流经量	年径流深
2008	12044	111.15	922.9
2009	12044	100.95	838.2

续表

年份	石镇街、故县镇以上		
	面积	年流经量	年径流深
2010	12044	196.45	1631.1
2011	12044	100.94	838.1
2012	12044	176.61	1466.4
2013	12044	184.75	1534

注：面积单位为平方公里，年流经量单位为亿立方米/年，年径流深单位为毫米/年。

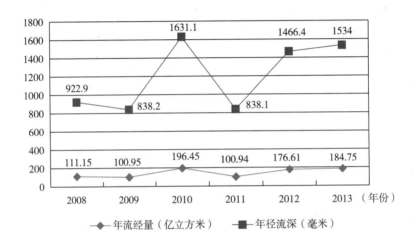

图 5 - 21　饶河流域水量情况

2010 年饶河流域年流经量和年径流深在研究的六年期中均达最高值，分别为 196.45 亿立方米和 1631.1 毫米。饶河流域年流经量在研究的六年期中，最高值和最低值之间的差额高达 95.51 亿立方米；饶河流域年径流深在研究的六年期中，最高值和最低值之间的差额高达 793 毫米。因此，依据上述数值并结合图 5 -21 可以发现，饶河流域在研究的六年间年流经量和年径流深均波动较大。

5.3.5　修河流域水量情况

江西省目前主要对修河流域永修以上水量进行监测。表 5 - 16 显示，修河流域（永修以上）面积为 14539 平方公里。总体来看，2011 年修河流域的年流经量和年径流深在研究的六年期中均达最低值，分别为 78.33 亿立方米和 538.7 毫米。2013 年修河流域年流经量和年径流深在研究的六年期中均达最高值，分别为 204.9 亿立方米和 1409 毫米。修河流域年流经量在研究的六年期中，最高值和最低值之间的差额高达 126.57 亿立方米；修河流域年径流深在研究的六年期中，最高值和最低值之间的差额高达 870.3 毫米。

表 5 - 16　修河流域水量情况

年份	永修以上		
	面积	年流经量	年径流深
2008	14539	90.29	621
2009	14539	95.37	656
2010	14539	168.56	1159.4
2011	14539	78.33	538.7
2012	14539	175.8	1209.2
2013	14539	204.9	1409

注：面积单位为平方公里，年流经量单位为亿立方米/年，年径流深单位为毫米/年。

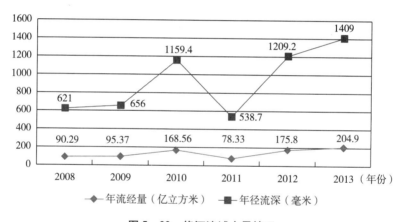

图 5 - 22　修河流域水量情况

因此，依据上述计算数值并结合图 5 - 22 可以发现，修河流域在研究的六年间年流经量和年径流深均波动较大。

5.4　本章小结

本章主要研究鄱阳湖流域的涵盖区域和考虑目前数据可得性条件下的水质与水量情况。根据研究结果可以得出，2011～2015 年鄱阳湖流域上游水质相对较好。与此同时，本书主要研究鄱阳湖流域生态补偿标准和空间优化，鄱阳湖流域的上游水质长期保持较好水平，反映出流域上游地区为生态环境保护做了较大贡献，故鄱阳湖流域下游地区应该对上游地区进行生态补偿。因此，鄱阳湖流域上游地区为流域生态补偿的被补偿方，而鄱阳湖流域中下游地区为流域生态补偿的补偿方。

第6章 鄱阳湖流域生态系统服务
功能价值评估

鄱阳湖流域包括赣江流域、抚河流域、信江流域、饶河流域和修河流域，现分别对鄱阳湖流域生态系统服务功能价值进行评估。

6.1 赣江流域生态系统服务功能价值

根据数据的可得性对2017年赣江生态价值进行计算与评价，数据来源于国家统计局公布的《江西统计年鉴》和江西省水利厅公布的《江西省水资源公报》《江西省水土保持公报》。本书在Constanza等的研究结果和国内河流生态价值相关文献的基础之上，结合赣江流域的具体情况，设计出三大类八小类的生态系统评估指标（见表6-1），以下对赣江流域生态系统服务功能价值进行较为全面的评价。

表6-1 赣江生态系统服务功能评估方法

价值分类	生态功能	评价方法	评价指标	数据来源及相关文献支持
物质生产价值	食物生产	价格替代法	Constanza等研究结果	Constanza等（1997）
	原材料	价格替代法	Constanza等研究结果	Constanza等（1997）
生态环境调节与维护价值	涵养水源	影子工程法	我国水库建设费用标准	熊凯、孔凡斌（2014）；刘春腊等（2014）
	生物栖息地	价格替代法	Constanza等研究结果、我国单位面积流域生态系统价值	Constanza等（1997）；熊凯、孔凡斌（2014）
	废物处理	价格替代法	Constanza等研究结果	Constanza等（1997）；熊凯、孔凡斌（2014）
	水分调节	市场价值法	我国供水、蓄水的费用标准	熊凯、孔凡斌（2014）；刘春腊等（2014）

续表

价值分类	生态功能	评价方法	评价指标	数据来源及相关文献支持
文化娱乐价值	休闲娱乐	价格替代法	Constanza 等研究结果	Constanza 等（1997）；刘春腊等（2014）
	文化科研	价格替代法	我国单位面积科考价值、科考 Constanza 等研究结果	Constanza 等（1997）；熊凯、孔凡斌（2014）；刘春腊等（2014）

（1）物质生产功能价值。赣江的物质产品可以分为食物和原材料两个部分，食物方面主要有鱼、虾等，原材料主要有芦苇、菖蒲、砂石等。由于缺乏赣江物质生产的详尽数据，因此测算方法采用价格替代法，其公式如下：

$$ER_1 = Q_1R + Q_2R \tag{6-1}$$

式（6-1）中，ER_1 为每年物质生产总价值（元/年）；Q_1 为每年单位产品的价值量（元/公顷）；Q_2 为每年单位原材料价值量（元/公顷），分别取 96 美元/公顷和 21 美元/公顷（熊凯、孔凡斌，2014）；R 为赣江河流计算面积（公顷），取 7966600 公顷（参见《江西省水资源公报》）。

（2）涵养水源功能价值。

$$ER_2 = C \times S \times D \tag{6-2}$$

式（6-2）中，ER_2 为每年涵养水源的功能价值（元/年）；C 为单位库容的成本（元/立方米），取 0.67 元/立方米（刘春腊等，2014）；S 为赣江河流计算面积（公顷），取 7966600 公顷；D 为赣江年地表径流深（毫米），取 1039 毫米（参见《江西省水资源公报》）。

（3）生物栖息地功能价值。

$$ER_3 = T \times R \tag{6-3}$$

式（6-3）中，ER_3 为每年生物栖息地的价值（元/年）；T 为单位面积生物栖息地价值（元/公顷），取我国单位面积河流生态系统价值 2203.3 元/公顷·年与 Constanza 等确定的 439 美元/公顷·年的平均值（Constanza 等，1997），为 2488.93 元/公顷·年；R 为赣江河流计算面积（公顷），取 7966600 公顷。

（4）废物处理功能价值。

$$ER_4 = U \times R \tag{6-4}$$

式（6-4）中，ER_4 为每年废物处理功能价值（元/年）；U 为河流生态系统降解污染功能的单位面积废物处理价值（元/公顷），据 Constanza 等的研究，取 4177 美元/公顷（Constanza 等，1997）；R 为赣江河流计算面积（公顷），取 7966600 公顷。

（5）水分调节功能价值。

$$ER_5 = \beta \times Z \tag{6-5}$$

式（6-5）中，ER_5 为水分调节价值（元/年）；β 为供水资源价格（元/立方米·年），赣江水质保持在 Ⅲ 类，主要为农业、工业和居民生活提供水，平均水价取 0.1 元/立方米·年；Z 为赣江平均用水量（立方米），取 101.54 亿立方米（参见《江西省水资源公报》）。

（6）休闲娱乐功能价值。

$$ER_6 = Q \times R \tag{6-6}$$

式（6-6）中，ER_6 为每年休闲娱乐价值（元/年）；Q 为单位面积休闲娱乐价值（元/公顷·年），采用 Constanza 等确定的河流生态系统休闲娱乐功能价值 230 美元/公顷·年（Constanza 等，1997）；R 为赣江河流计算面积（公顷），取 7966600 公顷。

（7）文化科研功能价值。

$$ER_7 = U \times R \tag{6-7}$$

式（6-7）中，ER_7 为文化科研价值（元/年）；U 为单位面积文化科研价值（元/公顷），取我国单位面积河流系统科考旅游价值 382 元/公顷·年和 Constanza 等科考旅游功能研究结果 861 美元/公顷·年的平均值；R 为赣江河流计算面积（公顷），取 7966600 公顷。

经测算得到各类赣江生态系统服务功能价值，所得计算结果汇总如下：

表 6-2　赣江生态系统服务功能价值量统计　　　　单位：亿元/年

	ER_1	ER_2	ER_3	ER_4	ER_5	ER_6	ER_7	合计
价值量	58.91	554.60	198.28	2103.07	10.21	115.81	231.96	3272.84

注：汇率取 6.3202 元/美元。

6.2　抚河流域生态系统服务功能价值

基于 Constanza 等和国内河流相关研究成果，笔者选择符合河流相关特点的 Constanza 价值系数，分析了生态价值变化并结合抚河所处的地势地貌、气候区域、两岸居民对其开发利用的程度和方式方法，以及居民的生产生活方式与风俗文化，设计了三大类八小类的生态系统评估指标体系（见表 6-3），对抚河生态系统服务功能价值进行较为科学、系统、全面的评价。

表6-3　抚河生态系统服务功能评估方法

价值分类	生态功能	评价方法	评价指标	数据来源及相关文献支持
物质生产价值	食物生产	价格替代法	Constanza 等研究结果	Constanza 等（1997）
	原材料	价格替代法	Constanza 等研究结果	Constanza 等（1997）
生态环境调节与维护价值	涵养水源	影子工程法	我国水库建设费用标准	熊凯、孔凡斌（2014）；刘春腊等（2014）
	生物栖息地	价格替代法	Constanza 等研究结果、我国单位面积流域生态系统价值	Constanza 等（1997）；熊凯、孔凡斌（2014）
	废物处理	价格替代法	Constanza 等研究结果	Constanza 等（1997）；熊凯、孔凡斌（2014）
	水分调节	市场价值法	我国供水、蓄水的费用标准	熊凯、孔凡斌（2014）；刘春腊等（2014）
文化娱乐价值	休闲娱乐	价格替代法	Constanza 等研究结果	Constanza 等（1997）；刘春腊等（2014）
	文化科研	价格替代法	我国单位面积科考价值、科考Constanza 等研究结果	Constanza 等（1997）；熊凯、孔凡斌（2014）；刘春腊等（2014）

（1）物质生产功能价值。抚河物质产品可以分为食物和原材料两个部分，食物方面主要有鱼、虾等，原材料主要有芦苇、砂石等。由于缺乏关于抚河物质生产的详细数据，因此采用价格替代法进行测算。

$$EV_1 = MS + NS \tag{6-8}$$

式（6-8）中，EV_1 为每年产出物质生产功能总价值（元/年）；M 为每年产出单位产品的价值量（元/公顷）；N 为每年单位原材料价值量（元/公顷），分别取86美元/公顷和18美元/公顷（熊凯、孔凡斌，2014）；S 为河流计算面积（公顷），取1578800公顷（参见《江西省水资源公报》）。

（2）涵养水源功能价值。

$$EV_2 = C \times S \times D \tag{6-9}$$

式（6-9）中，EV_2 为每年涵养水源的功能价值（元/年）；C 为单位库容的成本（元/立方米），取0.67元/立方米（刘春腊等，2014）；S 为河流计算面积（公顷），取1578800公顷；D 为抚河年地表径流量（毫米），取1428毫米（参见《江西省水资源公报》）。

（3）生物栖息地功能价值。

$$EV_3 = Q \times S \tag{6-10}$$

式（6-10）中，EV_3 为每年生物栖息地的功能价值（元/年）；Q 为单位面积生物栖息地价值（元/公顷），取我国每年平均单位面积河流生态系统价值 2203.3 元/公顷与 Constanza 等确定的 439 美元/公顷的平均值（Constanza 等，1997；刘春腊等，2014）；S 为河流计算面积（公顷），取 1578800 公顷。

（4）废物处理功能价值。

$$EV_4 = R \times S \tag{6-11}$$

式（6-11）中，EV_4 为每年废物处理功能价值（元/年）；R 为河流生态系统降解污染功能的单位面积废物处理价值（元/公顷），据 Constanza 等的研究，取 4177 美元/公顷（Constanza 等，1997）；S 为河流计算面积（公顷），取 1578800 公顷。

（5）水分调节功能价值。

$$EV_5 = \beta \times V \tag{6-12}$$

式（6-12）中，EV_5 为每年水分调节功能价值（元/年）；β 为年平均供水资源价格（元/立方米），抚河水质保持在 II 类，主要为农业、工业和居民生活提供用水，平均水价为 0.1 元/立方米；V 为抚河年用水量（立方米），取 19.82×10^8 立方米（参见《江西省水资源公报》）。

（6）休闲娱乐功能价值。

$$EV_6 = T \times S \tag{6-13}$$

式（6-13）中，EV_6 为每年休闲娱乐功能价值（元/年）；T 为年平均单位面积的休闲娱乐价值（元/公顷），参考 Constanza 等确定的河流生态系统的娱乐价值 230 美元/公顷（Constanza 等，1997）；S 为河流面积（公顷），取 1578800 公顷。

（7）文化科研功能价值。

$$EV_7 = Y \times S \tag{6-14}$$

式（6-14）中，EV_7 为每年文化科研功能价值（元/年）；Y 为年平均单位面积的文化科研价值（元/公顷），取我国年平均单位面积的河流生态科考旅游价值 382 元/公顷（刘春腊等，2014），和 Constanza 等确定的科考旅游研究结果 861 美元/公顷的平均值（Constanza 等，1997）；S 为河流计算面积（公顷），取 1578800 公顷。

经测算得到各类抚河生态系统服务功能价值，所得计算结果汇总如下：

表 6-4　抚河生态系统服务功能价值量统计　　　　单位：亿元/年

	EV_1	EV_2	EV_3	EV_4	EV_5	EV_6	EV_7	合计
价值量	10.40	151.05	39.31	417.02	1.98	23.01	46.03	688.81

注：汇率取 6.3202 元/美元。

6.3 信江流域生态系统服务功能价值

基于 Constanza 等和国内河流相关研究成果，笔者选择符合河流相关特点的 Constanza 价值系数，分析了生态价值变化并结合信江所处的地势地貌、气候区域、两岸居民对其开发利用的程度和方式方法，以及居民的生产生活方式与风俗文化，设计了三大类八小类的生态系统评估指标体系（见表 6-5），对信江生态系统服务功能价值进行较为科学、系统、全面的评价。

表 6-5 信江生态系统服务功能评估方法

价值分类	生态功能	评价方法	评价指标	数据来源及相关文献支持
物质生产价值	食物生产	价格替代法	Constanza 等研究结果	Constanza 等（1997）
	原材料	价格替代法	Constanza 等研究结果	Constanza 等（1997）
生态环境调节与维护价值	涵养水源	影子工程法	我国水库建设费用标准	熊凯、孔凡斌（2014）；刘春腊等（2014）
	生物栖息地	价格替代法	Constanza 等研究结果、我国单位面积流域生态系统价值	Constanza 等（1997）；熊凯、孔凡斌（2014）
	废物处理	价格替代法	Constanza 等研究结果	Constanza 等（1997）；熊凯、孔凡斌（2014）
	水分调节	市场价值法	我国供水、蓄水的费用标准	熊凯、孔凡斌（2014）；刘春腊等（2014）
文化娱乐价值	休闲娱乐	价格替代法	Constanza 等研究结果	Constanza 等（1997）；刘春腊等（2014）
	文化科研	价格替代法	我国单位面积科考价值、科考 Constanza 等研究结果	Constanza 等（1997）；熊凯、孔凡斌（2014）；刘春腊等（2014）

（1）物质生产功能价值。信江物质产品可分为食物和原材料两个部分，食物方面主要有鱼、虾等，原材料主要有芦苇、砂石等。由于缺乏关于信江物质生产的详细数据，因此采用价格替代法进行测算。

$$EV_1 = MS + NS \tag{6-15}$$

式（6-15）中，EV_1 为每年产出物质生产功能总价值（元/年）；M 为每年产出单位产品的价值量（元/公顷）；N 为每年单位原材料价值量（元/公顷），分别取 86 美元/公顷和 18 美元/公顷（熊凯、孔凡斌，2014）；S 为河流计算面积（公顷），取 1451600 公顷（参见《江西省水资源公报》）。

（2）涵养水源功能价值。

$$EV_2 = C \times S \times D \tag{6-16}$$

式（6-16）中，EV_2 为每年涵养水源的功能价值（元/年）；C 为单位库容的成本（元/立方米），取 0.67 元/立方米（刘春腊等，2014）；S 代表河流计算面积（公顷），取 1451600 公顷；D 为信江年地表径流量（毫米），取 1643 毫米（参见《江西省水资源公报》）。

（3）生物栖息地功能价值。

$$EV_3 = P \times S \tag{6-17}$$

式（6-17）中，EV_3 为每年生物栖息地的功能价值（元/年）；P 为单位面积生物栖息地价值（元/公顷），取我国每年平均单位面积河流生态系统价值 2203.3 元/公顷与 Constanza 等确定的 439 美元/公顷的平均值（Constanza 等，1997；刘春腊等，2014）；S 为河流计算面积（公顷），取 1451600 公顷。

（4）废物处理功能价值。

$$EV_4 = R \times S \tag{6-18}$$

式（6-18）中，EV_4 为每年废物处理功能价值（元/年）；R 为河流生态系统降解污染功能的单位面积废物处理价值（元/公顷），据 Constanza 等的研究，取 4177 美元/公顷（Constanza 等，1997）；S 为河流计算面积（公顷），取 1451600 公顷。

（5）水分调节功能价值。

$$EV_5 = \beta \times V \tag{6-19}$$

式（6-19）中，EV_5 为每年水分调节功能价值（元/年）；β 为年平均供水资源价格（元/立方米），信江水质保持在 II 类，主要为农业、工业和居民生活提供用水，平均水价为 0.1 元/立方米；V 为信江年用水量（立方米），取 20.35×10^8 立方米（参见《江西省水资源公报》）。

（6）休闲娱乐功能价值。

$$EV_6 = T \times S \tag{6-20}$$

式（6-20）中，EV_6 为每年休闲娱乐功能价值（元/年）；T 为年平均单位面积的休闲娱乐价值（元/公顷），参考 Constanza 等确定的河流生态系统的娱乐价值 230 美元/公顷（Constanza 等，1997）；S 为河流面积（公顷），取 1451600 公顷。

（7）文化科研功能价值。

$$EV_7 = Y \times S \qquad\qquad (6-21)$$

式（6-21）中，EV_7 为每年文化科研功能价值（元/年）；Y 为年平均单位面积的文化科研价值（元/公顷），取我国年平均单位面积的河流生态科考旅游价值 382 元/公顷（刘春腊等，2014）和 Constanza 等确定的科考旅游研究结果 861 美元/公顷的平均值（Constanza 等，1997）；S 为河流计算面积（公顷），取 1451600 公顷。

经测算得到各类信江生态系统服务功能价值，所得计算结果汇总如表 6-6 所示：

表6-6　信江生态系统服务功能价值量统计　　　单位：亿元/年

	EV_1	EV_2	EV_3	EV_4	EV_5	EV_6	EV_7	合计
价值量	9.54	159.80	36.13	383.21	2.04	21.10	42.27	654.09

注：汇率取 6.3202 元/美元。

6.4　饶河流域生态系统服务功能价值

基于 Constanza 等和国内河流相关研究成果，笔者选择符合河流相关特点的 Constanza 价值系数，分析了生态价值变化并结合饶河所处的地势地貌、气候区域、两岸居民对其开发利用的程度和方式方法，以及居民的生产生活方式与风俗文化，设计了三大类八小类的生态系统评估指标体系（见表 6-7），对饶河生态系统服务功能价值进行较为科学、系统、全面的评价。

表6-7　饶河生态系统服务功能评估方法

价值分类	生态功能	评价方法	评价指标	数据来源及相关文献支持
物质生产价值	食物生产	价格替代法	Constanza 等研究结果	Constanza 等（1997）
	原材料	价格替代法	Constanza 等研究结果	Constanza 等（1997）
生态环境调节与维护价值	涵养水源	影子工程法	我国水库建设费用标准	熊凯、孔凡斌（2014）；刘春腊等（2014）
	生物栖息地	价格替代法	Constanza 等研究结果、我国单位面积流域生态系统价值	Constanza 等（1997）；熊凯、孔凡斌（2014）
	废物处理	价格替代法	Constanza 等研究结果	Constanza 等（1997）；熊凯、孔凡斌（2014）

续表

价值分类	生态功能	评价方法	评价指标	数据来源及相关文献支持
生态环境调节与维护价值	水分调节	市场价值法	我国供水、蓄水的费用标准	熊凯、孔凡斌（2014）；刘春腊等（2014）
文化娱乐价值	休闲娱乐	价格替代法	Constanza 等研究结果	Constanza 等（1997）；刘春腊等（2014）
	文化科研	价格替代法	我国单位面积科考价值、科考Constanza 等研究结果	Constanza 等（1997）；熊凯、孔凡斌（2014）；刘春腊等（2014）

（1）物质生产功能价值。饶河物质产品可以分为食物和原材料两个部分，食物方面主要有鱼、虾等，原材料主要有芦苇、砂石等。由于缺乏关于饶河物质生产的详细数据，因此采用价格替代法进行测算。

$$EV_1 = MS + NS \tag{6-22}$$

式（6-22）中，EV_1 为每年产出物质生产功能总价值（元/年）；M 为每年产出单位产品的价值量（元/公顷）；N 为每年单位原材料价值量（元/公顷），分别取86 美元/公顷和18 美元/公顷（熊凯、孔凡斌，2014）；S 为河流计算面积（公顷），取1204400 公顷（参见《江西省水资源公报》）。

（2）涵养水源功能价值。

$$EV_2 = C \times S \times D \tag{6-23}$$

式（6-23）中，EV_2 为每年涵养水源的功能价值（元/年）；C 为单位库容的成本（元/立方米），取0.67 元/立方米（刘春腊等，2014）；S 为河流计算面积（公顷），取1204400 公顷；D 为饶河年地表径流量（毫米），取1644 毫米（参见《江西省水资源公报》）。

（3）生物栖息地功能价值。

$$EV_3 = Q \times S \tag{6-24}$$

式（6-24）中，EV_3 为每年生物栖息地的功能价值（元/年）；Q 为单位面积生物栖息地价值（元/公顷），取我国每年平均单位面积河流生态系统价值2203.3 元/公顷与 Constanza 等确定的 439 美元/公顷的平均值（Constanza 等，1997；刘春腊等，2014）；S 为河流计算面积（公顷），取1204400 公顷。

（4）废物处理功能价值。

$$EV_4 = R \times S \tag{6-25}$$

式（6-25）中，EV_4 为每年废物处理功能价值（元/年）；R 为河流生态系统降解污染功能的单位面积废物价值（元/公顷），据 Constanza 等的研究，取 4177 美元/公顷（Constanza 等，1997）；S 为河流计算面积（公顷），取 1204400 公顷。

（5）水分调节功能价值。

$$EV_5 = \beta \times V \qquad\qquad (6-26)$$

式（6-26）中，EV_5 为每年水分调节功能价值（元/年）；β 为年平均供水资源价格（元/立方米），饶河水质保持在Ⅱ类，主要为农业、工业和居民生活提供用水，平均水价为 0.1 元/立方米；V 为饶河年用水量（立方米），取 14.01×10^8 立方米（参见《江西省水资源公报》）。

（6）休闲娱乐功能价值。

$$EV_6 = T \times S \qquad\qquad (6-27)$$

式（6-27）中，EV_6 为每年休闲娱乐功能价值（元/年）；T 为年平均单位面积的休闲娱乐价值（元/公顷），参考 Constanza 等确定的河流生态系统的娱乐价值 230 美元/公顷（Constanza 等，1997）；S 为河流面积（公顷），取 1204400 公顷。

（7）文化科研功能价值。

$$EV_7 = Y \times S \qquad\qquad (6-28)$$

式（6-28）中，EV_7 为每年文化科研功能价值（元/年）；Y 为年平均单位面积的文化科研价值（元/公顷），取我国年平均单位面积的河流生态科考旅游价值 382 元/公顷（刘春腊等，2014）和 Constanza 等确定的科考旅游研究结果 861 美元/公顷的平均值（Constanza 等，1997）；S 为河流计算面积（公顷），取 1204400 公顷。

经测算得到各类饶河生态系统服务功能价值，所得计算结果汇总如表 6-8 所示：

表 6-8　饶河生态系统服务功能价值量统计　　　单位：亿元/年

	EV_1	EV_2	EV_3	EV_4	EV_5	EV_6	EV_7	合计
价值量	7.92	132.66	29.98	317.96	1.40	17.51	35.07	542.50

注：汇率取 6.3202 元/美元。

6.5　修河流域生态系统服务功能价值

基于 Constanza 等和国内河流相关研究成果，笔者选择符合河流相关特点的

Constanza 价值系数，分析了生态价值变化并结合修河所处的地势地貌、气候区域、两岸居民对其开发利用的程度和方式方法，以及居民的生产生活方式与风俗文化，设计了三大类八小类的生态系统评估指标体系（见表6-9），对修河生态系统服务功能价值进行较为科学、系统、全面的评价。

表6-9　修河生态系统服务功能评估方法

价值分类	生态功能	评价方法	评价指标	数据来源及相关文献支持
物质生产价值	食物生产	价格替代法	Constanza 等研究结果	Constanza 等（1997）
	原材料	价格替代法	Constanza 等研究结果	Constanza 等（1997）
生态环境调节与维护价值	涵养水源	影子工程法	我国水库建设费用标准	熊凯、孔凡斌（2014）；刘春腊等（2014）
	生物栖息地	价格替代法	Constanza 等研究结果、我国单位面积流域生态系统价值	Constanza 等（1997）；熊凯、孔凡斌（2014）
	废物处理	价格替代法	Constanza 等研究结果	Constanza 等（1997）；熊凯、孔凡斌（2014）
	水分调节	市场价值法	我国供水、蓄水的费用标准	熊凯、孔凡斌（2014）；刘春腊等（2014）
文化娱乐价值	休闲娱乐	价格替代法	Constanza 等研究结果	Constanza 等（1997）；刘春腊等（2014）
	文化科研	价格替代法	我国单位面积科考价值、科考Constanza 等研究结果	Constanza 等（1997）；熊凯、孔凡斌（2014）；刘春腊等（2014）

（1）物质生产功能价值。修河物质产品可以分为食物和原材料两个部分，食物方面主要有鱼、虾等，原材料主要有芦苇、砂石等。由于缺乏关于修河物质生产的详细数据，因此采用价格替代法进行测算。

$$EV_1 = MS + NS \qquad\qquad (6-29)$$

式（6-29）中，EV_1 为每年产出物质生产功能总价值（元/年）；M 为每年产出单位产品的价值量（元/公顷）；N 为每年单位原材料价值量（元/公顷），分别取86美元/公顷和18美元/公顷（熊凯、孔凡斌，2014）；S 为河流计算面积（公顷），取1453900公顷（参见《江西省水资源公报》）。

（2）涵养水源功能价值。

$$EV_2 = C \times S \times D \qquad\qquad (6-30)$$

式（6-30）中，EV_2 为每年涵养水源的功能价值（元/年）；C 为单位库容的成本（元/立方米），取 0.67 元/立方米（刘春腊等，2014）；S 为河流计算面积（公顷），取 1453900 公顷；D 为修河年地表径流量（毫米），取 1132 毫米（参见《江西省水资源公报》）。

（3）生物栖息地功能价值。

$$EV_3 = Q \times S \tag{6-31}$$

式（6-31）中，EV_3 为每年生物栖息地的功能价值（元/年）；Q 为单位面积生物栖息地价值（元/公顷），取我国每年平均单位面积河流生态系统价值 2203.3 元/公顷与 Constanza 等确定的 439 美元/公顷的平均值（Constanza 等，1997；刘春腊等，2014）；S 为河流计算面积（公顷），取 1453900 公顷。

（4）废物处理功能价值。

$$EV_4 = R \times S \tag{6-32}$$

式（6-32）中，EV_4 为每年废物处理功能价值（元/年）；R 为河流生态系统降解污染功能的单位面积废物处理价值（元/公顷），据 Constanza 等的研究，取 4177 美元/公顷（Constanza 等，1997）；S 为河流计算面积（公顷），取 1453900 公顷。

（5）水分调节功能价值。

$$EV_5 = \beta \times V \tag{6-33}$$

式（6-33）中，EV_5 为每年水分调节功能价值（元/年）；β 为年平均供水资源价格（元/立方米），修河水质保持在 II 类，主要为农业、工业和居民生活提供用水，平均水价为 0.1 元/立方米；V 为修河年用水量（立方米），取 11.18×10^8 立方米（参见《江西省水资源公报》）。

（6）休闲娱乐功能价值。

$$EV_6 = T \times S \tag{6-34}$$

式（6-34）中，EV_6 为每年休闲娱乐功能价值（元/年）；T 为年平均单位面积的休闲娱乐价值（元/公顷），参考 Constanza 等确定的河流生态系统的娱乐价值 230 美元/公顷（Constanza 等，1997）；S 为河流面积（公顷），取 1453900 公顷。

（7）文化科研功能价值。

$$EV_7 = Y \times S \tag{6-35}$$

式（6-35）中，EV_7 为每年文化科研功能价值（元/年）；Y 为年平均单位面积的文化科研价值（元/公顷），取我国年平均单位面积的河流生态科考旅游价值 382 元/公顷（刘春腊等，2014）和 Constanza 等确定的科考旅游研究结果 861 美元/公顷的平均值（Constanza 等，1997）；S 为河流计算面积（公顷），取 1453900 公顷。

经测算得到各类修河生态系统服务功能价值，所得计算结果汇总如表 6 - 10 所示：

表 6 - 10　修河生态系统服务功能价值量统计　　　　单位：亿元/年

	EV$_1$	EV$_2$	EV$_3$	EV$_4$	EV$_5$	EV$_6$	EV$_7$	合计
价值量	9.56	110.27	36.19	383.82	1.12	21.13	42.34	604.43

注：汇率取 6.3202 元/美元。

6.6　本章小结

基于 Constanza 等和国内河流相关研究成果，选择符合河流相关特点的 Constanza 价值系数，分析了生态价值变化并结合各河所处的地势地貌、气候区域、两岸居民对其开发利用的程度和方式方法，以及居民的生产生活方式与风俗文化，设计了三大类八小类的生态系统评估指标体系，对鄱阳湖流域生态系统服务功能价值进行较为科学、系统、全面的评价。

通过本章的研究，得到赣江流域生态系统服务功能价值为 3272.84 亿元/年，抚河流域生态系统服务功能价值为 688.81 亿元/年，信江流域生态系统服务功能价值为 654.09 亿元/年，饶河流域生态系统服务功能价值为 542.50 亿元/年，修河流域生态系统服务功能价值为 604.43 亿元/年。

第7章　鄱阳湖流域居民支付意愿与水平及其影响因素研究

根据"谁受益谁补偿"原则，鄱阳湖流域下游地区应该作为生态补偿受益方进行生态补偿支付，弥补上游地区为保护或改善流域生态环境而损失的各项利益（徐大伟等，2012）。虽然目前江西省政府已经颁布并实施《江西省流域生态补偿办法（试行）》，这对打造美丽中国"江西样本"有非常重要的推动作用。然而，流域生态补偿资金的测算主要依据上游地区为保护流域环境而耗费的各项成本（建设成本和维护成本等）。该测算方式未考虑市场因素，估算出的补偿资金较小，可能导致补偿效果不能完全显现。运用条件价值评估法对生态服务使用方支付意愿（Willing to Pay，WTP）进行估算并以此作为流域生态补偿依据，能够有效解决上述问题（Tao 等，2012），同时其也是构建流域上下游社会经济关系的重要纽带，以及政府建立流域生态补偿机制的主要内容（周晨、李国平，2015）。

近几年国内外学者对流域生态补偿中的受益居民支付意愿进行了大量的研究。Bhandari 等（2016）运用 CVM 对尼泊尔的库尔下游地区居民支付意愿进行研究，发现只要生态服务质量可持续性得到保证，下游居民愿意为饮用水服务支付比目前更高的金额并同意支付金额随着月收入的增加而增加。Moreno-Sanchez 等（2012）运用 CVM 对哥伦比亚安第斯流域居民支付意愿进行研究，该研究结果有助于根据效率和公平目标设计用户驱动的 PES 计划。Hecken 等（2012）运用 CVM 对尼加拉瓜的 Matiguás 下游地区居民支付意愿进行研究，结果显示若上游土地所有者保护流域环境使水质变好，下游地区居民具有很强的支付意愿。李超显等（2012）采用 CVM 评价湘江流域长沙段居民支付意愿情况，并运用结构方程模型对支付意愿影响因素做了进一步分析。周晨、李国平等（2015）对南水北调中线工程郑州市居民的支付意愿进行研究发现，绝大多数调查者具有支付意愿，并采用 Tobit 模型对支付意愿影响因素进行了分析。赵云峰（2013）对跨区域的辽河流域生态补偿居民支付意愿情况进行了研究。综合上述研究发现，国内外学者对流域居民支付意愿研究做出了巨大贡献，同时国内学者在 CVM 研究基础上，还会结合 Tobit（周晨、李国平，2015）、Logistic（葛颜祥等，2009）、Probit 或结构方程模型对支付意愿的影响因素做进一步分析（郑海霞，2010；李超显等，2012）。虽然上述模型都能较好地分析影响居民支付意愿的因素，但却不能避免潜在的样本选择偏差，而 Heckman 两阶段模型可以有效规避这一问题（熊凯、孔凡斌，2016）。此外，在研究对象方面，针对鄱阳湖流域受益居民支付意愿及其影响因素的研究仍然较少，而该研究对于加速构建生态文明"江西样本"具有重要作用。基于以上考虑，本书采用支付卡式条件价值评估法（CVM）对鄱阳湖流域居民支付意愿与支付水平进行分析，并利用 Heckman 两阶段模型对支付意愿与水平的影响因素进行实证分析，为完善我国流域生态补偿理论研究提供参考。

7.1　问卷设计和数据来源

7.1.1　问卷设计

本研究采取结构式问卷，问卷内容主要分为四大部分，具体如表 7 - 1 所示。

表 7 - 1　问卷内容基本情况分析

部分	标题	主要内容	目的
一	流域居民户主个人特征	主要了解被调查居民的基本信息	主要用作 Heckman 两阶段模型当中的自变量
二	流域居民家庭特征	主要调查居民家庭的人口数、可支配收入、居住位置、水质和水量情况等	作为 Heckman 两阶段模型中的自变量
三	流域居民的支付意愿以及水平情况	主要调查鄱阳湖流域中下游居民是否有支付意愿及其支付水平	作为 Heckman 两阶段模型中的因变量
四	流域生态补偿方式	主要调查鄱阳湖流域居民愿意支付的方式	基于此提出一些针对性的政策与建议

7.1.2　数据来源

本课题居民数据来源于 2015～2018 年对鄱阳湖流域中下游区域居民流域生

态补偿意愿及水平的四次实地抽样调查。调查问卷共分为以下五个部分：首先，介绍鄱阳湖流域背景情况；其次，被调查居民个人及家庭基本情况（年龄、性别、学历、职业、家庭收入、家庭人口数等）；再次，被调查居民对鄱阳湖流域环境的认知情况；又次，被调查居民的支付意愿以及支付水平；最后，被调查居民意愿的支付方式。

为了便于后续分区比较研究，本书按照第三产业占地区生产总值的比重对研究区进行分区。具体以《江西省统计年鉴2017》中"各县（市、区）地区生产总值"为依据，将研究区划分为第三产业占比较大区（＞40%）、第三产业占比中等区（35%~40%）、第三产业占比较小区（＜35%）。具体分区情况如表7－2所示。

表7－2　研究区分区情况

类型	县（市、区）	第三产业占地区生产总值比重（%）	区域
I	乐平、余干、万载、崇仁、万安、东乡、青原、都昌、安福、峡江、新干、宜丰、柴桑、进贤、新建、万年、泰和、吉安、贵溪、共青城、南昌、德安、彭泽、余江、鄱阳、瑞昌、永修、湖口	＜35	第三产业占比较小区
II	安义、湘东、樟树、青云谱、上高、临川、遂川、上栗、武宁、永新、芦溪、吉水、高安、丰城、永丰、青山湖	35~40	第三产业占比中等区
III	东湖、浔阳、西湖、庐山、井冈山、安源、月湖、吉州、湾里、袁州、德兴、分宜、乐安、廉溪、金溪、莲花、渝水、奉新、靖安	＞40	第三产业占比较大区

为确保调查的无偏性和有效性，采用三阶段对研究区域进行抽样，具体如表7－3所示。其中，第一阶段抽样（PSU）对鄱阳湖流域研究区域进行分层抽样，各抽取1个街道（乡或镇），共抽取到63个街道（乡或镇）；第二阶段抽样（SSU）对第一阶段抽中的63个街道（乡或镇）分别运用整群抽样法（PPS放回），抽取2个居委会（村），共抽到126个居委会（村）；第三阶段（TSU）采用简单随机抽样法（SRS），对抽到的居委会或村各抽10户居民，共调查1260户居民。

表 7-3　具体抽样方案

抽样阶段	抽样单位	抽样数量	抽样方法
PSU	街道（乡或镇）	63（个）	分层抽样
SSU	居委会（村）	126（个）	PPS（放回）
TSU	居民	1260（户）	SRS

课题组向该研究区域共发放问卷 1260 份，剔除无效问卷，共回收有效问卷 1166 份，回收率达到 92.54%。达到如此高的回收率，主要是因为本课题组采用入户一对一调查方式，并且在调研之前对问卷发放人员进行了针对性培训。

7.2　变量选取和模型选择

本书主要采用条件价值评估法（CVM）和 Heckman 两阶段模型对获取的入户调查数据进行定量分析。

7.2.1　条件价值评估法

条件价值评估法是一种简单、灵活的非市场评估方法（Amirnejad 等，2016），通常被称为显示偏好模型（Stated Preference Model）（Abdullah 和 Jeanty，2011），广泛应用于对非市场资源的成本效益分析和环境影响评估（Venkatachalam，2004）。虽然条件价值评估法因结果的可靠性和有效性受到一定的批评，但是通过许多学者不断完善，一定程度上克服了上述问题，目前被广泛用于对可再生能源（Botelho，2016）、森林（Tao 等，2012）、湿地、流域等非市场资源价值进行评估（Siew 等，2015）。CVM 通过询问被调查人愿意支付多少钱，以维持环境特征（流域环境）的存在或改善。条件价值评估法主要有开放式、重复投标博弈、二分式选择和支付卡等支付意愿引导方式（熊凯，2015），上述方法越来越多地被用来调查居民对流域环境保护或改善的支付意愿。其中，支付卡式的引导方式具有易于获得被调查者支付意愿、避免信息偏差以及规避极端异值等优点（周晨、李国平，2015）。因此，本书运用支付卡式（PC）条件价值评估法（CVM）研究鄱阳湖流域居民支付意愿（Willingness To Pay，WTP）与支付水平，以此为今后制定流域生态补偿标准做出参考。具体公式如式（7-1）所示。

$$E = (WTP) = \sum_{i=1}^{n} \alpha_i Pr_i \qquad (7-1)$$

式（7-1）中，α_i 表示为被调查居民愿意支付的数额，Pr_i 表示被调查居民愿意支付某一数额的概率，n 表示居民愿意进行支付的样本数。

7.2.2 Heckman 两阶段模型

Heckman 两阶段模型（1979）是由 James Heckman 于 1976 ~ 1979 年在芝加哥大学任教时开发出来的，Heckman 因此获得 2000 年诺贝尔经济学奖。该模型可以有效校正计量经济学特有问题——选择性偏差。此外，还可以运用 Heckman 两阶段模型分别对支付意愿和支付水平的影响因素同时进行分析（Kim 和 Jang，2010）。

（1）模型选择。本书研究的居民生态补偿支付活动可以拆分为两个阶段。第一阶段为支付行为决策阶段，该阶段居民依据流域环境保护或改善决定是否进行生态补偿支付。不具有支付意愿的居民被终止作为下一阶段研究的对象，而具有支付意愿的居民则进入第二阶段。第二阶段为支付水平决策阶段，该阶段考察具有支付意愿的居民对流域环境保护或改善意愿支付的水平。本书运用 Heckman 两阶段模型分别对居民支付意愿和支付水平影响因素进行实证分析，该模型包含两个子模型（模型1 和模型2）。

模型 1 为 Probit 模型，主要考察鄱阳湖流域中下游居民是否具有支付意愿的影响因素，具体模型如式（7 - 2）所示。

$$Y = \beta_0 + \beta_1 Z_1 + \beta_2 Z_2 + \beta_3 Z_3 + \cdots + \beta_n Z_n + \theta \tag{7-2}$$

式（7 - 2）中，Y 为被解释变量，Z_1，Z_2，Z_3，$\cdots$，Z_n 为解释变量，β_0，β_1，β_2，β_3，$\cdots$，β_n 为待估测参数，θ 为残差项。

模型 2 为多元线性回归模型，主要考察鄱阳湖流域中下游居民支付水平的影响因素，具体模型如式（7 - 3）所示。

$$T = \gamma_{100} + \gamma_{101} Z_1 + \gamma_{102} Z_2 + \gamma_{103} Z_3 + \cdots + \gamma_{10n} Z_n + \varepsilon \tau + \delta \tag{7-3}$$

式（7 - 3）中，T 为被解释变量，Z_1，Z_2，Z_3，$\cdots$，Z_n 为解释变量，τ 代表米尔斯比率，主要用来判别该模型是否克服样本选择性偏差，γ_{100}，γ_{101}，γ_{102}，γ_{103}，$\cdots$，γ_{10n} 和 ε 为待估测参数，δ 为残差项。

（2）变量选取和说明。本书在借鉴已有文献基础上，结合鄱阳湖流域的具体情况，设计出了 10 个鄱阳湖流域生态补偿居民支付意愿和支付水平的影响指标，受访居民支付意愿和支付水平为模型的解释变量（如表7 - 4 所示）。

表 7 - 4 模型变量说明

变量名称	单位及赋值	指标定义及单位或赋值
年龄（Z_1）	单位为岁	该变量用于研究受访居民的年龄对其支付意愿和支付水平是否具有影响

变量名称	单位及赋值	指标定义及单位或赋值
性别（Z_2）	赋值为：1＝男；2＝女	该变量用于研究受访居民的性别对其支付意愿和支付水平是否具有影响
受教育情况（Z_3）	赋值为：1＝小学及以下；2＝初中；3＝高中；4＝大专；5＝大学；6＝硕士及以上	该变量用于研究受访居民的受教育情况对其支付意愿和支付水平是否具有影响
工作性质（Z_4）	赋值为：1＝国家机关；2＝事业单位；3＝国营企业；4＝民营企业；5＝外资企业；6＝个体户；7＝农业生产；8＝自由工作；9＝其他	该变量用于研究受访居民的工作性质对其支付意愿和支付水平是否具有影响
家庭年均可支配收入（Z_5）	赋值为：1＝5000 及以下；2＝5001～10000；3＝10001～20000；4＝20001～30000；5＝30001～40000；6＝40001～50000；7＝50001～60000；8＝60001～70000；9＝70001～80000；10＝80001～90000；11＝90001～100000；12＝100000 以上	该变量用于研究受访居民的家庭年均可支配收入情况对其支付意愿和支付水平是否具有影响
家庭人口数（Z_6）	单位为人	该变量用于研究受访居民的家庭人口数对其支付意愿和支付水平是否具有影响
居住位置（Z_7）	赋值为：1代表Ⅰ区；2代表Ⅱ区；3代表Ⅲ区	该变量用于研究受访居民家庭居住的位置对其支付意愿和支付水平是否具有影响
价值认同（Z_8）	赋值为：1＝认同；2＝不认同	该变量用于研究受访居民是否认同鄱阳湖流域具有重要生态价值
水质情况（Z_9）	赋值为：1＝非常不满意；2＝较为不满意；3＝一般；4＝较为满意；5＝非常满意	该变量用于研究受访居民对鄱阳湖流域中下游水质情况的满意度
水量情况（Z_{10}）	赋值为：1＝非常不满意；2＝较为不满意；3＝一般；4＝较为满意；5＝非常满意	该变量用于研究受访居民对鄱阳湖流域中下游水量情况的满意度

7.3 鄱阳湖流域居民支付情况描述分析

7.3.1 鄱阳湖流域居民的户均支付意愿

在被调查居民的 1166 个样本中，825 个样本具有生态补偿支付意愿，占比 70.75%；341 个样本不具有生态补偿支付意愿，占比 29.25%。具体如表 7－5 所示。

表 7 - 5　鄱阳湖流域中下游居民生态补偿支付意愿和支付水平情况

选项	样本数（个）	比值（%）
具有支付意愿（WTP > 0）	825	70.75
无支付意愿（WTP = 0）	341	29.25

7.3.2　鄱阳湖流域居民的户均支付意愿水平

将数据进行整理，依据式（7 - 1），可分别得出各区域（Ⅰ、Ⅱ、Ⅲ）鄱阳湖流域居民生态补偿平均受偿水平情况，如式（7 - 4）、式（7 - 5）、式（7 - 6）、式（7 - 7）所示。

$$E(WTP_I) = \sum_{i=1}^{n} \alpha_i Pr_i = 359.76 \ \text{元/户·年} \tag{7-4}$$

$$E(WTP_{II}) = \sum_{i=1}^{n} \alpha_i Pr_i = 398.39 \ \text{元/户·年} \tag{7-5}$$

$$E(WTP_{III}) = \sum_{i=1}^{n} \alpha_i Pr_i = 483.27 \ \text{元/户·年} \tag{7-6}$$

$$E(WTP_{all}) = \sum_{i=1}^{n} \alpha_i Pr_i = 414.43 \ \text{元/户·年} \tag{7-7}$$

从上式可以发现，在Ⅰ区居民意愿每年支付金额为 359.76 元，在Ⅱ区居民意愿每年支付金额为 398.39 元，在Ⅲ区居民意愿每年支付金额为 483.27 元，鄱阳湖流域中下游区域居民意愿每年支付金额为 414.43 元。在引导居民的支付意愿中发现，居民愿意进行支付主要是由于鄱阳湖流域上游地区对流域环境进行改善或保护会在一定程度上使上游地区居民损失发展的权利，并使中下游水质等环境更好，中下游居民理应为此进行补偿；另外一部分居民不愿意进行生态补偿主要是因为补偿责任应该由政府承担，居民已经向政府交了税费。从总体来看，若鄱阳湖流域上游地区改善或者保护流域生态环境，鄱阳湖流域下游绝大部分居民具有生态补偿支付意愿。

7.4　鄱阳湖流域居民支付情况实证分析

7.4.1　实证结果

基于 Stata 12.0 软件平台采用 Heckman 两阶段模型对鄱阳湖流域中下游居民

支付意愿及水平进行实证分析，分析结果如表7-6、表7-7和表7-8所示。

本模型的第一阶段（选择阶段）因变量为居民支付意愿，自变量为表7-4中的10个变量；而本模型的第二阶段（支付阶段）因变量为居民支付水平，自变量为除年龄（Z_1）之外的表7-7中的其余9个变量。这是因为Heckman选择阶段的自变量至少要比支付阶段的自变量多1个，基于这一原因本书在支付阶段只剔除了在选择阶段和支付阶段结果都不显著的年龄（Z_1）变量。

表7-6　模型有效性分析

观测值	受限制观测值	非受限制观测值	Wald值	P > |Z|
1166	341	825	261.67	0.000

另外，根据表7-6数据可以发现，整个模型的Wald值为261.67，P值为0.000，说明模型整体是显著的，即整个模型是有效的。

7.4.2　实证结果分析

从Heckman第一阶段回归结果（如表7-7所示）可以发现，被调查居民的性别（Z_2）、受教育情况（Z_3）、居住位置（Z_7）、水质情况（Z_9）和水量情况（Z_{10}）与支付意愿呈显著相关关系，被调查居民的年龄（Z_1）、工作性质（Z_4）、家庭年均可支配收入（Z_5）、家庭人口数（Z_6）、价值认同（Z_8）与居民支付意愿无显著相关关系。其中，性别（Z_2）与支付意愿呈显著正相关关系，因为在调查中发现，女性比男性更加关注目前流域生态环境的各类新闻，对流域生态环境的破坏更加敏感，所以女性相比男性具有更强的支付意愿。Z_3与支付意愿呈显著正相关关系，这是因为居民接受的教育水平越高，了解和涉及的流域生态环境知识就越多，从而更清楚流域生态环境对居民生产生活的重要性，进而对流域生态补偿具有更强的支付意愿。Z_7与支付水平呈显著负相关关系，说明在具有支付意愿的居民中，处于Ⅰ区居民的支付意愿最低，处于Ⅱ区居民支付意愿中等，处于Ⅲ区居民支付意愿最高。这是因为服务业占比越重的地区，经济总量一般越高，同时也是江西省主要城市，居民收入水平较高，对生态保护和生态环境要求也越高，因此其支付意愿也就越强。Z_9和Z_{10}与支付意愿都呈显著正相关关系，这是因为居民对赣江流域水质情况和水量情况越满意，说明赣江流域水资源对其的效用就越高，为了保护或改善现有的水质和水量，其就具有更强的支付意愿。

表7-7　Heckman第一阶段模型（Probit模型/选择模型）估算结果

模型变量	系数	标准差	Z值	P值
常数项	-4.948***	0.688	-9.190	0.000
年龄（Z_1）	0.004	0.008	0.550	0.580
性别（Z_2）	0.271*	0.144	1.880	0.060
受教育情况（Z_3）	0.360***	0.070	5.130	0.000
工作性质（Z_4）	-0.046	0.039	-1.170	0.240
家庭年均可支配收入（Z_5）	-0.027	0.028	-0.970	0.333
家庭人口数（Z_6）	0.062	0.060	1.030	0.303
居住位置（Z_7）	0.383***	0.115	3.320	0.001
价值认同（Z_8）	-0.045	0.090	-0.500	0.620
水质情况（Z_9）	0.923***	0.153	6.020	0.000
水量情况（Z_{10}）	1.062***	0.166	6.380	0.000

注：***、*分别代表变量估计系数在1%和10%具有显著性水平。

7.4.3　居民支付水平影响因素分析

从Heckman第二阶段回归结果（如表7-8所示）可以发现，被调查居民的性别（Z_2）、受教育情况（Z_3）、工作性质（Z_4）、家庭年均可支配收入（Z_5）、家庭人口数（Z_6）、价值认同（Z_8）、水质情况（Z_9）和水量情况（Z_{10}）与支付水平呈显著相关关系，而被调查居民的居住位置（Z_7）与居民支付意愿无显著相关关系。其中，Z_2与支付水平呈显著正相关关系，这是因为女性比男性更加关注流域环境改善，流域环境保护或者改善得越好，女性比男性的支付水平也就越高。Z_3与支付意愿呈显著正相关关系，说明受教育程度越高的居民，其支付水平也就越高。这主要是因为居民接受的教育水平越高，就越清楚流域生态环境的重要性，因此居民的受教育程度越高，支付水平也就越高。Z_4与支付意愿呈显著负相关关系，这是因为具有稳定工作（政府机关、事业单位、国企等）的居民更加关注和了解流域生态环境改善对身体健康的重要性，因此他们具有更强的支付水平。Z_5与支付水平呈显著正相关关系，说明在具有支付意愿的居民中，家庭年均可支配收入越高，居民的支付水平也随着越高。这是因为家庭可支配收入高的居民，能够拥有更多的支配收入用于对鄱阳湖流域生态环境的保护和改善。Z_6与支付水平呈显著正相关关系，说明家庭人口数越多，其支付水平也就越高。这主要是因为人口多的家庭，受流域生态环境改善或保护的影响会更大，因此，他们就具有更高的支付水平。Z_8与支付水平呈显著负相关关系，这是因为认为赣江流域具有重要生态价值的居民更加懂得赣江流域生态环境的重要性，为保护和改善赣江流域生态环境，其具有更高的支付水平。Z_9和Z_{10}都与支付水平呈显著正相关关系，这是因为在具有支付意愿的居民中，对鄱阳湖流域水质和水量越为满意，说明其从鄱阳湖流域水资源中获得的满意度更强，因此其意愿支付的水平也就越高。另外，τ的系数为正并在统计上呈边际显著，这说明样本存在选择性偏差，因此本书运用 Heckman 两阶段模型是必要并且有效的。

表 7-8　Heckman 第二阶段模型（OLS 模型/支付模型）估算结果

模型变量	系数	标准差	Z 值	P 值
常数项	- 862.634***	222.681	- 3.870	0.000
性别（Z_2）	107.990**	48.369	2.230	0.026
受教育情况（Z_3）	57.815***	21.053	2.750	0.006
工作性质（Z_4）	- 52.746***	11.448	- 4.610	0.000
家庭年均可支配收入（Z_5）	18.133**	8.742	2.070	0.038
家庭人口数（Z_6）	46.871**	23.687	1.980	0.048
居住位置（Z_7）	40.904	35.907	1.140	0.255
价值认同（Z_8）	- 66.278*	33.893	- 1.960	0.051
水质情况（Z_9）	77.530**	38.153	2.030	0.042
水量情况（Z_{10}）	207.457***	36.850	5.630	0.000
τ	379.079***	81.583	4.650	0.000
rho	0.554	—	—	—
sigma	684.634	—	—	—

注：***、**、*分别代表变量估计系数在1%、5%和10%具有显著性水平。

7.5　本章小结

在被调查居民的 1166 个样本中，有 825 个样本具有生态补偿支付意愿，占比 70.75%；有 341 个样本不具有生态补偿支付意愿，占比 29.25%。在Ⅰ区居民意愿每年支付金额为 359.76 元，在Ⅱ区居民意愿每年支付金额为 398.39 元，在Ⅲ区居民意愿每年支付金额为 483.27 元，鄱阳湖流域中下游区域居民意愿每年支付金额为 414.43 元。从 Heckman 第一阶段回归结果可以发现，被调查居民的性别（Z_2）、受教育情况（Z_3）、居住位置（Z_7）、水质情况（Z_9）和水量情况（Z_{10}）与支付意愿呈显著相关关系，被调查居民的年龄（Z_1）、工作性质（Z_4）、家庭年均可支配收入（Z_5）、家庭人口数（Z_6）、价值认同（Z_8）与居民支付意愿无显著相关关系。从 Heckman 第二阶段回归结果可以发现，被调查居民的性别（Z_2）、受教育情况（Z_3）、工作性质（Z_4）、家庭年均可支配收入（Z_5）、家庭人口数（Z_6）、价值认同（Z_8）、水质情况（Z_9）和水量情况（Z_{10}）与支付水平呈显著相关关系，而被调查居民的居住位置（Z_7）与居民支付意愿无显著相关关系。

对赣江流域生态环境进行有效保护和改善，关键是建立赣江流域生态补偿机制，而此机制最为关键的是补偿资金问题。若依靠政府单方面的力量，资金方面会有明显不足，因此需要充分动员广大居民参与到赣江流域生态补偿中。为有效地提升居民支付意愿及支付水平，进而促进赣江流域生态保护，现主要提出以下五点建议：第一，加大关于赣江流域生态价值的宣传力度。从实证结果可以发现，认可赣江流域生态价值的居民具有更高的生态补偿支付水平。因此，政府可以通过电视、广播、报纸及互联网等媒介，积极宣传赣江流域生态环境的重要价值，加强居民对流域生态环境的认识。另外，从实证结果中还了解到，女性对赣江流域生态补偿的支付意愿和支付水平比男性更高，因此在宣传过程中，要加大对男性的宣传力度，通过图片、案例等让男性居民了解赣江流域保护的重要性，进而提高江西省居民对赣江流域生态补偿的支付意愿和支付水平。第二，进一步推进教育经费的投入。从上述实证结果了解到，受教育程度越高的居民，对赣江流域生态补偿的支付意愿越强。因此，需要加大对教育事业的投入力度，针对中小学学生开设关于流域生态环境保护的相关课程，让居民在青少年时期就建立起保护赣江流域生态环境的意识，为今后投入到流域保护中打好坚实基础。与此同时，加大江西省高等教育和继续再教育的投入力度，使更多的居民能够接受进一步的教育，进而让更多的居民加入到赣江流域生态补偿中来。第三，构建差异化的生态补偿标准。从实证结果可以发现，女性比男性具有更强的支付意愿和支付水平，居住位置不同会导致居民支付意愿有较大不同，居民家庭收入越高对赣江流域生态补偿支付水平越高等。因此，制定流域生态补偿标准不应搞"一刀切"，而应该充分考虑居民特征的异质性，构建不同的流域生态补偿资金征收标准，以此促进居民对赣江流域生态补偿支付水平的最大化，进而为保护流域环境提供更多的资金支持。第四，建立多样化的生态补偿支付方式。在课题调研过程中发现，大部分具有支付意愿的居民并不希望仅通过货币直接进行支付，而是愿意通过生态税、水电费、捐款或者智力补偿等方式进行支付。因此，政府需要建立起多元化的赣江流域生态补偿支付方式，通过生态税、水电费、智力补偿等方式收纳流域生态资金,以此为赣江流域生态补偿做出最大贡献。第五,着力保护与稳定赣江流域水质和水量。通过实证结果认识到,居民对赣江流域水质和水量的满意度越高,支付意愿和支付水平就越高。政府应建立赣江流域管理协调委员会,负责制定赣江流域相关发展方针政策、战略规划;与此同时,积极筹建赣江流域管理局,整合水利、规划、国土等职能部门,独立、整合地对赣江流域水质和水量保护进行各项管理,从而使赣江流域水质和水量得到有力保护和改善,进而促进居民支付意愿和支付水平不断提升,为赣江流域保护做出积极贡献。

第8章 鄱阳湖流域居民受偿意愿与水平及其影响因素研究

随着中国经济的快速发展，我国流域生态环境出现越来越严重的水资源短缺、生态环境恶化等问题，而流域生态环境的恶化对人类会产生深远影响。鄱阳湖流域作为长江的重要分支，为江西省乃至全国生态环境的改善做出了巨大贡献。但是，鄱阳湖流域也出现了水质变差、水量变化波动剧烈等生态环境问题。为有效解决上述问题，2014年11月，国家六部委正式批复的《江西省生态文明示范区建设实施方案》中明确提出"加强对水源涵养区、江河源头的保护"以及"强化五河源头保护"等。2017年10月，中办国办印发的《国家生态文明试验区（江西）实施方案》明确提出，探索大湖流域生态、经济、社会协调发展新模式，为全国流域保护与科学开发发挥示范作用。基于国家对鄱阳湖流域生态环境的高度重视，鄱阳湖流域上游地区不断加强生态环境保护力度，使鄱阳湖流域下游地区水资源情况得到了有效的改善。根据"谁受益谁补偿，谁保护谁受偿"的基本原则，鄱阳湖流域上游地区为响应国家政策保护流域生态环境而在一定程度上限制或失去了发展的权利，鄱阳湖流域下游地区应该对此进行一定的补偿。鉴于上述原因，2018年1月底江西省人民政府出台的《江西省流域生态补偿办法》（以下简称《办法》）中明确提出要对江西省主要流域实施生态补偿。虽然在该《办法》中已经明确下游地区需要为上游地区保护流域生态环境而给予支付，然而补偿标准的测算更多是从水环境质量、森林生态质量以及水资源管理角度出发进行核算补偿标准，却忽视了流域环境直接利益相关者（流域居民）的意愿，这很有可能导致计算出来的补偿结果偏低以致补偿效果不能完全显现，进而使对流域的生态环境保护不可持续。因此，从流域上游居民意愿出发，对流域利益相关者受偿意愿进行探究，以此为流域生态补偿标准的进一步完善提供理论依据。

20世纪90年代末期流域生态补偿的概念逐渐在我国形成（蒋毓琪、陈珂，2016），近年来对流域生态补偿的理论研究与实践一直是学界和政界的热点之一。

国内外学者普遍认为生态服务的提供方（或享用方）直接参与流域生态补偿并根据受偿意愿（或支付意愿）等情况受偿（或给予支付）是改善和维护流域生态环境以及建立流域上下游间社会经济联系的重要基础。现有文献针对流域直接利益方支付意愿的研究不少（Fu 等，2018；Pfaff 等，2019），但是关注流域受偿意愿的研究并不是很多。在我国，关于受偿意愿的文献主要集中在泾河流域（刘雪林、甄霖，2007）、塔里木河流域（张盼盼等，2017）、长江流域以及南水北调工程等（周晨等，2015），通过实地的调查数据并采用条件价值评估法（尚海洋等，2015），测算出流域上游住户为保护流域生态环境所希望获得的补偿数额；与此同时，在上述调查的数据基础上，运用因子分析法（刘雪林、甄霖，2007）、Probit 模型、Tobit 模型（蒋毓琪等，2018）、Logistic 模型和 Cox 比例风险模型等对受偿意愿的影响因素进行实证分析（李长健等，2017；李国志，2017）。在国外研究中，流域生态补偿被称为"流域生态系统服务付费"（Payment for Watershed Ecosystem Services，PWES）（Pagiola，2002），是一种基于市场的政策工具，越来越多地被推荐用于流域的可持续管理。有学者发现在撒哈拉以南的非洲，由于土壤和流域退化非常严重，上游农户非常愿意加入 PES 计划，并且愿意少补偿或者不补偿以获得流域生态环境的改善（Geussens 等，2019），还有学者研究英国约克郡（Yorkshire）农民为保护流域水质而愿意获得的最低接受意愿（Beharry-Borg 等，2013）。上述研究都是采用条件价值评估法对受偿者的补偿意愿和水平进行评价，并采用混合 Logistic 模型、多元 Logisitic 模型对影响因素进行分析。可以说，国内外学者为流域生态补偿居民受偿意愿做出了卓有成效的研究，对居民的受偿意愿和受偿水平的估测都是采用条件价值评估法（CVM），这主要是因为该方法是一种简单灵活的非市场方法，广泛应用于非市场资源的成本效益分析和环境影响评价，得到了国内外学者的普遍认同（Kai 等，2018）。与此同时，国内外学者通过实证分析得出水质与水量是影响受偿意愿的主要因素之一，而这一研究结果被直接运用到了闽江流域和辽河流域实际生态补偿的政策实践中（刘世强，2011）。因此，理论研究为实践探索做出了巨大的贡献。但是，我们在研究已有文献时发现，虽然针对流域生态补偿居民受偿意愿的文献逐渐增加，但既关注居民受偿意愿又关注居民受偿水平的影响因素的研究很少，仅有的一些文献更多的是分别运用两个模型进行实证分析，这就可能会出现样本选择性偏差，而 Heckman 两阶段模型可以有效解决这一问题。鉴于上述研究，本书将运用条件价值评估法对流域居民生态补偿受偿意愿和水平进行测算，并依据 Heckman 两阶段模型对居民受偿意愿和受偿水平进行实证分析，以期为进一步完善流域生态补偿标准做出一定的贡献。

8.1　问卷设计和数据来源

8.1.1　问卷设计

本研究采取结构式问卷，问卷主要分为四大部分，具体如表 8 - 1 所示。

表 8 - 1　问卷内容基本情况分析

部分	标题	主要内容	目的
一	流域居民户主个人特征	主要了解被调查居民的基本信息	主要用作 Heckman 两阶段模型当中的自变量
二	流域居民家庭特征	主要调查居民家庭的人口数、可支配收入、居住位置、水质和水量情况等	作为 Heckman 两阶段模型中的自变量
三	流域居民的受偿意愿以及水平情况	主要调查鄱阳湖流域上游居民是否有受偿意愿以及受偿值	作为 Heckman 两阶段模型中的因变量
四	流域生态补偿的方式	主要调查鄱阳湖流域居民接受补偿的方式	基于此提出一些针对性的政策与建议

8.1.2　数据来源

本课题居民数据来源于 2015 ~ 2018 年对鄱阳湖流域上游区域居民流域生态补偿意愿及水平的四次实地抽样调查。鄱阳湖流域上游区域的居民主要从事种植业、养殖业等传统第一产业，为了便于后续比较研究，按照第一产业占地区生产总值比重大小对研究区进行简单划分。具体以 2017 年《江西统计年鉴》中"各县（市、区）地区生产总值"的第一产业产值占对应地区生产总值之比为依据，将研究区划分为第一产业占比较大区（>20%）、第一产业占比中等区（15% ~ 20%）、第一产业占比较小区（<15%）。具体划分如表 8 - 2 所示。

表 8 - 2　研究区分类

类型	县（市、区）	比例（%）	区域
Ⅲ	南丰县、寻乌县、石城县、安远县、兴国县、宁都县、宜丰县、乐安县、上犹县、会昌县、广昌县	>20	第一产业占比较大区

续表

类型	县（市、区）	比例（%）	区域
II	黎川县、信丰县、铜鼓县、铅山县、南城县、宜黄县、瑞金市、弋阳县、全南县、赣县区、定南县、崇义县	15～20	第一产业占比中等区
I	于都县、南康区、修水县、婺源县、资溪县、浮梁县、大余县、玉山县、横峰县、龙南县、上饶县、广丰区、信州区、昌江区、章贡区、珠山区	<15	第一产业占比较小区

　　为了保证抽样样本的无偏性和有效性，居民抽样采用三阶段抽样方法，具体过程如表8－3所示。

表 8－3　抽样方案

阶段	抽样单位	抽样数量	抽样方法
PSD	街道（乡或镇）	78（个）	分层抽样
SSU	居委会（村）	78（个）	PPS（放回）
TSU	居民	1404（户）	SRS

　　其中，第一阶段抽样（PSD）对表8－2中的所有研究单元进行分层抽样，每个研究单元分别抽出2个在研究区范围内的街道（或乡镇）；第二阶段抽样（SSU）对抽中的78个街道（或乡镇）用整群抽样［PPS（放回）］的方法分别在其中各抽出1个居委会（村）；第三阶段抽样（TSU）在抽到的居委会（村）当中用简单随机抽样的方式抽取18位居民。

　　在调查过程中，采用入户调查的方式对抽中的样本居民逐一进行面对面的问卷调查，调查过程中共发放问卷1404份，收回有效问卷1281份，问卷有效率为91.24%。

8.2　变量选取和模型选择

8.2.1　条件价值评估法

　　条件价值评估法（CVM）比传统测算方法（如机会成本法、替代法）具有更强的优越性，能够测算生态环境的利用价值与非利用价值。张志强等认为条件价值评估法是一种典型的陈述偏好评估法，是在假想市场情况下，直接调查和询问人们对环境或资源质量损失的接受赔偿意愿（Willingness to Accept Compensation，WTA）并依据人们的接受赔偿意愿来估计环境质量损失的经济价值。CVM是目前学者研究WTA的主要方法，技术方面已较为成熟，在对WTA的测算中，根据意愿调查方式的不同会有相对应的数据计算模型。本研究中问卷调查采用开放式的问卷格式，对于WTA值的计算采用数学期望公式（离散变量），如式（8-1）所示：

$$E = (WTA) = \sum_{i=1}^{n} \beta_i Pr_i \qquad (8-1)$$

式（8-1）中，β_i表示被调查居民受偿意愿的数额，Pr_i表示被调查居民愿意接受某一受偿数额的概率，n表示居民愿意接受补偿的样本数，上述数据均来自课题组对鄱阳湖流域的实地调研。

8.2.2 Heckman 两阶段模型

8.2.2.1 变量选取与分析

笔者在文献回顾的基础上，结合鄱阳湖流域的具体情况，设计了10个解释变量来评价鄱阳湖流域上游居民的受偿意愿以及受偿水平，具体如表8-4所示。

表8-4 变量的描述和解释

变量名称	单位/赋值	具体说明	支撑文献
年龄（U_1）	年		周晨等（2015）；尚海洋等（2015）
性别（U_2）	男=1，女=2		周晨等（2015）；尚海洋等（2015）
职业（U_3）	政府公务员=1，事业单位人员=2，国企员工=3，个体户=4，私企员工=5，农户=6，学生=7，自由工作者=8，其他=9	这些变量主要反映被调查者的个人特征情况，主要考察其对于被调查者的受偿意愿以及受偿水平是否具有显著性的影响	李长健等（2017）；皮泓漪等（2018）
受教育情况（U_4）	初中=1，高中（中专）=2，大专=3，大学=4，硕士=5，博士=6		李国志（2017）

续表

变量名称	单位/赋值	具体说明	支撑文献
家庭年均可支配收入（U_5）	元	这些变量主要反映被调查者家庭特征情况，主要考察其对于被调查者的受偿意愿以及受偿水平是否具有显著性的影响	李国志（2017）
家庭人口数（U_6）	人		周晨等（2015）
家庭居住位置（U_7）	第一区域 = 1，第二区域 = 2，第三区域 = 3		李长健等（2017）
流域环境是否重要（U_8）	是 = 1，否 = 2	这些变量主要考察流域环境因素会对被调查者的受偿意愿与受偿水平呈现显著性的影响	周晨等（2015）；尚海洋等（2015）
水质满意度（U_9）	非常不满意 = 1，不满意 = 2，一般 = 3，满意 = 4，非常满意 = 5		李国志（2017）
水量满意度（U_{10}）	非常不满意 = 1，不满意 = 2，一般 = 3，满意 = 4，非常满意 = 5		李国志（2017）

8.2.2.2　模型选择

本章主要利用 Heckman 两阶段模型，对鄱阳湖流域上游地区居民受偿意愿和受偿水平的影响因素进行实证分析，该研究主要分为两个阶段，第一阶段是决策阶段，即对鄱阳湖流域上游地区居民是否具有受偿意愿的影响因素进行实证分析。需要注意的是，第一阶段不具有受偿意愿的居民不会作为下一阶段研究的对象。第二阶段为受偿水平决定阶段，即对鄱阳湖流域上游地区居民受偿水平的影响因素进行实证分析。因此，Heckman 两阶段模型包含两个子模型（模型 1 和模型 2）。

模型 1 是一个 Probit 模型，该模型主要对鄱阳湖流域上游居民是否具有受偿意愿的影响因素进行实证分析。具体如式（8 - 2）所示。

$$Z = \gamma_0 + \gamma_1 U_1 + \gamma_2 U_2 + \gamma_3 U_3 + \cdots + \gamma_m U_m + \varepsilon \tag{8-2}$$

在式（8 - 2）中，Z 代表被解释变量，即鄱阳湖流域上游地区居民具有受偿意愿的概率。γ_0，γ_1，γ_2，γ_3，$\cdots$，γ_m 代表各变量的回归系数，U_1，U_2，U_3，$\cdots$，U_m 代表各解释变量，ε 代表残差项。

模型 2 是一个多元线性回归模型，该模型主要对鄱阳湖流域上游居民受偿水平的影响因素进行实证分析。具体如式（8 - 3）所示。

$$Y = \delta_0 + \delta_1 U_1 + \delta_2 U_2 + \delta_3 U_3 + \cdots + \delta_m U_m + \delta_{m+1} Lambda + \theta \tag{8-3}$$

在式（8 - 3）中，Y 代表被解释变量，即鄱阳湖流域上游地区居民受偿意愿水平。δ_0，δ_1，δ_2，δ_3，$\cdots$，δ_m，δ_{m+1} 分别代表各变量的回归系数，U_1，U_2，U_3，$\cdots$，U_m 代表各个解释变量，Lambda 代表米尔斯比率（Mills ratio），θ 代表残差项。

8.3 鄱阳湖流域居民受偿情况描述分析

8.3.1 鄱阳湖流域居民的户均受偿意愿

在收集到的 1281 户居民有效问卷中，有 1110 户居民具有受偿意愿，还有 171 户居民不具有受偿意愿，分别占总调查户数的 86.65% 和 13.35%。具体如表 8-5 所示。

表 8-5 鄱阳湖流域上游居民受偿意愿情况

是否具有受偿意愿	赋值	数量（户）	比重（%）
是	1	1110	86.65
否	0	171	13.35

表 8-5 中的数据显示，绝大多数被调查居民希望获得生态补偿，还有一小部分受访居民不需要获得补偿。在调查过程中发现，居民不需要获得受偿，主要是因为他们也从流域生态环境改善过程中得到了好处。

8.3.2 鄱阳湖流域居民的户均受偿意愿水平

将数据进行整理，依据式（8-1），可分别得出各区域（Ⅰ、Ⅱ、Ⅲ）鄱阳湖流域居民生态补偿平均受偿水平情况，如式（8-4）、式（8-5）、式（8-6）、式（8-7）所示。

$$E(WTA_I) = \sum_{i=1}^{n} \beta_i Pr_i = 603.60 \ 元/户·年 \tag{8-4}$$

$$E(WTA_{II}) = \sum_{i=1}^{n} \beta_i Pr_i = 788.60 \ 元/户·年 \tag{8-5}$$

$$E(WTA_{III}) = \sum_{i=1}^{n} \beta_i Pr_i = 1019.99 \ 元/户·年 \tag{8-6}$$

$$E(WTA_{all}) = \sum_{i=1}^{n} \beta_i Pr_i = 801.17 \ 元/户·年 \tag{8-7}$$

上式显示，鄱阳湖流域居民户均生态补偿受偿意愿值为 801.17 元/年，分区看，在第Ⅰ类地区的居民户均受偿水平最低，意愿值为 603.60 元/年，在第Ⅱ类地区的居民户均受偿水平居中，意愿值为 788. 60 元/年，在第Ⅲ类地区的居民户均受偿水平最高，意愿值为 1019. 99 元/年。这说明，在鄱阳湖流域分布区，第一产业产值占地区生产总值比重越高的区域，其居民生态补偿受偿水平意愿值越高。

8.4　鄱阳湖流域居民受偿情况实证分析

8.4.1　实证结果

基于 Stata 12.0 软件平台，采用 Heckman 的两阶段模型对影响鄱阳湖流域上游居民受偿意愿和受偿水平的因素进行分析，实证结果如表 8 - 6、表 8 - 7 和表 8 - 8 所示。

表 8 - 6　模型有效性分析

观测数	受限的观测数	非受限的观测数	Wald 值	P 值
1281	171	1110	409. 26	0. 000

表 8 - 6 的数据显示，Wald 值为 409. 26，P 值为 0. 000，这表明拒绝原始假设，因此整个模型是有效的。

表 8 - 7　Heckman 第一阶段模型（Probit 模型）估测结果

变量	C	标准误	Z	P > | Z |
U_1	0. 013 **	0. 006	2. 020	0. 043
U_2	0. 387 ***	0. 102	3. 780	0. 000
U_3	0. 010	0. 026	0. 380	0. 700
U_4	0. 128 ***	0. 046	2. 740	0. 006
U_5	4. 16e - 06 **	1. 70e - 06	2. 440	0. 015
U_6	- 0. 072 **	0. 031	- 2. 320	0. 020
U_7	- 0. 058	0. 062	- 0. 920	0. 356
U_8	0. 427 ***	0. 156	2. 730	0. 006
U_9	0. 236 ***	0. 055	4. 250	0. 000

续表

变量	C	标准误	Z	P > ｜Z｜
U_{10}	0.334 ***	0.053	6.250	0.000
Constant	− 1.902 ***	0.479	− 3.970	0.000

注：＊、＊＊和＊＊＊分别表示在10%、5%和1%的统计水平下显著。

表 8 − 8　Heckman 第二阶段模型（多元线性回归模型）估测结果

变量	C	标准误	Z	P > ｜Z｜
U_3	− 12.280	11.894	− 1.030	0.302
U_4	108.595 ***	19.802	5.480	0.000
U_5	0.003 ***	0.001	4.710	0.000
U_6	136.336 ***	16.486	8.270	0.000
U_7	194.879 ***	30.937	6.300	0.000
U_8	− 477.501 ***	92.039	− 5.190	0.000
U_9	148.950 ***	33.664	4.420	0.000
U_{10}	165.652 ***	36.362	4.560	0.000
Constant	− 1022.190 ***	269.244	− 3.800	0.000
Lambda	533.642	303.761	1.760	0.079
Rho	0.679	—	—	—
Sigma	785.612	—	—	—

注：＊、＊＊和＊＊＊分别表示在10%、5%和1%的统计水平下显著。

需要着重说明的是，Heckman 两阶段模型运行的前提是，第二阶段模型的解释变量一定要比第一阶段模型的解释变量少（Kong 等，2014）。因此，本书 Heckman 第二阶段模型选用的变量是 Heckman 第一阶段模型中 10 个解释变量的 8 个，排除了 2 个解释变量（U_1 和 U_2）。

8.4.2　实证结果分析

表 8 − 7 中的数据显示，被调查居民的年龄（U_1）、性别（U_2）、受教育情况（U_4）、家庭年均可支配收入（U_5）、家庭人口数（U_6）、流域环境是否重要（U_8）、水质满意度（U_9）以及水量满意度（U_{10}）和受偿意愿呈现显著性相关关系，而被调查居民的职业（U_3）、家庭居住位置（U_7）与受偿意愿没有显著性相关关系。其中，U_1 和被调查居民的受偿意愿呈现显著性相关关系，并且系数为正，说明年龄越大的居民具有越强的受偿意愿。这主要是因为居民年龄越大越清

楚流域生态保护意味着对他们的收入会有很大的影响，因此受偿意愿越强。U_2 和被调查居民的受偿意愿呈现显著性相关关系，并且系数为正，意味着女性比男性更愿意接受流域生态补偿。这可能是因为女性对由于鄱阳湖流域上游不断加大的环境投入使整个鄱阳湖流域环境的改善更为敏感，进而引起她们比男性有更强的接受补偿意愿。U_4 和被调查居民的受偿意愿呈现显著性相关关系，并且系数为正，这意味着受教育程度越高受偿意愿越强。这可能是因为人们受教育程度越高，就会更加清楚地认识到上游居民为了保护流域生态环境使下游居民享受到了更好的流域生态环境，因此，他们会具有更强的受偿意愿。U_5 和被调查居民的受偿意愿呈现显著性相关关系，并且系数为正，这说明家庭可支配收入越多的家庭，具有更强的受偿意愿。U_6 和被调查居民的受偿意愿呈现显著性相关关系，并且系数为正，这说明家庭人口越多的家庭，具有更强的受偿意愿。这主要是因为鄱阳湖流域上游不断加大生态环境保护，对于家庭人口越多的家庭可能影响会更大，因此家庭人口越多的家庭具有更强的受偿意愿。U_8 和被调查居民的受偿意愿呈现显著性相关关系，并且系数为正，这说明认为流域环境越为不重要的居民，反而更愿意获得受偿。这主要是因为认为流域环境不重要的居民，发现国家和当地政府不断加大流域环境保护，这就会在一定程度上对自己收入或者当地经济发展产生负面影响，而自己得不到太多的好处，因此，他们就具有更强的受偿意愿。U_9 和 U_{10} 都与被调查居民的受偿意愿呈现显著性相关关系，并且系数为正，这意味着对水质和水量越为满意，居民的受偿意愿就越强。这可能是因为鄱阳湖流域的水质越好或者水量越为充沛，这就会使下游居民得到越多的好处，进而鄱阳湖流域上游居民就具有更强的受偿意愿。

表 8-8 中的数据显示，被调查居民的受教育情况（U_4）、家庭年均可支配收入（U_5）、家庭人口数（U_6）、家庭居住位置（U_7）、流域环境是否重要（U_8）、水质满意度（U_9）、水量满意度（U_{10}）与受偿水平呈现显著性相关关系，被调查居民的职业（U_3）与受偿水平不存在显著性相关关系。其中，U_4 和被调查居民的受偿水平呈现显著性相关关系，并且系数为正，这说明受教育程度越高，希望接受的补偿数额越大。这主要是因为受教育越多之后，认识到生态环境对人们身体健康越来越重要，而鄱阳湖流域生态环境的改善可以在很大程度上使鄱阳湖流域中下游居民获得的价格越大，因此，受教育程度越高，受偿水平就越高。U_5 和被调查居民的受偿水平呈现显著性相关关系，并且系数为正，这说明居民的家庭可支配收入越高，希望接受的补偿金额也越多。这主要是因为，可支配收入越多的家庭，其家庭财富相对较多，进而导致其愿意获得更高的受偿水平才能够使他们满意。U_6 和被调查居民的受偿水平呈现显著性相关关系，并且系数为正，这说明随着家庭人口数的增加，其意愿获得的受偿金额也就越大。这主要是

因为，一般补偿都是按照家庭人口数来进行补偿，这就直接导致家庭会根据家庭人数的增加而提升流域生态受偿的水平。U_7和被调查居民的受偿水平呈现显著性相关关系，并且系数为正，这说明居住在第三区域的居民受偿水平最高，而居住在第一区域的居民受偿水平最低。这主要是因为，第三区域的农业占比最大，而鄱阳湖流域上游不断加强对生态环境保护，会直接引起农业的影响增加，这就直接使以农业为主导的地区居民希望获得更多的受偿金额。U_8和被调查居民的受偿水平呈现显著性相关关系，并且系数为负，这说明认为流域生态环境越为重要的居民希望获得的受偿水平越低。这主要是因为，认为流域生态环境越为重要的居民，发现在保护鄱阳湖流域生态环境的同时，自己本身也从流域生态环境的改善而获得了好处，这就导致他们愿意获得的受偿水平相对更低。U_9和U_{10}都与被调查居民的受偿水平呈现显著性相关关系，并且系数为正，这说明居民对鄱阳湖流域的水质或者水量满意度越高，他们的受偿水平就越高。这主要是因为居民对水质或水量满意度越高，意味着水质就越好或者水量就越为充沛，进而使下游居民可以从水质或水量中获得更多的生态价值，进而使上游居民希望获得更多的补偿金额，以弥补他们由于保护环境而损失的一系列本可以发展而失去的收益。另外，表8-8中的数据显示，Lambda系数为正，并且存在显著性，这说明本研究存在样本选择性偏差。因此，本书选用Heckman两阶段模型是十分必要的。

8.5 本章小结

对鄱阳湖流域居民受偿意愿与水平及其影响因素研究的结果显示，86.65%的被调查居民具有受偿意愿，居民受偿水平的平均值约为801.17元；被调查居民的年龄（U_1）、性别（U_2）、受教育情况（U_4）、家庭年均可支配收入（U_5）、家庭人口数（U_6）、流域环境是否重要（U_8）、水质满意度（U_9）以及水量满意度（U_{10}）和受偿意愿呈现显著性相关关系，而被调查居民的职业（U_3）、家庭居住位置（U_7）与受偿意愿没有显著性相关关系。被调查居民的受教育情况（U_4）、家庭年均可支配收入（U_5）、家庭人口数（U_6）、家庭居住位置（U_7）、流域环境是否重要（U_8）、水质满意度（U_9）、水量满意度（U_{10}）与受偿水平呈现显著性相关关系。

为了更好地保护和改善鄱阳湖流域的生态环境，根据本研究结果提出以下三点具有针对性的政策建议。第一，加强流域生态环境保护的宣传教育工作，不断提升人们生态环境保护意识。本章的实证结果显示，女性比男性具有更强的受偿意愿，受教育程度和受偿水平成正比，以及认为鄱阳湖流域环境越重要受偿水平越低。根据上述研究结果，应该加大对流域生态环境改善和保护的宣传，让更多的居民了解和认识到流域生态环境对我们人类的重要作用以及能够产生的巨大价值，尤其是让女性更好地了解流域生态环境的重要性和保护流域生态环境的紧迫性。与此同时，建议将生态环境保护的知识纳入中小学和大学的课程体系中，尤其是加大在大学校园的宣传教育工作，将流域生态环境能够产生的巨大价值以及对整个生态系统的极其重大的作用告诉学生们。通过上述方式，使更多的居民意识到流域生态环境对人类的重要性，自发地加入到鄱阳湖流域生态环境保护中。第二，继续加强鄱阳湖流域水质和水量的保护和改善。上述实证结果说明，水质越好或者水量越充沛，其对人们产生的价值就越高，也就能够带给居民更好的生态环境以及生态价值。鉴于此，要不断强化鄱阳湖流域的源头保护力度，下大力气整治和根除破坏和污染流域生态环境的产业和习俗等，促进鄱阳湖流域水质和水量的不断改善，不断增强鄱阳湖流域整体的生态价值，让其更多更好地造福人类，积极实现人类与自然的可持续发展。第三，建立具有差异化和多元化的受偿方式，激发居民保护鄱阳湖流域生态环境的热情。表 8 - 8 中的实证结果显示，家庭人口数和家庭居住位置等都会对受偿水平产生显著影响；与此同时，在实地调查中发现，在货币补偿方面，居民更愿意接受现金和财政补贴的补偿方式，在非货币补偿方面，居民更加愿意接受基础设施建设和土地补偿的方式。因此，政府可以在人口普查过程中有意识地增添上述人口特征变量，以此作为构建并实施具有差异化的流域生态补偿受偿的依据，进而有效规避流域补偿资金的"一刀切"问题；另外，根据鄱阳湖流域上游居民受偿方式的偏好，探索性地实施具有多元化的流域生态补偿方式，以期达到有限的鄱阳湖流域生态补偿资金发挥最大的补偿效果的同时，还能够更多地激发居民保护鄱阳湖流域生态环境热情的目的。

　　另外，研究结果显示，鄱阳湖流域上游地区居民年生态补偿户均受偿意愿值为 801.17 元/年，鄱阳湖流域中下游地区居民年生态补偿户均受偿意愿值为 414.43 元/年，因此，上游居民的平均支付水平远低于中下游居民的平均受偿水平。从经验来看，国内学者和国外学者也都有"受偿意愿值远大于支付意愿值"这一观点。同时，笔者认为，目前鄱阳湖流域居民的受偿意愿值远高于支付意愿值主要有以下两个原因：第一，没有充分认识到环境资源改善所带来的效用。这和当地部分居民受教育年数不高有密切关系，中下游部分居民普遍只有高中及以下学历，还有一部分初中毕业，这样一来很多居民不能意识到流域保护政策可以使当地水质改善、鱼类等资源增加以及其他的对居民的利好情形，从而导致支付意愿值相对偏低。第二，没有支付的意愿。大部分居民认为对鄱阳湖流域的污染进行治理、保证鱼群的规模以及稳定水量和保护水质等都是政府本身的责任与义务，鄱阳湖流域上游地区部分居民认为其没有对改进鄱阳湖流域生态环境进行支付的义务，进而导致支付意愿值远低于受偿意愿值。与此同时，与任何研究方法一样，用CVM法评价流域的非使用价值也存在一定的偏差，而且这种偏差也主要来自被调查样本。本研究主要有以下几点问题：第一，理解偏差。在调查过程当中，对于一些问卷当中的问题居民由于自身原因与问卷设计者有不同的理解，从而产生了一定的偏差。这样就会导致最终的生态补偿支付和受偿值发生一定的偏差，从而影响研究结果的精度。第二，信息偏差。由于居民不能获得与问卷当中的问题有关的全面的信息，因此居民的回答结果也会产生一定的偏差。比如，鄱阳湖流域建设对居民的影响，由于居民并不能将其对居民的所有影响完全考虑进来，他的回答与真实的影响就会产生相应的偏差，进而会对研究结果有一定的影响。第三，策略偏差。居民在接受调查中，意识到其回答结果会对未来生态补偿支付值和受偿值产生一定的影响，所以在回答过程中会尽量回答对自己有利的答案。对于支付意愿而言，就会使支付意愿更低；对于受偿意愿而言，会有更高的受偿意愿。这样就使最终得出的支付意愿值比真实的支付意愿值要低，得出的受偿意愿值比真实的受偿意愿值要高。第四，隐私偏差。在调查过程当中，一些居民基于自身的考虑，而故意隐藏一些信息。比如居民家庭年收入，一部分居民由于不想过多地暴露自身的真实收入情况（以免发生对己不利的事情），而在填报收入时隐瞒一部分，使其填写的收入低于其真实的家庭年收入，这样也会对研究结果产生一定的影响。

第9章 鄱阳湖流域生态补偿标准模型构建及测算

9.1 数据整理与分析

9.1.1 鄱阳湖流域研究单元生态系统服务功能价值

本书的第6章分别对赣江流域、抚河流域、信江流域、饶河流域和修河流域的生态系统服务功能价值进行了评估，其结果分别为3272.84亿元/年、688.81亿元/年、654.09亿元/年、542.50亿元/年、604.43亿元/年。与此同时本书第2章主要介绍了鄱阳湖流域的上下游具体县市区。因此，根据上述研究，可以分别计算出鄱阳湖流域各个县（市、区）的生态系统服务功能价值，具体如表9-1、表9-2、表9-3、表9-4和表9-5所示。

表9-1 赣江流域各县（市、区）流域生态系统服务功能价值

所属流域	所属区域	县（市、区）	生态价值量（亿元/年）
赣江流域	上游	章贡区	72.01
		赣县	81.44
		南康市	74.49
		信丰县	87.16
		大余县	60.94、
		上犹县	57.49
		崇义县	81.80
		龙南县	71.10

续表

所属流域	所属区域	县（市、区）	生态价值量（亿元/年）
赣江流域	上游	全南县	56.63
		宁都县	90.91
		于都县	97.72
		兴国县	96.67
		瑞金市	91.15
		会昌县	91.35
		石城县	58.90
		安远县	88.43
		定南县	59.00
		寻乌县	86.05
	中下游	青原区	43
		吉州区	37
		井冈山市	50.31
		吉安县	53.62
		吉水县	58.04
		峡江县	50.98
		新干县	59.44
		永丰县	86.00
		泰和县	95.61
		遂川县	102.00
		万安县	61.05
		安福县	68.00
		永新县	76.95
		乐安县	55.00
		安源区	31.00
		湘东区	27.00
		上栗县	55.00
		莲花县	42.07
		芦溪县	38.35
		渝水区	65.00
		分宜县	55.02

续表

所属流域	所属区域	县（市、区）	生态价值量（亿元/年）
赣江流域	中下游	袁州区	77.00
		丰城市	72.31
		高安市	66.62
		樟树市	61.01
		万载县	68.09
		上高县	53.00
		宜丰县	62.65
		东湖区	26.48
		西湖区	32.00
		青云谱区	33.00
		青山湖区	26.00
		新建区	45.00
		南昌县	36.00

注：上述县（市、区）的计算结果是根据每个县（市、区）占该流域的面积比例与赣江流域总生态价值的乘积得到。各个县（市、区）占该流域的面积比例，是通过查阅统计年鉴、政府工作报告以及内部资料获得。

表 9-2　抚河流域各县（市、区）流域生态系统服务功能价值

所属流域	所属区域	县（市、区）	生态价值量（亿元/年）
抚河流域	上游	南丰县	14.65
		广昌县	12.37
		黎川县	13.26
		南城县	13.03
		资溪县	5.10
		宜黄县	7.92
		乐安县	9.83
	下游	金溪县	7.35
		崇仁县	8.22
		东乡区	6.83
		临川区	11.48
		丰城市	15.39
		南昌县	9.79

续表

所属流域	所属区域	县（市、区）	生态价值量（亿元/年）
抚河流域	下游	进贤县	10.56
		余干县	12.61

注：上述县（市、区）的计算结果是根据每个县（市、区）占该流域的面积比例与赣江流域总生态价值的乘积得到。各个县（市、区）占该流域的面积比例，是通过查阅统计年鉴、政府工作报告以及内部资料获得。

表9-3　信江流域各县（市、区）流域生态系统服务功能价值

所属流域	所属区域	县（市、区）	生态价值量（亿元/年）
信江流域	上游	玉山县	133.69
		上饶县	97.23
		广丰区	121.54
		信州区	2.43
		铅山县	60.77
		横峰县	72.92
		弋阳县	36.46
	下游	月湖区	2.43
		余江区	36.36
		贵溪市	48.62
		余干县	24.31

注：上述县（市、区）的计算结果是根据每个县（市、区）占该流域的面积比例与赣江流域总生态价值的乘积得到。各个县（市、区）占该流域的面积比例，是通过查阅统计年鉴、政府工作报告以及内部资料获得。

表9-4　饶河流域各县（市、区）流域生态系统服务功能价值

所属流域	所属区域	县（市、区）	生态价值量（亿元/年）
饶河流域	上游	昌江区	35.40
		珠山区	8.85
		浮梁县	150.44
		婺源县	132.74
	下游	德兴市	106.20
		乐平市	44.25

续表

所属流域	所属区域	县（市、区）	生态价值量（亿元/年）
饶河流域	下游	万年县	26.55
		鄱阳县	17.70

注：上述县（市、区）的计算结果是根据每个县（市、区）占该流域的面积比例与赣江流域总生态价值的乘积得到。各个县（市、区）占该流域的面积比例，是通过查阅统计年鉴、政府工作报告以及内部资料获得。

表 9-5　修河流域各县（市、区）流域生态系统服务功能价值

所属流域	所属区域	县（市、区）	生态价值量（亿元/年）	生态补偿标准（亿元/年）	补偿/支付
修河流域	上游	铜鼓县	66.12	38.99	补偿
		修水县	59.51	31.81	补偿
		宜丰县	72.73	40.64	补偿
	下游	武宁县	52.90	25.95	补偿
		永修县	52.90	21.54	补偿
		奉新县	59.51	26.06	补偿
		靖安县	39.67	13.74	补偿
		安义县	33.06	−1.32	支付
		新建县	26.45	−7.48	支付
		湾里区	19.84	−13.33	支付
		高安市	13.22	−12.70	支付
		瑞昌市	6.61	−18.48	支付
		濂溪区	13.22	−23.44	支付
		浔阳区	1.32	−46.44	支付
		柴桑区	10.58	−15.55	支付
		德安县	15.87	−11.32	支付
		都昌县	17.19	−7.71	支付
		湖口县	13.22	−15.51	支付
		彭泽县	19.84	−6.30	支付
		庐山市	26.45	−3.53	支付
		共青城市	23.80	−15.62	支付

注：上述县（市、区）的计算结果是根据每个县（市、区）占该流域的面积比例与赣江流域总生态价值的乘积得到。各个县（市、区）占该流域的面积比例，是通过查阅统计年鉴、政府工作报告以及内部资料获得。

9.1.2 鄱阳湖流域研究单元居民意愿情况

依据本书第 4 章的研究结果并对数据进行整理，可以得出研究区各个县（市、区）居民户均支付意愿值，具体如表 9-6 所示。

表 9-6 鄱阳湖流域中下游各县（市、区）流域居民支付意愿情况

类型	县（市、区）	比例（%）	户均支付意愿值（元/年）	区域
I	乐平市	<35	359.76	第三产业占比较小区
	余干县	<35	359.76	第三产业占比较小区
	万载县	<35	359.76	第三产业占比较小区
	崇仁县	<35	359.76	第三产业占比较小区
	万安县	<35	359.76	第三产业占比较小区
	东乡区	<35	359.76	第三产业占比较小区
	青原区	<35	359.76	第三产业占比较小区
	都昌县	<35	359.76	第三产业占比较小区
	安福县	<35	359.76	第三产业占比较小区
	峡江县	<35	359.76	第三产业占比较小区
	新干县	<35	359.76	第三产业占比较小区
	宜丰县	<35	359.76	第三产业占比较小区
	柴桑区	<35	359.76	第三产业占比较小区
	进贤县	<35	359.76	第三产业占比较小区
	新建区	<35	359.76	第三产业占比较小区
	万年县	<35	359.76	第三产业占比较小区
	泰和县	<35	359.76	第三产业占比较小区
	吉安县	<35	359.76	第三产业占比较小区
	贵溪市	<35	359.76	第三产业占比较小区
	共青城市	<35	359.76	第三产业占比较小区
	南昌县	<35	359.76	第三产业占比较小区
	德安县	<35	359.76	第三产业占比较小区
	彭泽县	<35	359.76	第三产业占比较小区
	余江区	<35	359.76	第三产业占比较小区
	鄱阳县	<35	359.76	第三产业占比较小区
	瑞昌市	<35	359.76	第三产业占比较小区
	永修县	<35	359.76	第三产业占比较小区
	湖口县	<35	359.76	第三产业占比较小区

续表

类型	县（市、区）	比例（%）	户均支付意愿值（元/年）	区域
Ⅱ	安义县	35～40	398.39	第三产业占比中等区
	湘东区	35～40	398.39	第三产业占比中等区
	樟树市	35～40	398.39	第三产业占比中等区
	青云谱区	35～40	398.39	第三产业占比中等区
	上高县	35～40	398.39	第三产业占比中等区
	临川区	35～40	398.39	第三产业占比中等区
	遂川县	35～40	398.39	第三产业占比中等区
	上栗县	35～40	398.39	第三产业占比中等区
	武宁县	35～40	398.39	第三产业占比中等区
	永新县	35～40	398.39	第三产业占比中等区
	芦溪县	35～40	398.39	第三产业占比中等区
	吉水县	35～40	398.39	第三产业占比中等区
	高安市	35～40	398.39	第三产业占比中等区
	丰城市	35～40	398.39	第三产业占比中等区
	永丰县	35～40	398.39	第三产业占比中等区
	青山湖区	35～40	398.39	第三产业占比中等区
Ⅲ	东湖区	>40	483.27	第三产业占比较大区
	浔阳区	>40	483.27	第三产业占比较大区
	西湖区	>40	483.27	第三产业占比较大区
	庐山市	>40	483.27	第三产业占比较大区
	井冈山市	>40	483.27	第三产业占比较大区
	安源区	>40	483.27	第三产业占比较大区
	月湖区	>40	483.27	第三产业占比较大区
	吉州区	>40	483.27	第三产业占比较大区
	湾里区	>40	483.27	第三产业占比较大区
	袁州区	>40	483.27	第三产业占比较大区
	德兴市	>40	483.27	第三产业占比较大区
	分宜县	>40	483.27	第三产业占比较大区
	乐安县	>40	483.27	第三产业占比较大区
	濂溪区	>40	483.27	第三产业占比较大区
	金溪县	>40	483.27	第三产业占比较大区

续表

类型	县（市、区）	比例（%）	户均支付意愿值（元/年）	区域
Ⅲ	莲花县	>40	483.27	第三产业占比较大区
	渝水区	>40	483.27	第三产业占比较大区
	奉新县	>40	483.27	第三产业占比较大区
	靖安县	>40	483.27	第三产业占比较大区

注："比例"这一项是指以《江西统计年鉴2017》中"各县（市、区）地区生产总值"的第三产业产值占所对应地区生产总值比值的大小。

依据本书第8章的研究结果并对数据进行整理，可以得出鄱阳湖流域上游地区各县（市、区）居民户均受偿意愿值，具体如表9-7所示。

表9-7 研究区各个县（市、区）流域居民受偿意愿情况

类型	县（市、区）	比例（%）	户均支付意愿值（元/年）	区域
Ⅲ	南丰县	>20	1019.00	第一产业占比较大区
	寻乌县	>20	1019.00	第一产业占比较大区
	石城县	>20	1019.00	第一产业占比较大区
	安远县	>20	1019.00	第一产业占比较大区
	兴国县	>20	1019.00	第一产业占比较大区
	宁都县	>20	1019.00	第一产业占比较大区
	宜丰县	>20	1019.00	第一产业占比较大区
	乐安县	>20	1019.00	第一产业占比较大区
	上犹县	>20	1019.00	第一产业占比较大区
	会昌县	>20	1019.00	第一产业占比较大区
	广昌县	>20	1019.00	第一产业占比较大区
Ⅱ	黎川县	15~20	788.60	第一产业占比中等区
	信丰县	15~20	788.60	第一产业占比中等区
	铜鼓县	15~20	788.60	第一产业占比中等区
	铅山县	15~20	788.60	第一产业占比中等区
	南城县	15~20	788.60	第一产业占比中等区
	宜黄县	15~20	788.60	第一产业占比中等区
	瑞金市	15~20	788.60	第一产业占比中等区
	弋阳县	15~20	788.60	第一产业占比中等区
	全南县	15~20	788.60	第一产业占比中等区

续表

类型	县（市、区）	比例（%）	户均支付意愿值（元/年）	区域
II	赣县区	15 ~ 20	788.60	第一产业占比中等区
	定南县	15 ~ 20	788.60	第一产业占比中等区
	崇义县	15 ~ 20	788.60	第一产业占比中等区
I	于都县	< 15	603.60	第一产业占比较小区
	南康区	< 15	603.60	第一产业占比较小区
	修水县	< 15	603.60	第一产业占比较小区
	婺源县	< 15	603.60	第一产业占比较小区
	资溪县	< 15	603.60	第一产业占比较小区
	浮梁县	< 15	603.60	第一产业占比较小区
	大余县	< 15	603.60	第一产业占比较小区
	玉山县	< 15	603.60	第一产业占比较小区
	横峰县	< 15	603.60	第一产业占比较小区
	龙南县	< 15	603.60	第一产业占比较小区
	上饶县	< 15	603.60	第一产业占比较小区
	广丰区	< 15	603.60	第一产业占比较小区
	信州区	< 15	603.60	第一产业占比较小区
	昌江区	< 15	603.60	第一产业占比较小区
	章贡区	< 15	603.60	第一产业占比较小区
	珠山区	< 15	603.60	第一产业占比较小区

注："比例"这一项是指以《江西统计年鉴2017》中"各县（市、区）地区生产总值"的第一产业产值占所对应地区生产总值比值的大小。

9.2 鄱阳湖流域内部生态补偿及外部生态补偿标准估测模型

9.2.1 鄱阳湖流域内部生态补偿标准估测模型

依据史培军的 Ps 理论（Ps = GDP/EC）（史培军等，2005），并借鉴金艳的研究成果试图构建鄱阳湖流域内部生态补偿估测模型。若研究单元生态系统服务功能价值量与当地生产总值（EV－GDP）的差值大于该地区总体差值的平均值，表示该地区生态有盈余，这说明该研究单元的生态系统能够保证当地经济发展的同时，还有一定的生态资源多余可以提供其他地区的消费。反之，若其差值小于该地区总体差值的平均值，则该研究单元生态有亏损，这说明该研究单元的生态资源不能完全保证当地经济发展的需求，而是借助了其他地区的生态资源（金艳，2009）。根据这一研究思路，就鄱阳湖流域研究区而言，可以构造出鄱阳湖流域内部研究单元间的补偿模型，具体如式（9－1）所示：

$$Y_i = Y_\alpha - Y_\beta = \left(EV_i - \frac{W_i}{S_i}GDP_i \right) - \left(\sum_{i=1}^{n} EV_i - \sum_{i=1}^{n} \frac{W_i}{S_i}GDP_i \right)/n \qquad (9-1)$$

式（9－1）中，EV_i 代表鄱阳湖流域的各个研究单元生态系统服务功能价值量[①]，此数据来源于本书第6章的研究成果，具体如表9－1、表9－2、表9－3、表9－4和表9－5所示。W_i 表示第 i 个研究单元的流域面积，此数据来源于统计年鉴、政府工作报告以及内部数据等。S_i 表示第 i 个研究单元行政区域土地面积，此数据来自2017年《江西省统计年鉴》。GDP_i 表示第 i 个研究单元的地区生产总值，此数据来自2017年《江西省统计年鉴》。n 表示鄱阳湖流域研究单元的数量。Y_i 表示第 i 个研究单元是相对生态盈余还是生态亏损，其主要分为 Y_α 和 Y_β 两个部分。其中，Y_α 表示第 i 个研究单元生态系统服务功能价值量与该研究单元地区生产总值之间的差值，Y_β 表示鄱阳湖流域总体生态系统服务功能价值量与地区生产总值之间差值的平均值。

9.2.2　鄱阳湖流域外部生态补偿标准估测模型

基于 Ps 理论和考虑金艳及相关学者的研究结果，同时满足以居民意愿值（居民受偿意愿与居民支付意愿的净意愿值）为补偿下限而以生态系统服务功能价值为补偿上限这一经验结果，构建鄱阳湖流域外部生态补偿标准估测模型，如式（9－2）所示。

$$\begin{cases} PES = PES_\gamma + PES_\delta \\ PES_\gamma = \delta \sum_{i=1}^{n} \left(EV_i - \frac{W_i}{S_i}GDP_i \right) \\ PES_\delta = (1-\delta) \sum_{i=1}^{n} \sum_{j=1}^{m} \left(\beta_{ij}^A Pr_{ij}^A Po_i^A - \beta_{ij}^P Pr_{ij}^P Po_i^P \right) \end{cases} \qquad (9-2)$$

式（9－2）中，PES 表示研究区需要补偿的数额，主要分为两个部分，PES_γ 表示考虑生态系统服务功能价值与当地经济发展水平的考察指标，PES_δ 表示考虑

---

① 假设此价值量在近几年基本不变，同时假设所有类型生态资源的单位面积生态价值相同。

居民意愿（受偿意愿与支付意愿）的指标。其中，EV_i 代表研究区的各个研究单元生态系统服务功能价值量，此数据来源于本书第 6 章的研究成果，具体如表 9 - 1、表 9 - 2、表 9 - 3、表 9 - 4 和表 9 - 5 所示。W_i 表示第 i 个研究单元的流域面积，此数据来源于统计年鉴、政府工作报告以及内部数据等。S_i 表示第 i 个研究单元行政区域土地面积，此数据来自 2017 年《江西省统计年鉴》。GDP_i 表示所对应各个研究单元的生产总值，此数据来自 2017 年《江西省统计年鉴》等。δ 表示权重，取值参照金艳的研究进行确定。β_{ij}^{A} 表示第 i 个研究区内第 j 位被调查居民受偿意愿的数额，此数据来源于课题组对研究单元流域的实地调查。Pr_{ij}^{A} 表示第 i 个研究区内第 j 位被调查居民愿意接受某一受偿数额的概率，此数据来源于对研究单元流域的实地调查数据的整理。Po_i 表示第 i 个研究区所涉及的居民户数，此数据来源于"江西鄱阳湖国家级自然保护区管理局"实地调查。n 表示鄱阳湖流域研究单元的数量，m 表示课题组对研究单元流域实地调查居民的样本个数。

9.3 鄱阳湖流域内部、外部生态补偿标准及其分区特征

9.3.1 鄱阳湖流域内部生态补偿标准

将各研究单元生态系统服务功能价值与地区经济发展水平等相关数据代入式（9 - 1），得出鄱阳湖流域内部生态补偿标准，具体如表 9 - 8、表 9 - 9、表 9 - 10、表 9 - 11 和表 9 - 12 所示。

表 9 - 8 赣江流域各研究区内部生态补偿估算

所属流域	所属区域	县（市、区）	生态价值量（亿元/年）	生态补偿标准（亿元/年）	补偿/支付
赣江流域	上游	章贡区	72.01	19.10	补偿
		赣县	81.44	25.37	补偿
		南康市	74.49	11.56	补偿
		信丰县	87.16	31.09	补偿
		大余县	60.94	12.20	补偿
		上犹县	57.49	15.83	补偿

续表

所属流域	所属区域	县（市、区）	生态价值量 （亿元/年）	生态补偿标准 （亿元/年）	补偿/支付
赣江流域	上游	崇义县	81.80	37.85	补偿
		龙南县	71.10	16.78	补偿
		全南县	56.63	14.79	补偿
		宁都县	90.91	35.36	补偿
		于都县	97.72	35.59	补偿
		兴国县	96.67	41.26	补偿
		瑞金市	91.15	36.93	补偿
		会昌县	91.35	44.32	补偿
		石城县	58.90	18.98	补偿
		安远县	88.43	46.54	补偿
		定南县	59.00	15.75	补偿
		寻乌县	86.05	43.52	补偿
	中下游	青原区	43.00	−21.56	支付
		吉州区	37.00	−32.33	支付
		井冈山市	50.31	−6.60	支付
		吉安县	53.62	−24.33	支付
		吉水县	58.04	−13.03	支付
		峡江县	50.98	−6.88	支付
		新干县	59.44	−6.05	支付
		永丰县	86.00	−0.06	支付
		泰和县	95.61	5.88	补偿
		遂川县	102.00	25.34	补偿
		万安县	61.05	2.22	补偿
		安福县	68.00	−15.54	支付
		永新县	76.95	8.13	补偿
		乐安县	55.00	0.85	补偿
		安源区	31.00	−21.48	支付
		湘东区	27.00	−17.88	支付
		上栗县	55.00	−4.62	支付
		莲花县	42.07	−4.65	支付
		芦溪县	38.35	−13.32	支付

所属流域	所属区域	县（市、区）	生态价值量（亿元/年）	生态补偿标准（亿元/年）	补偿/支付
赣江流域	中下游	渝水区	65.00	−21.50	支付
		分宜县	55.02	−8.31	支付
		袁州区	77.00	−14.99	支付
		丰城市	72.31	−61.51	支付
		高安市	66.62	−15.58	支付
		樟树市	61.01	−27.89	支付
		万载县	68.09	−7.43	支付
		上高县	53.00	−13.66	支付
		宜丰县	62.65	1.55	补偿
		东湖区	26.48	−37.91	支付
		西湖区	32.00	−36.18	支付
		青云谱区	33.00	−23.54	支付
		青山湖区	26.00	−26.04	支付
		新建区	45.00	−16.84	支付
		南昌县	36.00	−47.07	支付

注：上述数据中，数值为负说明是需要进行支付的研究区，数据为正说明是需要进行补偿的研究区。

根据表9-8数据显示，赣江流域所涵盖县（市、区）中，上游地区的研究单元生态补偿标准均为正值，说明这些地区具有生态盈余，因此这些研究单元作为生态补偿的主体，应该获得生态补偿；与此同时，赣江流域中下游地区的大部分研究单元生态补偿标准为负值，说明这些地区具有生态盈亏，因此这些研究单元作为生态补偿的客体，应该进行生态支付。然而，赣江流域中下游地区也有一部分研究单元的生态补偿标准为正值，应该获得生态补偿，如泰和县、遂川县、万安县等。

表9-9 抚河流域各研究区内部生态补偿估算

所属流域	所属区域	县（市、区）	生态价值量（亿元/年）	生态补偿标准（亿元/年）	补偿/支付
抚河流域	上游	南丰县	14.65	5.85	补偿
		广昌县	12.37	8.11	补偿
		黎川县	13.26	8.36	补偿

续表

所属流域	所属区域	县（市、区）	生态价值量（亿元/年）	生态补偿标准（亿元/年）	补偿/支付
抚河流域	上游	南城县	13.03	4.12	补偿
		资溪县	5.10	3.97	补偿
		宜黄县	7.92	5.55	补偿
		乐安县	9.83	7.74	补偿
	下游	金溪县	7.35	1.14	补偿
		崇仁县	8.22	−0.30	支付
		东乡区	6.83	−0.46	支付
		临川区	11.48	−7.63	支付
		丰城市	15.39	−6.34	支付
		南昌县	9.79	−24.92	支付
		进贤县	10.56	−4.62	支付
		余干县	12.61	−0.57	支付

注：上述数据中，数值为负说明是需要进行支付的研究区，数据为正说明是需要进行补偿的研究区。

从表9-9中可以发现，抚河流域所涵盖的县（市、区）中，上游地区的流域生态补偿标准均大于零，说明这些研究区具有生态盈余，应该对其进行生态补偿；下游绝大部分地区的流域生态补偿标准均小于零，说明这些研究区具有生态盈亏，它们应该进行生态支付；因此，流域生态补偿标准为正值的研究区域应该作为流域生态补偿的客体，流域生态补偿标准为负值的研究区域应该作为流域生态补偿的主体。在抚河流域生态补偿的客体中，广昌县、黎川县和乐安县每年生态补偿标准值较高，分别为8.11亿元/年、8.36亿元/年和7.74亿元/年；在流域生态补偿的主体中，南昌县每年生态补偿标准值最低，为24.92亿元/年。

表9-10 饶河流域各研究区内部生态补偿估算

所属流域	所属区域	县（市、区）	生态价值量（亿元/年）	生态补偿标准（亿元/年）	补偿/支付
饶河流域	上游	昌江区	35.40	−57.82	支付
		珠山区	8.85	−78.10	支付
		浮梁县	150.44	90.28	补偿
		婺源县	132.74	76.41	补偿

续表

所属流域	所属区域	县（市、区）	生态价值量 （亿元/年）	生态补偿标准 （亿元/年）	补偿/支付
饶河流域	下游	德兴市	106.20	44.59	补偿
		乐平市	44.25	-17.59	支付
		万年县	26.55	-26.78	支付
		鄱阳县	17.70	-30.99	支付

注：上述数据中，数值为负说明是需要进行支付的研究区，数据为正说明是需要进行补偿的研究区。

根据饶河流域各研究区生态补偿估算（见表 9 - 10）可得出结论，生态补偿标准为正值的县（市、区）主要集中在上、中游地区，有浮梁县、婺源县和德兴市，这也代表着这些研究区为生态补偿中的客体，即这些县（市、区）应该获得生态补偿；生态标准为负值的县（市、区）主要集中在下游地区，有乐平市、万年县和鄱阳县，这也代表着这些研究区为生态补偿中的主体，即这些县（市、区）应当为生态补偿客体进行生态支付。表中昌江区以及月湖区尽管地理位置处于饶河流域的上游，但由于其拥有的行政面积较小且生产总值（GDP）较高，所以计算的生态补偿标准为负值，即其为生态补偿主体，需要为客体进行生态支付。在生态补偿中，受偿（客体）标准最高是浮梁县为 90.28 亿元/年；支付（主体）标准最高是珠山区为 78.10 亿元/年。

表 9 - 11　信江流域各研究区内部生态补偿估算

所属流域	所属区域	县（市、区）	生态价值量 （亿元/年）	生态补偿标准 （亿元/年）	补偿/支付
信江流域	上游	玉山县	133.69	65.90	补偿
		上饶县	97.23	36.55	补偿
		广丰区	121.54	15.14	补偿
		信州区	2.43	-42.72	支付
		铅山县	60.77	12.24	补偿
		横峰县	72.92	11.75	补偿
		弋阳县	36.46	-10.00	支付
	下游	月湖区	2.43	-44.04	支付
		余江区	36.36	-15.25	支付
		贵溪市	48.62	-9.06	支付
		余干县	24.31	-20.51	支付

注：上述数据中，数值为负说明是需要进行支付的研究区，数据为正说明是需要进行补偿的研究区。

根据信江流域各研究区生态补偿估算（见表9－11）可得出结论，生态补偿标准为正值的县（市、区）主要集中在上游地区，有玉山县、上饶县、广丰区、铅山县和横峰县，这也代表着这些研究区为生态补偿中的客体，即这些县（市、区）应该获得生态补偿；生态标准为负值的县（市、区）主要集中在下游地区，有月湖区、余江区、贵溪市和余干县，这也代表着这些研究区为生态补偿中的主体，即这些县（市、区）应当为生态补偿客体进行生态支付。表中信州区以及弋阳县尽管地理位置处于信江流域的上游，但由于其拥有的行政面积较小且生产总值（GDP）较高，所以计算的生态补偿标准为负值，即其为生态补偿主体，需要为客体进行生态支付。在生态补偿中，受偿（客体）标准最高是玉山县为65.90亿元/年；支付（主体）标准最高是月湖区为44.04亿元/年。

表9－12 修河流域各研究区内部生态补偿估算

所属流域	所属区域	县（市、区）	生态价值量（亿元/年）	生态补偿标准（亿元/年）	补偿/支付
修河流域	上游	铜鼓县	66.12	38.99	补偿
		修水县	59.51	31.81	补偿
		宜丰县	72.73	40.64	补偿
	下游	武宁县	52.90	25.95	补偿
		永修县	52.90	21.54	补偿
		奉新县	59.51	26.06	补偿
		靖安县	39.67	13.74	补偿
		安义县	33.06	− 1.32	支付
		新建县	26.45	− 7.48	支付
		湾里区	19.84	− 13.33	支付
		高安市	13.22	− 12.70	支付
		瑞昌市	6.61	− 18.48	支付
		濂溪区	13.22	− 23.44	支付
		浔阳区	1.32	− 46.44	支付
		柴桑区	10.58	− 15.55	支付
		德安县	15.87	− 11.32	支付
		都昌县	17.19	− 7.71	支付
		湖口县	13.22	− 15.51	支付
		彭泽县	19.84	− 6.30	支付
		庐山市	26.45	− 3.53	支付
		共青城市	23.80	− 15.62	支付

注：上述数据中，数值为负说明是需要进行支付的研究区，数据为正说明是需要进行补偿的研究区。

根据修河流域各研究区生态补偿估算（见表 9 - 12）可得出结论，生态补偿标准为正值的县（市、区）主要集中在上、中游地区，有铜鼓县、修水县、宜丰县、武宁县、永修县、奉新县和靖安县，这也代表着这些研究区为生态补偿中的客体，即这些县（市、区）应该获得生态补偿；生态标准为负值的县（市、区）主要集中在下游地区，有安义县、新建县、湾里区、高安市、瑞昌市、濂溪区、浔阳区、柴桑区、德安县、都昌县、湖口县、彭泽县、庐山市和共青城市，这也代表着这些研究区为生态补偿中的主体，即这些县（市、区）应当为生态补偿客体进行生态支付。在生态补偿中，受偿（客体）标准最高是宜丰县为40.64 亿元；支付（主体）标准最高是浔阳区为 46.44 亿元。

　　另外，从表 9 - 8、表 9 - 9、表 9 - 10、表 9 - 11 和表 9 - 12 中可以发现，高安市既是赣江流域的下游地区，也是修河流域的下游地区；宜丰县既是赣江流域的下游地区，也是修河流域的上游地区；南昌县既是赣江流域的下游地区，也是抚河流域的下游地区；乐安县既是赣江流域的下游地区，也是抚河流域的上游地区；余干县既是抚河流域的下游地区，也是信江流域的下游地区。

9.3.2　鄱阳湖流域外部生态补偿标准

　　将上述计算数据和研究区人口、地区经济发展水平数据，经过整理后代入式（9 - 2），得出鄱阳湖流域各个研究单元外部生态补偿标准，计算结果如表9 - 13、表 9 - 14、表 9 - 15、表 9 - 16 和表 9 - 17 所示。

表 9 - 13　赣江流域各研究区外部生态补偿估算

所属流域	所属区域	县（市、区）	PES$_\gamma$（亿元/年）	PES$_\delta$（亿元/年）	外部补偿标准（亿元/年）	是否需要外部补偿
赣江流域	上游	章贡区	25.75	2.20	27.95	需要
		赣县	28.88	2.57	31.45	需要
		南康市	21.97	2.60	24.57	需要
		信丰县	31.74	2.96	34.7	需要
		大余县	22.29	0.94	23.23	需要
		上犹县	24.11	0.97	25.08	需要
		崇义县	35.12	0.79	35.91	需要
		龙南县	24.59	1.02	25.61	需要
		全南县	23.59	0.83	24.42	需要
		宁都县	33.87	4.23	38.10	需要
		于都县	33.99	3.37	37.36	需要

续表

所属流域	所属区域	县（市、区）	PES$_\gamma$（亿元/年）	PES$_\delta$（亿元/年）	外部补偿标准（亿元/年）	是否需要外部补偿
赣江流域	上游	兴国县	36.82	4.26	41.08	需要
		瑞金市	34.66	2.78	37.44	需要
		会昌县	38.36	2.61	40.97	需要
		石城县	25.68	1.70	27.38	需要
		安远县	39.46	2.07	41.53	需要
		定南县	24.07	0.87	24.94	需要
		寻乌县	37.95	1.68	39.63	需要
	中下游	青原区	5.41	−0.40	5.01	需要
		吉州区	0.03	−0.88	−0.85	不需要
		井冈山市	12.90	−0.41	12.49	需要
		吉安县	4.03	−0.94	3.09	需要
		吉水县	9.68	−1.02	8.66	需要
		峡江县	12.76	−0.32	12.44	需要
		新干县	13.17	−0.59	12.58	需要
		永丰县	16.16	−0.96	15.20	需要
		泰和县	19.14	−1.08	18.06	需要
		遂川县	28.87	−1.23	27.64	需要
		万安县	17.30	−0.57	16.73	需要
		安福县	8.42	−0.76	7.66	需要
		永新县	20.26	−1.05	19.21	需要
		乐安县	16.62	−0.89	15.73	需要
		安源区	5.45	−0.93	4.52	需要
		湘东区	7.25	−0.81	6.44	需要
		上栗县	13.88	−0.96	12.92	需要
		莲花县	13.87	−0.63	13.24	需要
		芦溪县	9.54	−0.60	8.94	需要
		渝水区	5.45	−1.94	3.51	需要
		分宜县	12.04	−0.80	11.24	需要
		袁州区	8.70	−2.54	6.16	需要
		丰城市	−14.56	−2.96	−17.52	不需要
		高安市	8.40	−1.74	6.66	需要

所属流域	所属区域	县（市、区）	PES_γ （亿元/年）	PES_δ （亿元/年）	外部补偿标准 （亿元/年）	是否需要 外部补偿
赣江流域	中下游	樟树市	2.25	-1.12	1.13	需要
		万载县	12.48	-1.03	11.45	需要
		上高县	9.36	-0.75	8.61	需要
		宜丰县	16.97	-0.52	16.45	需要
		东湖区	-2.76	-1.14	-3.90	不需要
		西湖区	-1.89	-0.95	-2.84	不需要
		青云谱区	4.43	-0.60	3.83	需要
		青山湖区	3.17	-0.98	2.19	需要
		新建区	7.78	-1.25	6.53	需要
		南昌县	-7.34	-1.87	-9.21	不需要

注：参照金艳的研究，确定 δ 的值为0.5。

根据表9-13数据显示，上述赣江流域的各个研究区基本上外部生态补偿标准为正，这说明了都需要进行外部补偿。另外，在表9-13数据中还发现，仍然有个别地区不需要进行外部补偿，如吉州区、丰城市、东湖区、西湖区和南昌县，这说明这些地区的生态系统基本上为当地发展做出了巨大贡献，并且不需要进行外部补偿。

表9-14　抚河流域各研究区外部生态补偿估算

所属流域	所属区域	县（市、区）	PES_γ （亿元/年）	PES_δ （亿元/年）	外部补偿标准 （亿元/年）	是否需要 外部补偿
抚河流域	上游	南丰县	2.77	1.47	4.24	需要
		广昌县	3.90	-1.26	2.64	需要
		黎川县	4.03	-0.98	3.05	需要
		南城县	1.91	-1.37	0.54	需要
		资溪县	1.84	-0.38	1.46	需要
		宜黄县	2.63	-0.94	1.69	需要
		乐安县	3.72	-1.87	1.85	需要
	下游	金溪县	0.42	-0.01	0.41	需要
		崇仁县	-0.30	-0.01	-0.31	不需要

续表

所属流域	所属区域	县（市、区）	PES$_\gamma$（亿元/年）	PES$_\delta$（亿元/年）	外部补偿标准（亿元/年）	是否需要外部补偿
抚河流域	下游	东乡区	-0.38	-0.01	-0.39	不需要
		临川区	-3.96	-0.05	-4.01	不需要
		丰城市	-3.32	-0.05	-3.37	不需要
		南昌县	-12.61	-0.13	-12.74	不需要
		进贤县	-2.46	-0.02	-2.48	不需要
		余干县	-0.44	-0.01	-0.45	不需要

注：参照金艳的研究，确定δ的值为0.5。

根据表9-14数据显示，上述抚河流域上游地区的各个研究区外部生态补偿标准为正，这说明了上述地区都需要进行外部补偿；而抚河流域下游地区除金溪县外，其他各研究区外部生态补偿均为负，说明这些地区的生态系统基本上为当地发展做出了巨大贡献，并且不需要进行外部补偿。

表9-15 饶河流域各研究区外部生态补偿估算

所属流域	所属区域	县（市、区）	PES$_\gamma$（亿元/年）	PES$_\delta$（亿元/年）	外部补偿标准（亿元/年）	是否需要外部补偿
饶河流域	上游	昌江区	-5.48	0.52	-4.96	不需要
		珠山区	-15.62	1.00	-14.62	不需要
		浮梁县	68.56	0.91	69.47	需要
		婺源县	61.63	1.09	62.72	需要
	下游	德兴市	45.72	-0.73	44.99	需要
		乐平市	14.63	-1.53	13.10	需要
		万年县	10.04	-0.78	9.26	需要
		鄱阳县	7.93	-2.87	5.06	需要

注：参照金艳的研究，确定δ的值为0.5。

根据表9-15数据显示，上述饶河流域各个研究区中，除了上游的昌江区和珠山区外，其他各个研究区外部生态补偿标准均为正，这说明昌江区和珠山区不需要进行外部补偿，而其他区域都需要进行外部补偿。

表 9 – 16　信江流域各研究区外部生态补偿估算

所属流域	所属区域	县（市、区）	PES_γ（亿元/年）	PES_δ（亿元/年）	外部补偿标准（亿元/年）	是否需要外部补偿
信江流域	上游	玉山县	53.79	1.87	55.66	需要
		上饶县	39.12	2.50	41.62	需要
		广丰区	28.41	2.94	31.35	需要
		信州区	-0.52	1.29	0.77	需要
		铅山县	26.96	1.32	28.28	需要
		横峰县	26.72	0.69	27.41	需要
		弋阳县	15.84	1.68	17.52	需要
	下游	月湖区	-1.18	-0.56	-1.74	不需要
		余江区	13.21	-0.69	12.52	需要
		贵溪市	16.31	-1.17	15.14	需要
		余干县	10.58	-1.95	8.63	需要

注：参照金艳的研究，确定 δ 的值为 0.5。

根据表 9 – 16 数据显示，上述信江流域各个研究区中，除了下游的月湖区外，其他各个研究区外部生态补偿标准均为正，这说明月湖区不需要进行外部补偿，而其他区域都需要进行外部补偿。

表 9 – 17　修河流域各研究区内部生态补偿估算

所属流域	所属区域	县（市、区）	PES_γ（亿元/年）	PES_δ（亿元/年）	外部补偿标准（亿元/年）	是否需要外部补偿
修河流域	上游	铜鼓县	31.18	0.55	31.73	需要
		修水县	27.59	2.66	30.25	需要
		宜丰县	32.01	-0.52	31.49	需要
	下游	武宁县	24.66	-0.78	23.88	需要
		永修县	22.46	-0.72	21.74	需要
		奉新县	24.72	-0.81	23.91	需要
		靖安县	18.56	-0.34	18.22	需要
		安义县	11.03	-0.60	10.43	需要
		新建县	7.95	-1.25	6.70	需要
		湾里区	5.02	-0.22	4.80	需要
		高安市	5.34	-1.74	3.60	需要

续表

所属流域	所属区域	县（市、区）	PES_γ（亿元/年）	PES_δ（亿元/年）	外部补偿标准（亿元/年）	是否需要外部补偿
修河流域	下游	瑞昌市	2.45	−0.84	1.61	需要
		濂溪区	−0.03	−0.62	−0.65	不需要
		浔阳区	−11.53	−0.67	−12.20	不需要
		柴桑区	3.91	−0.60	3.31	需要
		德安县	6.02	−0.31	5.71	需要
		都昌县	7.83	−1.49	6.34	需要
		湖口县	3.93	−0.54	3.39	需要
		彭泽县	8.54	−0.65	7.89	需要
		庐山市	9.92	−0.67	9.25	需要
		共青城市	3.88	−0.13	3.75	需要

注：参照金艳的研究，确定 δ 的值为 0.5。

根据表 9-17 数据显示，上述修河流域绝大部分地区的研究区外部生态补偿标准为正，这说明了上述地区都需要进行外部补偿；而修河流域下游个别研究区外部生态补偿标准为负，如濂溪区和浔阳区，说明这些地区的生态系统基本上为当地发展做出了巨大贡献，并且不需要进行外部补偿。

另外，从表 9-13、表 9-14、表 9-15、表 9-16 和表 9-17 中可以发现，高安市既是赣江流域的下游地区，也是修河流域的下游地区；宜丰县既是赣江流域的下游地区，也是修河流域的上游地区；南昌县既是赣江流域的下游地区，也是抚河流域的下游地区；乐安县既是赣江流域的下游地区，也是抚河流域的上游地区；余干县既是抚河流域的下游地区，也是信江流域的下游地区。

9.4 本章小结

本章以鄱阳湖流域为具体研究对象，从生态系统服务功能价值出发，结合居民意愿（支付意愿与受偿意愿）和区域经济发展水平等多维因素，构建鄱阳湖流域生态补偿研究单元内部、外部补偿模型，并以此为依据测算鄱阳湖流域内部和外部生态补偿标准。

表 9-13 数据显示，上述赣江流域的各个研究区基本上外部生态补偿标准为

正，这说明了都需要进行外部补偿。另外，在表 9-13 数据中还发现，仍然有个别地区不需要进行外部补偿，如吉州区、丰城市、东湖区、西湖区和南昌县，这说明这些地区的生态系统基本上为当地发展做出了巨大贡献，并且不需要进行外部补偿。表 9-14 数据显示，上述抚河流域上游地区的各个研究区外部生态补偿标准为正，这说明了上述地区都需要进行外部补偿；而抚河流域下游地区除金溪县外，其他各研究区外部生态补偿均为负，说明这些地区的生态系统基本上为当地发展做出了巨大贡献，并且不需要进行外部补偿。表 9-15 数据显示，上述饶河流域各个研究区中，除了上游的昌江区和珠山区外，其他各个研究区外部生态补偿标准均为正，这说明昌江区和珠山区不需要进行外部补偿，而其他区域都需要进行外部补偿。表 9-16 数据显示，上述信江流域各个研究区中，除了下游的月湖区外，其他各个研究区外部生态补偿标准均为正，这说明月湖区不需要进行外部补偿，而其他区域都需要进行外部补偿。表 9-17 数据显示，上述修河流域绝大部分地区的研究区外部生态补偿标准为正，这说明了上述地区都需要进行外部补偿；而修河流域下游个别研究区外部生态补偿标准为负，如濂溪区和浔阳区，说明这些地区的生态系统基本上为当地发展做出了巨大贡献，并且不需要进行外部补偿。

为了有效地提升鄱阳湖流域生态补偿水平及效果，推动建立和实施鄱阳湖流域生态补偿机制，可以从以下几个方面予以努力。第一，设立湖泊流域专项基金账户，做到专款专用。湖泊流域对我国生态环境的保护贡献巨大，中央及地方政府可以成立一个专用的基金账户，这一款项只能用于湖泊流域的保护。第二，补偿资金需要做到两个"优先"。补偿资金优先补偿具有更多生态盈余的研究单元，优先补偿居民在流域保护或资源开发过程中遭受的损失或者投入的成本。第三，要建立有差异的生态补偿标准，不搞"一刀切"。应该根据不同地区生态资源盈余程度及当地居民意愿程度等因素的不同，制定具有差异化的生态补偿标准，以确保有限的生态补偿资金能够获得最大的效用。第四，要深入系统研究鄱阳湖流域生态补偿的具体运作方式，采取多样化的生态补偿方式。对居民和当地政府的补偿方式不应局限于货币补偿，可以通过智力补偿、土地补偿、优惠的贷款政策等相结合的方式对居民进行补偿，以倾斜的货币或财政政策等相结合的方式对地方政府进行补偿。第五，加强资金投入的监管力度，确保投入的补偿资金能够发挥最大的效用。

第10章　鄱阳湖流域生态补偿空间优化研究

10.1　数据整理和模型构建

10.1.1　数据整理和数据分析

第9章的研究已经测算出赣江流域、抚河流域、信江流域、饶河流域和修河流域的内外部生态补偿标准，现在对第9章的研究结果进行整理，得到鄱阳湖流域各个研究区的内外部生态补偿标准，具体如表10-1和表10-2所示。

表 10-1　鄱阳湖流域各个研究区内部生态补偿标准

所属区市	县（市、区）	生态价值量（亿元/年）	生态补偿标准（亿元/年）	补偿/支付
南昌市	东湖区	26.48	-37.91	支付
	西湖区	32.00	-36.18	支付
	青云谱区	33.00	-23.54	支付
	湾里区	19.84	-13.33	支付
	青山湖区	26.00	-26.04	支付
	新建区	45.00	-16.84	支付
	南昌县	45.79	-71.99	支付
	安义县	33.06	-1.32	支付
	进贤县	10.56	-4.62	支付

续表

所属区市	县（市、区）	生态价值量（亿元/年）	生态补偿标准（亿元/年）	补偿/支付
景德镇市	昌江区	35.40	-57.82	支付
	珠山区	8.85	-78.10	支付
	浮梁县	150.44	90.28	补偿
	乐平市	44.25	-17.59	支付
萍乡市	安源区	31.00	-21.48	支付
	湘东区	27.00	-17.88	支付
	莲花县	42.07	-4.65	支付
	上栗县	55.00	-4.62	支付
	芦溪县	38.35	-13.32	支付
九江市	濂溪区	13.22	-23.44	支付
	浔阳区	1.32	-46.44	支付
	柴桑区	10.58	-15.55	支付
	武宁县	52.90	25.95	补偿
	修水县	59.51	31.81	补偿
	永修县	52.90	21.54	补偿
	德安县	15.87	-11.32	支付
	都昌县	17.19	-7.71	支付
	湖口县	13.22	-15.51	支付
	彭泽县	19.84	-6.30	支付
	庐山市	26.45	-3.53	支付
	瑞昌市	6.61	-18.48	支付
	共青城市	23.80	-15.62	支付
新余市	渝水区	65.00	-21.50	支付
	分宜县	55.02	-8.31	支付
鹰潭市	月湖区	2.43	-44.04	支付
	余江区	36.36	-15.25	支付
	贵溪市	48.62	-9.06	支付
赣州市	章贡区	72.01	19.10	补偿
	赣县区	81.44	25.37	补偿
	南康区	74.49	11.56	补偿
	信丰县	87.16	31.09	补偿

续表

所属区市	县（市、区）	生态价值量（亿元/年）	生态补偿标准（亿元/年）	补偿/支付
赣州市	大余县	60.94	12.20	补偿
	上犹县	57.49	15.83	补偿
	崇义县	81.80	37.85	补偿
	龙南县	71.10	16.78	补偿
	全南县	56.63	14.79	补偿
	宁都县	90.91	35.36	补偿
	于都县	97.72	35.59	补偿
	兴国县	96.67	41.26	补偿
	瑞金市	91.15	36.93	补偿
	会昌县	91.35	44.32	补偿
	石城县	58.90	18.98	补偿
	安远县	88.43	46.54	补偿
	定南县	59.00	15.75	补偿
	寻乌县	86.05	43.52	补偿
吉安市	吉州区	37.00	−32.33	支付
	青原区	43.00	−21.56	支付
	吉安县	53.62	−24.33	支付
	吉水县	58.04	−13.03	支付
	峡江县	50.98	−6.88	支付
	新干县	59.44	−6.05	支付
	永丰县	86.00	−0.06	支付
	泰和县	95.61	5.88	补偿
	遂川县	102.00	25.34	补偿
	万安县	61.05	2.22	补偿
	安福县	68.00	−15.54	支付
	永新县	76.95	8.13	补偿
	井冈山市	50.31	−6.60	支付
宜春市	袁州区	77.00	−14.99	支付
	奉新县	59.51	26.06	补偿
	万载县	68.09	−7.43	支付
	上高县	53.00	−13.66	支付

续表

所属区市	县（市、区）	生态价值量（亿元/年）	生态补偿标准（亿元/年）	补偿/支付
宜春市	宜丰县	135.38	42.19	补偿
	靖安县	39.67	13.74	补偿
	铜鼓县	66.12	38.99	补偿
	丰城市	72.31	−61.51	支付
	樟树市	61.01	−27.89	支付
	高安市	79.84	−28.28	支付
抚州市	临川区	11.48	−7.63	支付
	南城县	13.03	4.12	补偿
	黎川县	13.26	8.36	补偿
	南丰县	14.65	5.85	补偿
	崇仁县	8.22	−0.30	支付
	乐安县	64.83	8.59	补偿
	宜黄县	7.92	5.55	补偿
	金溪县	7.35	1.14	补偿
	资溪县	5.10	3.97	补偿
	东乡区	6.83	−0.46	支付
	广昌县	12.37	8.11	补偿
上饶市	信州区	2.43	−42.72	支付
	广丰区	121.54	15.14	补偿
	上饶县	97.23	36.55	补偿
	玉山县	133.69	65.90	补偿
	铅山县	60.77	12.24	补偿
	横峰县	72.92	11.75	补偿
	弋阳县	36.46	−10.00	支付
	余干县	36.92	−21.08	支付
	鄱阳县	17.70	−30.99	支付
	万年县	26.55	−26.78	支付
	婺源县	132.74	76.41	补偿
	德兴市	106.20	44.59	补偿

注：上述数据是根据第9章中表9-8、表9-9、表9-10、表9-11和表9-12的数据整理后获得。

从表10-1中可以发现，在鄱阳湖流域的所有研究区中，鄱阳湖流域的下游地区一般属于内部支付的区域，这是因为鄱阳湖流域水质和水量情况相对不错，下游地区享受到了上游环境保护带来的良好流域环境，因此，鄱阳湖流域下游地区大部分属于内部支付方。表 10－1 显示，鄱阳湖流域上游地区大部分属于内部受偿方，这是因为鄱阳湖流域上游地区为流域环境的不断改善做出了巨大努力，限制和禁止污染性的企业进入，这就使鄱阳湖流域上游地区发展动力受阻，因此，鄱阳湖流域上游地区理应成为流域生态补偿的受偿方。

表 10－2　鄱阳湖流域各个研究区外部生态补偿标准

所属区市	县（市、区）	PES_γ（亿元/年）	PES_δ（亿元/年）	外部补偿标准（亿元/年）	是否需要外部补偿
南昌市	东湖区	-2.76	-1.14	-3.90	不需要
	西湖区	-1.89	-0.95	-2.84	不需要
	青云谱区	4.43	-0.60	3.83	需要
	湾里区	5.02	-0.22	4.80	需要
	青山湖区	3.17	-0.98	2.19	需要
	新建区	7.78	-1.25	6.53	需要
	南昌县	-19.95	-2.00	-21.95	不需要
	安义县	11.03	-0.60	10.43	需要
	进贤县	-2.46	-0.02	-2.48	不需要
景德镇市	昌江区	-5.48	0.52	-4.96	不需要
	珠山区	-15.62	1.00	-14.62	不需要
	浮梁县	68.56	0.91	69.47	需要
	乐平市	14.63	-1.53	13.10	需要
萍乡市	安源区	5.45	-0.93	4.52	需要
	湘东区	7.25	-0.81	6.44	需要
	莲花县	13.87	-0.63	13.24	需要
	上栗县	13.88	-0.96	12.92	需要
	芦溪县	9.54	-0.60	8.94	需要
九江市	濂溪区	-0.03	-0.62	-0.65	不需要
	浔阳区	-11.53	-0.67	-12.20	不需要
	柴桑区	3.91	-0.60	3.31	需要
	武宁县	24.66	-0.78	23.88	需要
	修水县	27.59	2.66	30.25	需要
	永修县	22.46	-0.72	21.74	需要

续表

所属区市	县（市、区）	PES_γ（亿元/年）	PES_δ（亿元/年）	外部补偿标准（亿元/年）	是否需要外部补偿
九江市	德安县	6.02	−0.31	5.71	需要
	都昌县	7.83	−1.49	6.34	需要
	湖口县	3.93	−0.54	3.39	需要
	彭泽县	8.54	−0.65	7.89	需要
	庐山市	9.92	−0.67	9.25	需要
	瑞昌市	2.45	−0.84	1.61	需要
	共青城市	3.88	−0.13	3.75	需要
新余市	渝水区	5.45	−1.94	3.51	需要
	分宜县	12.04	−0.80	11.24	需要
鹰潭市	月湖区	−1.18	−0.56	−1.74	不需要
	余江区	13.21	−0.69	12.52	需要
	贵溪市	16.31	−1.17	15.14	需要
赣州市	章贡区	25.75	2.20	27.95	需要
	赣县区	28.88	2.57	31.45	需要
	南康区	21.97	2.60	24.57	需要
	信丰县	31.74	2.96	34.70	需要
	大余县	22.29	0.94	23.23	需要
	上犹县	24.11	0.97	25.08	需要
	崇义县	35.12	0.79	35.91	需要
	龙南县	24.59	1.02	25.61	需要
	全南县	23.59	0.83	24.42	需要
	宁都县	33.87	4.23	38.10	需要
	于都县	33.99	3.37	37.36	需要
	兴国县	36.82	4.26	41.08	需要
	瑞金市	34.66	2.78	37.44	需要
	会昌县	38.36	2.61	40.97	需要
	石城县	25.68	1.70	27.38	需要
	安远县	39.46	2.07	41.53	需要
	定南县	24.07	0.87	24.94	需要
	寻乌县	37.95	1.68	39.63	需要

续表

所属区市	县（市、区）	PES$_\gamma$（亿元/年）	PES$_\delta$（亿元/年）	外部补偿标准（亿元/年）	是否需要外部补偿
吉安市	吉州区	0.03	−0.88	−0.85	不需要
	青原区	5.41	−0.40	5.01	需要
	吉安县	4.03	−0.94	3.09	需要
	吉水县	9.68	−1.02	8.66	需要
	峡江县	12.76	−0.32	12.44	需要
	新干县	13.17	−0.59	12.58	需要
	永丰县	16.16	−0.96	15.20	需要
	泰和县	19.14	−1.08	18.06	需要
	遂川县	28.87	−1.23	27.64	需要
	万安县	17.30	−0.57	16.73	需要
	安福县	8.42	−0.76	7.66	需要
	永新县	20.26	−1.05	19.21	需要
	井冈山市	12.90	−0.41	12.49	需要
宜春市	袁州区	8.70	−2.54	6.16	需要
	奉新县	24.72	−0.81	23.91	需要
	万载县	12.48	−1.03	11.45	需要
	上高县	9.36	−0.75	8.61	需要
	宜丰县	48.98	−1.04	47.94	需要
	靖安县	18.56	−0.34	18.22	需要
	铜鼓县	31.18	0.55	31.73	需要
	丰城市	−14.56	−2.96	−17.52	不需要
	樟树市	2.25	−1.12	1.13	需要
	高安市	13.74	−3.48	10.26	需要
抚州市	临川区	−3.96	−0.05	−4.01	不需要
	南城县	1.91	−1.37	0.54	需要
	黎川县	4.03	−0.98	3.05	需要
	南丰县	2.77	1.47	4.24	需要
	崇仁县	−0.30	−0.01	−0.31	不需要
	乐安县	20.34	−2.76	17.58	需要
	宜黄县	2.63	−0.94	1.69	需要
	金溪县	0.42	−0.01	0.41	需要

续表

所属区市	县（市、区）	PES$_\gamma$ （亿元/年）	PES$_\delta$ （亿元/年）	外部补偿标准 （亿元/年）	是否需要 外部补偿
抚州市	资溪县	1.84	-0.38	1.46	需要
	东乡区	-0.38	-0.01	-0.39	不需要
	广昌县	3.90	-1.26	2.64	需要
上饶市	信州区	-0.52	1.29	0.77	需要
	广丰区	28.41	2.94	31.35	需要
	上饶县	39.12	2.50	41.62	需要
	玉山县	53.79	1.87	55.66	需要
	铅山县	26.96	1.32	28.28	需要
	横峰县	26.72	0.69	27.41	需要
	弋阳县	15.84	1.68	17.52	需要
	余干县	9.14	-1.96	8.18	需要
	鄱阳县	7.93	-2.87	5.06	需要
	万年县	10.04	-0.78	9.26	需要
	婺源县	61.63	1.09	62.72	需要
	德兴市	45.72	-0.73	44.99	需要

注：上述数据是根据第 9 章中表 9 - 13、表 9 - 14、表 9 - 15、表 9 - 16 和表 9 - 17 的数据整理后获得。

从表 10 - 2 中可以发现，在鄱阳湖流域的所有研究区中，绝大部分的研究区都需要进行外部补偿，这是因为鄱阳湖流域生态环境相对全国其他省（自治区、直辖市）而言，具有十分明显的生态优势。与此同时，江西省还不断加大对流域环境的保护力度，并制定了一系列环境保护措施和政策条例，例如，2018 年 1 月制定实施的《江西省流域生态补偿办法》，这些都为有效改善鄱阳湖流域水质和水量做出了巨大贡献。因此，江西省大部分地区理应作为外部生态补偿的受偿方。与此同时，我们还发现，在鄱阳湖流域的研究区中，有个别县（市、区）流域外部生态补偿标准为负，这主要是因为这些地区经济发展水平相对更高，良好的流域生态环境带来的效益已经在经济发展中得到了有效体现。因此，上述县（市、区）就不需要得到外部补偿。

10.1.2　研究方法和模型构建

（1）鄱阳湖流域生态补偿标准空间自相关性模型构建。本书采用全局 Moran's Ⅰ指数，对鄱阳湖流域生态补偿标准空间自相关性进行分析，具体如式

（10－1）所示。

$$I = m / \sum_{a=1}^{m} \sum_{b=1}^{m} Q_{ab} \times \sum_{a=1}^{m} \sum_{b=1}^{m} (y_a - \overline{y})(y_b - \overline{y}) / \sum_{a=1}^{m} (y_a - \overline{y})^2 \quad a \neq b \quad (10-1)$$

在式（10－1）中，m 表示鄱阳湖流域所涵盖的县（市、区），Q_{ab} 表示空间权重数值，y_a、y_b 分别表示处于位置 a 和位置 b 的观测数值，$\overline{y}$ 表示观测数值的平均值；I 表示全局 Moran's I 指数，该指数的区间范围为 [－1，1]，如果数值为 0，代表所研究内容在空间没有相关性；如果数值为正值，代表所研究内容在空间具有正相关性；如果数值为负值，代表所研究内容在空间具有负相关性。

（2）鄱阳湖流域生态补偿标准热点分析模型。本书采用局部自相关中的 G 系数（Gi*）作为分析方法，对鄱阳湖流域生态补偿标准进行热点分析，通过测度每一个观察单元与周围单元的聚类关系，衡量每个县（市、区）与周围县（市、区）生态补偿标准之间的关系。具体如式（10－2）所示。

$$Gi^* = \frac{\sum_{b=1}^{m} Q_{ab} y_b - \overline{y} \sum_{b=1}^{m} Q_{ab}}{S \sqrt{\dfrac{m \sum_{b=1}^{m} Q_{ab}^2 - (\sum_{b=1}^{m} Q_{ab})^2}{m-1}}} \quad (10-2)$$

式（10－2）中，Gi* 表示 Z 值，用来判断鄱阳湖流域生态补偿标准的热点和冷点；Z 值越大说明热点聚集越紧密，该区域为优先获得补偿区；反之则说明冷点聚集越紧密，该区域为优先支付区；S 表示标准差。其他变量都和前文一致，在此就不再赘述。

10.2 鄱阳湖流域生态补偿空间相关性分析

10.2.1 鄱阳湖流域内部生态补偿空间相关性分析

用 GeoDa 软件平台和收集到的数据，对鄱阳湖流域各研究区内部生态补偿标准进行空间自相关性研究，具体研究结果如表 10－3 和图 10－1 所示。

表 10－3 内部生态补偿标准全局 Moran's I 指数

Moran's I	S. D.	Z 值	P 值
0.4660	0.0674	7.0676	0.0010

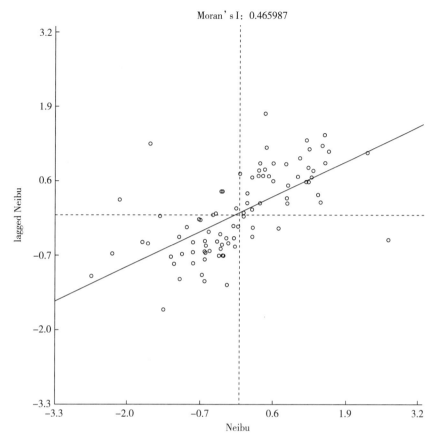

图 10 - 1　鄱阳湖流域各研究区内部生态补偿标准全局 Moran's Ⅰ 指数

从表 10 - 3 和图 10 - 1 中可见，鄱阳湖流域各研究区内部生态补偿标准全局 Moran's Ⅰ 值为 0.4660，P 值为 0.0010，这说明鄱阳湖流域各研究区内部生态补偿标准存在空间正相关性。鉴于此，可以在此基础上进行空间热点分析，以期探究出鄱阳湖流域需要内部优先补偿区域以及优先支付区域。

10.2.2　鄱阳湖流域外部生态补偿空间相关性分析

用 GeoDa 软件平台和收集到的数据，对赣江流域各研究区外部生态补偿标准进行空间自相关性研究，具体研究结果如表 10 - 4 和图 10 - 2 所示。

表 10 - 4　外部生态补偿标准全局 Moran's Ⅰ 指数

Moran's Ⅰ	S. D.	Z 值	P 值
0.4906	0.0645	7.7468	0.0010

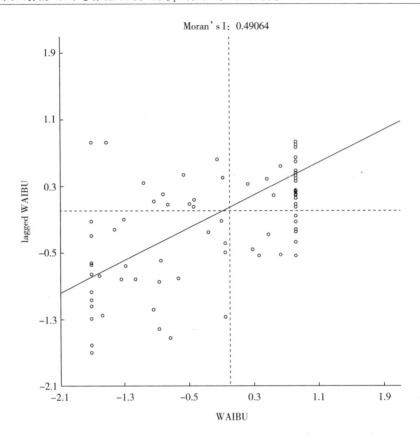

图 10 - 2　鄱阳湖流域各研究区外部生态补偿标准全局 Moran's Ⅰ 指数

　　从表 10 - 4 和图 10 - 2 可以看出，鄱阳湖流域各研究区外部生态补偿标准全局 Moran's Ⅰ 值为 0.4906，P 值为 0.0010，这说明鄱阳湖流域各研究区外部生态补偿标准存在空间正相关性。鉴于此，可以在此基础上进行空间热点分析，以期探究出鄱阳湖流域需要外部优先补偿区域以及优先支付区域。

10.3　鄱阳湖流域生态补偿空间热点分析

10.3.1　鄱阳湖流域内部生态补偿空间热点分析

　　本书根据上述研究结果，采用 ArcGis 软件，对鄱阳湖流域各研究区内部生态补偿标准进行空间热点分析，以确定鄱阳湖流域内部生态补偿空间优先级，以此为鄱阳湖流域生态补偿进一步优化提供理论依据，具体研究结果如表 10 – 5 所示。

从表 10 – 5 中可以发现，鄱阳湖流域所涵盖的县（市、区）在内部生态补偿标准方面既存在热点也存在冷点，热点意味着生态补偿标准高聚集区，说明存在内部生态补偿接受区；冷点意味着生态补偿标准低聚集区，说明存在内部生态补偿支付区。

表 10 – 5　鄱阳湖流域内部生态补偿受偿和支付情况

受偿/支付区	优先级	具体县（市、区）	GiZScore
受偿区	一级优先	于都县、会昌县、安远县、德兴市	> 2.58 Std. Dev.
	二级优先	瑞金市、寻乌县、婺源县	1.96 ~ 2.58 Std. Dev.
	三级优先	信丰县、南康区、兴国县、玉山县、修水县、铜鼓县	1.65 ~ 1.96 Std. Dev.
支付区	一级优先	东湖区、西湖区、青山湖区、青云谱区、新建区、南昌县、鄱阳县、进贤县	< – 2.58 Std. Dev.
	二级优先	湾里区、樟树市、安义县、余干县、乐平市、都昌县	– 2.58 ~ – 1.96 Std. Dev.
	三级优先	柴桑区、濂溪区、浔阳区、湖口县、丰城市、万年县	– 1.96 ~ – 1.65 Std. Dev.

注：一级优先意味着该区域的县（市、区）应该作为最优先受偿或者支付的区域，一级到三级优先强度依次下降。江西省其他县（市、区）既非优先支付区也非优先受偿区。GiZScore 大于 1.65 Std. Dev. 的区域称为热点区域，GiZScore 小于 – 1.65 Std. Dev 的区域称为冷点区域。

通过表 10 – 5 还可以发现，鄱阳湖流域内部生态补偿中受偿区域主要集中于鄱阳湖流域的上游地区，一级优先补偿区域有于都县、会昌县和安远县等，二级优先补偿区域有瑞金市、寻乌县和婺源县，三级优先补偿区域有信丰县、南康区和兴国县等；鄱阳湖流域内部生态补偿中支付区域主要集中于鄱阳湖流域下游地区，一级优先支付区域有南昌市的东湖区、西湖区、青山湖区等，二级优先支付区域有南昌市的湾里区、樟树市和安义县等，三级优先支付区域有柴桑区、濂溪区、浔阳区等。

10.3.2　鄱阳湖流域外部生态补偿空间热点分析

根据上述研究结果，采用 ArcGis 软件，对鄱阳湖流域各研究区外部生态补偿标准进行空间热点分析，以确定鄱阳湖流域外部生态补偿空间优先级，以此为鄱阳湖流域生态补偿进一步优化提供理论依据，具体研究结果如表10-6所示。

从表10-6中可以发现，鄱阳湖流域所涵盖的县（市、区）在外部生态补偿标准方面既存在热点也存在冷点，热点意味着生态补偿标准高聚集区，说明存在生态补偿接受区；冷点意味着生态补偿标准低聚集区，说明存在生态补偿支付区。

表10-6 鄱阳湖流域外部生态补偿受偿和支付情况

是否需要外部补偿	优先级	具体县（市、区）	GiZScore
需要	一级优先	于都县、会昌县、安远县、婺源县、德兴市、玉山县	> 2.58 Std. Dev.
	二级优先	信丰县、南康区、瑞金市、兴国县、寻乌县、上饶县、信州区、广丰区	1.96 ~ 2.58 Std. Dev.
	三级优先	上犹县、赣县区、章贡区、横峰县、铜鼓县	1.65 ~ 1.96 Std. Dev.
不需要	一级优先	东湖区、西湖区、青山湖区、青云谱区、南昌县、湾里区、进贤县	< -2.58 Std. Dev.
	二级优先	柴桑区、濂溪区、浔阳区、湖口县、都昌县、鄱阳县、庐山市、共青城市、安义县、余干县、丰城市、东乡区、崇仁县、金溪县	-2.58 ~ -1.96 Std. Dev.
	三级优先	德安县、临川区、南城县、南丰县	-1.96 ~ -1.65 Std. Dev.

注：一级优先意味着该区域的县（市、区）应该作为最优先受偿或者支付的区域，一级到三级优先强度依次下降。江西省其他县（市、区）既非优先支付区也非优先受偿区。GiZScore 大于 1.65 Std. Dev. 的区域称为热点区域，GiZScore 小于 -1.65 Std. Dev. 的区域称为冷点区域。

通过表10-6还可以发现，鄱阳湖流域外部生态补偿中需要接受补偿区域主要集中于鄱阳湖流域的上游地区，一级优先补偿区域有于都县、会昌县、安远县、婺源县等，二级优先补偿区域有信丰县、南康区、瑞金市等，三级优先补偿区域有上犹县、赣县区、章贡区等；鄱阳湖流域外部生态补偿中不需要接受补偿区域主要集中于鄱阳湖流域下游地区，一级优先不需补偿区域有东湖区、西湖区、青山湖区、青云谱区、南昌县等，二级优先不需补偿区域有柴桑区、濂溪区、浔阳区、湖口县、都昌县、鄱阳县等，三级优先不需补偿区域有德安县、临川区、南城县等。

10.4　鄱阳湖流域生态补偿对象优化分析

坚持按照"谁受益谁补偿""谁受损补偿谁"的原则，确定鄱阳湖流域内部和外部生态补偿的主体和客体。本书第9章通过构建模型分别计算得出了鄱阳湖流域内部和外部生态补偿标准，在此分别研究鄱阳湖流域内部生态补偿主客体、外部生态补偿主客体和鄱阳湖流域生态补偿方式。

10.4.1　鄱阳湖流域内部生态补偿主客体

10.4.1.1　鄱阳湖流域内部生态补偿主体

从补偿主体来看，各级政府和流域保护的受益者理应是流域生态补偿的主体。根据这一原则，补偿主体主要有地方政府、企业以及研究单元中的城镇居民等。

（1）流域中下游地方政府。在我国生态保护当中，政府一般通过法律、法规对环境进行保护。作为法律和法规的制定者，其限制了企业和个人（尤其是流域资源的天然拥有者——周边居民）的生产与生活，并对当地企业、个人的发展权利也进行了限制。例如，实施"退田还湖""禁渔期"以及限制或禁止在流域周边发展工业等，这一切都对流域周边居民、组织等的收入造成了一定影响。因此，地方政府应作为鄱阳湖流域生态补偿中最主要的补偿主体。我们从表10-5可以发现，内部补偿数值为负即为内部生态补偿主体，主要有鄱阳湖流域的中下游地区，如东湖区、西湖区、青山湖区、青云谱区、新建区、南昌县、鄱阳县、进贤县、湾里区、樟树市、安义县、余干县、乐平市、都昌县、柴桑区等。

（2）企业。自国务院正式批复《鄱阳湖生态经济区规划》以来，各级政府不断加强对鄱阳湖流域的保护，每年都会有大量游客前来观赏珍惜的野生动植物以及优美的流域风景，由于旅游业的发展能够为景区、餐饮、娱乐等企业带来较为可观的经济收益，即这类企业是流域保护的直接受益者。因此，这类企业也应该作为生态补偿主体之一。

（3）流域中下游居民。鄱阳湖流域主要有食物和原材料生产、涵养水源、调蓄洪水等生态功能。正是由于流域的生态功能，在城镇的居民才能够享受到流域保护所带来的良好生态环境，例如城镇居民享受到的较为优良的水质、新鲜的空气以及避免洪水带来的经济损失等，城镇居民在享受到这一流域资源带来的好处时，理应进行一定的生态支付。也就是说，城镇居民作为流域保护的直接利益者之一，也应该作为生态补偿主体之一。

10.4.1.2　鄱阳湖流域内部生态补偿客体

（1）流域上游地方政府。我们从表10-5可以发现，流域内部补偿数值为正，即为内部生态补偿客体。主要包括鄱阳湖流域上游地区，例如于都县、会昌县、安远县、瑞金市、寻乌县、信丰县、南康区、兴国县等。

（2）流域上游居民。在上游城镇的居民放弃了发展的机会，从而保护了流域生态环境进而带来的良好生态改善，使中下游流域居民享受到了流域保护所带来的良好生态环境。因此，流域上游地区城镇居民在付出了这一代价的同时，理应获得一定的生态补偿。也就是说，上游地区城镇居民作为流域保护的直接受损者之一，也应该作为生态补偿客体之一。

10.4.2　鄱阳湖流域外部生态补偿主客体

10.4.2.1　鄱阳湖流域外部生态补偿主体

（1）政府部门。公共部门主要包括政府部门和公共企业。政府是公共部门的最主要成员，代表全体人民的利益，是流域生态补偿的最主要力量。政府与其他补偿主体相比，拥有强大的资源动员能力。在中国的补偿资源构成中，政府始终扮演着十分重要的角色。但是，政府"包办"的补偿，无论是整体性开发，还是专项资金支持，最后都无法有效地确定真正的需要补偿的居民。因此，中国的生态补偿工作仅仅依靠政府的力量是不够的，还应该充分发挥其他社会组织的作用。

（2）私营部门。私营部门主要是指私人企业。私营部门可以利用鄱阳湖流域的资源通过直接开发和投资等方面，来对生态补偿产生积极的作用。例如，私营企业系统性规划与开发鄱阳湖流域的旅游资源，根据具体情况给予受损失的居民相应补偿的同时，也能够带动相关地区的居民旅游方面收入的提高。此外，私营部门还通过直接的捐赠等形式，对流域居民的生态补偿起了直接的补偿作用。

（3）国际组织。鄱阳湖流域是重要的流域，这里以其丰富的生态资源，成为世界上最大候鸟越冬栖息地。但是，在补偿资金方面由于鄱阳湖流域的价值较大，而我国又是一个发展中国家，人均收入水平较低，补偿资金对我国财政是一个巨大的压力。鉴于鄱阳湖流域在国际上的重要作用，而我国补偿资金相对不足的实际，必须积极利用与引入国际力量的援助来帮助流域地区解决生态补偿资金不足的问题，并学习国外较好的生态补偿资金优化的做法与经验。

10.4.2.2　鄱阳湖流域外部生态补偿客体

从表10-6可以发现，在所有的研究区当中，鄱阳湖流域上游地区有于都县、会昌县、安远县、婺源县、上犹县、赣县区、章贡区、信丰县、南康区、瑞金市等。以上区域都是鄱阳湖流域外部生态补偿客体，这是由于以上县（市、区）外部生态补偿标准都为正，因此，鄱阳湖流域所涉及县（市、区）基本上外部生态补偿标准皆为正。

10.5　鄱阳湖流域生态补偿方式优化分析

（1）不断加强鄱阳湖流域的生存补偿。对于一般的流域居民或以流域为主要收入来源的地区而言，进行生态补偿时政府应该首先关注居民的生存危机，即基本的生活与生产需要得到满足。因此，生态补偿方式首先应该从满足基本需要出发，通过生存补偿为居民提供基本的生活与生产条件。

（2）大力推进鄱阳湖流域的教育补偿。鄱阳湖流域范围内的补偿对象，尤其是居民，普遍文化水平不高，除了依靠流域资源，不能从事其他工作，教育是制约当地经济发展和居民家庭致富的重要因素之一。因此，教育补偿是鄱阳湖流域补偿的一个重要方面，是解决生态补偿的治本之策。流域居民尤其是鄱阳湖流域上游地区农户，绝大多数没有受过教育或受过很少的教育，生产能力和自身素质的低下导致他们没有能够从事可以获得社会平均收入的职业的机会。因此，要解决这部分居民的问题，使失去流域资源这一收入来源不会对其生活水平造成太大影响，关键在于发展教育。通过给每个人提供取得收入所需要的受教育机会，向他们传授知识和技术，提高其劳动技能、知识水平和自身素质，改变他们的劳动形态，从而帮助其摆脱仅以流域资源为主要收入来源的现状。

（3）重点推进鄱阳湖流域基础设施补偿。在鄱阳湖流域的一些地区，由于基础设施投入的严重不足，当地居民出行等受到了较大的影响。例如，赣江流域上游是赣州市，赣州市是原中央苏区的一部分，其中包括许多国家级贫困县，基础设施发展严重滞后，而这些地区为生态环境改善做出了巨大贡献，因此，应该在这些地区重点推进基础设施建设（公路、铁路等），以便为当地居民的生产生活以及推动旅游等服务收入的增加带来积极的作用。

（4）着力实施鄱阳湖流域安置补偿。国家和江西省不断增强对鄱阳湖流域的生态环境保护，政府施行了一系列政策，例如"退田还湖""休渔期"等，对以种植业和渔业为主要收入来源的居民产生了较大的影响。这样一来，他们就失去了赖以生存的经济支柱，笔者认为可以根据当地的具体情况迁移安置一批居民，在新的地区按照一定的比例对其农田进行置换，并且给予一定的政策上的扶持。

10.6 本章小结

本章采用 GeoDa 软件平台，对鄱阳湖流域各研究区内部生态补偿标准进行了空间自相关性研究，从表 10 - 3 和图 10 - 1 可知，鄱阳湖流域各研究区内部生态补偿标准全局 Moran's I 值为 0.4660，P 值为 0.0010，这说明鄱阳湖流域各研究区内部生态补偿标准存在空间正相关性。本章也对赣江流域各研究区外部生态补偿标准进行了空间自相关性研究，从表 10 - 4 和图 10 - 2 可知，鄱阳湖流域流域各研究区外部生态补偿标准全局 Moran's I 值为 0.4906，P 值为 0.0010，这说明鄱阳湖流域各研究区外部生态补偿标准存在空间正相关性。

通过表 10 - 5 可以发现，鄱阳湖流域内部生态补偿中受偿区域主要集中于鄱阳湖流域的上游地区，一级优先补偿区域有于都县、会昌县和安远县等，二级优先补偿区域有瑞金市、寻乌县和婺源县，三级优先补偿区域有信丰县、南康区和兴国县等；鄱阳湖流域内部生态补偿中支付区域主要集中于鄱阳湖流域下游地区，一级优先支付区域有南昌市的东湖区、西湖区、青山湖区等，二级优先支付区域有樟树市、安义县和余干县等，三级优先支付区域有柴桑区、濂溪区、浔阳区等。通过表 10 - 6 可以发现，鄱阳湖流域外部生态补偿中需要接受补偿区域主要集中于鄱阳湖流域的上游地区，一级优先补偿区域有于都县、会昌县、安远县、婺源县等，二级优先补偿区域有信丰县、南康区、瑞金市等，三级优先补偿区域有上犹县、赣县区、章贡区等；鄱阳湖流域外部生态补偿中不需要接受补偿区域主要集中于鄱阳湖流域下游地区，一级优先不需补偿区域有东湖区、西湖区、青山湖区、青云谱区、南昌县等，二级优先不需补偿区域有柴桑区、濂溪区、浔阳区、湖口县、鄱阳县、安义县等，三级优先不需补偿区域有德安县、临川区、南城县等。

第11章 生态补偿国际经验及借鉴

11.1 国际生态补偿的发展历程

从世界范围来看，自 20 世纪 50 年代以来，生态补偿问题开始被越来越多的国家认识并付诸实践。作为一种能产生经济、社会和生态效益的生态资源管理模式，生态补偿受到了各国政府的普遍关注，并取得了较好的成果。

由于社会制度的差异性和发展水平的非同步性，目前世界各国的生态补偿表现出很大的不同，但按照完善程度大致可分为两种类型。

第一种类型为成熟型生态补偿，主要存在于以美国、英国和法国为主的发达国家。由于发达国家经济率先起飞，其环境政策的发展过程可以看作是世界环境政策发展的缩影。整体来看，发达国家环境政策的发展大致经历了三个阶段。第一阶段是 20 世纪 50~70 年代，该阶段环境政策以"单一方式"（政府命令和控制）为主。这一阶段主要由政府推动，采用法规、标准、市场准入等方式对生态环境进行管理与保护。第二阶段是 20 世纪 80 年代，该阶段环境政策以"双重方式"（命令与控制手段和经济手段）为主。在这一阶段，发达国家在政府行政命令的基础上，逐步采用税收、押金、补贴、可交易配额等经济方式对生态环境进行管理与保护，并取得了较好的效果。第三阶段是 20 世纪 90 年代至今，该阶段环境政策以"混合方式"为主。这一阶段，政府在行政命令和市场经济作用的基础上也日益重视与企业的沟通，多种沟通方式（环境协议、对话等）不断被设计出来并得到了企业的积极响应，进而以此对生态环境进行管理与保护。

第二种类型为发展型生态补偿，主要存在于包括中国在内的发展中国家。由于传统环境污染问题没有根本解决，一些国家的环境污染和生态破坏的现象屡有发生。同时，亚洲的发展中国家在贸易方面还面临发达国家越来越严格的环境壁垒。与发达国家相比，大部分发展中国家的环境政策正处于发展和变革之中，政策体系尚不完善，主要表现为以下三个方面。首先，发展中国家虽然相继引入众多的环境法规和标准，但依然不同程度上存在环境标准过严、环境执法不力的情况。其次，许多发展中国家积极引进和采用经济手段来保护环境，但由于市场发育不充分并缺乏经验，应用效果并不十分理想。最后，发展中国家也开始尝试采用相互沟通方式，但由于执行难度大，环境保护政策往往不能付诸实施。例如，在中国实行的企业环境目标责任制度类似于环境协议制度，但该协议的大部分内容不是企业自愿提出的，同时也较少考虑政策是否符合实际以及企业或消费者是否具有相应承受能力，导致实施起来非常困难。

11.2 国际生态补偿实践与启示

国际上"生态补偿"比较通用的概念是"生态或环境服务付费"（Payment for Ecological/Environmental Services，PES），其基本内涵与中国的生态补偿机制概念十分相似。其中，生态服务功能是其核心、付费是手段，调整的也是在生态服务功能供给和消费中的不同利益相关者的生态保护成本分担和经济利益分配关系。

11.2.1 国际生态补偿的主要领域

从相关政策及实践的领域看，国际生态补偿主要集中在森林保护及植树造林、与农业活动相关的生态保护、流域综合管理、资源开发中的生态保护等领域。

森林是陆地上最重要的生态系统，各国实施生态服务付费的具体案例绝大部分是围绕森林的环境服务展开的，且多以市场机制为基础。Landell-Mills 等发表的《银弹还是愚人金——森林环境服务及对贫困影响的市场开发的全球展望》文章显示，世界上现已有 287 例森林环境服务交易，这些案例并非仅集中于发达地区，而是遍布美洲、加勒比海、欧洲、非洲、亚洲以及大洋洲的多个国家或地区，涉及政府购买、私人交易、开放的市场贸易及生态标记四种环境服务交易类型。其中，碳储存交易 75 例、生物多样性保护交易 72 例、流域保护交易 61 例、景观美化交易 51 例，还有 28 例属于综合服务交易。对于森林生态系统的补偿，主要通过碳蓄积与储存、生物多样性保护、景观娱乐文化价值实现等途径进行。欧洲排放交易计划（EU‑ETS）与京都清洁发展机制是目前两个最大的、最为人们所了解的碳限额交易计划（刘丽，2010）。

在农业生产中的生态环境保护方面，瑞士、美国通过农业立法，采取补偿退耕、休耕等措施来保护农业生态环境。20 世纪 50 年代，美国政府实施了"保护性退耕计划"，20 世纪 80 年代实施了"保护性储备计划"，这相当于荒漠化防治计划。纽约州曾颁布《休依特法案》，规定由政府出资收购破产农场并退耕还林，将失业的农民吸收为林场工人以恢复森林植被。在这些计划和法案的实施过程中，政府为由此对当地居民造成的损失提供补贴（或补偿）是一项重要内容。欧盟也有类似的政策和做法。

流域保护服务可以分为水质保证、水量保持和洪水控制三个方面。尽管这三种服务相互关联，但通常具有不同的受益人。对这三种流域服务的公共补偿，都有利于上游保护者，特别是上游较贫困居民。在流域生态补偿方面，比较成功的案例包括纽约水务局通过协商确定流域上下游水资源与水环境保护的责任与补偿标准；南非将流域生态保护与恢复行动和扶贫有机地结合起来，每年投入约 1.7 亿美元雇用弱势群体来进行流域生态保护，以改善水质并增加水资源供给；澳大利亚利用联邦政府的经济补贴，推进各省的流域综合管理工作等。

在矿产资源开发的生态补偿方面，美国和德国的做法相似。美国将矿区的生态环境治理分为立法前和立法后两种，对于立法前的历史遗留的生态破坏问题，由国家通过建立治理基金的方式组织恢复治理，而对于法律颁布后出现的矿区生态环境破坏，一律实行"谁破坏、谁恢复"并由开发者负责治理和恢复。这便明确了矿区生态损害与恢复治理的责任。德国是由中央政府（75%）和地方政府（25%）共同出资并成立专门的矿山复垦公司负责生态恢复工作（徐中民等，2000）。

在生物多样性保护方面，补偿类型包括购买具有较高生态价值的栖息地、承担使用物种或栖息地的补偿、生物多样性保护管理补偿、支持生物多样性保护交易、限额交易规定下可交易的权利。总体而言，国外生物多样性等自然保护的生态补偿基本上是通过政府和基金会渠道进行的，有时则与流域、农业和森林等的补偿相结合。

11.2.2　国际生态补偿的主要方式

目前在国际上，生态服务付费的方式可以分为两大类，一类是以政府（公共支付）为主导，另一类是以市场为主导，包括自行组织的私人交易、开放的市场贸易和生态标记等。

11.2.2.1　以公共支付为主导的生态补偿方式

公共支付主要是指由政府购买社会需要的生态环境服务，然后提供给社会成员。无论从支付规模还是从应用的广泛程度来说，公共支付都是购买生态环境服务的主要形式。购买资金可能来自公共财政资源，也可能来自有针对性的税收或政府掌控的其他资源（如国债和国际上的援助资金等）。现以墨西哥和美国为例，对该种补偿方式进行详细阐述。

2003 年，墨西哥政府成立了一个价值 2000 万美元的基金用于补偿森林提供的生态服务，补偿标准是对重要生态区森林保护每年每公顷支付 40 美元，对其他地区森林保护每年每公顷支付 30 美元。

另一案例为美国德尔塔水禽协会承包沼泽地计划（任勇等，2008）。德尔塔水禽协会是一个私人性质的主要致力于保护北美野鸭的非营利性组织。1991 年，该协会实施了一项创新计划，该计划让动物爱好者和环境保护人士承包沼泽地。协会认为，应该使农场主有积极性保留沼泽地才能使野鸭得到生存。这项计划是由该协会与农场主约定，用付租金的方式让动物爱好者和环境保护人士承包这些私有土地上的沼泽地，从而保护沼泽地周围的巢穴，进而使野鸭拥有良好的生存环境。按照合同规定，承包人分别按每年每公顷约 17 美元和 74 美元付给农场主沼泽地保护费和野鸭栖息地修复费。同时合同还规定按野鸭的产量付钱，这样就给了农场主保护沼泽地，特别是保护野鸭巢穴的动力。该项目执行 4 年后，取得了良好的效果，承包点的数量从 1991 年的 40 个增加到 1994 年的 1400 个，为各种野鸭提供了安全的栖息地，使这些地区很快恢复为北美的野鸭产地。这一案例并不是严格意义上的以政府为主导的补偿模式，之所以把它列入这一范畴，是由于德尔塔水禽协会并不是保护沼泽地的直接利益相关者，它实际上是一个公共利益的代言人，承担了部分政府应当承担的责任。

11.2.2.2 以市场为主导的生态补偿方式

（1）自行组织的私人交易。自行组织的私人交易是指生态环境服务的受益方与提供方之间的直接交易。该补偿方式最为典型的案例是法国皮埃尔矿泉水公司补偿案，由于该公司取水水源位于农业比较发达的流域，农药超标、富营养化等问题严重威胁到公司赖以生存的蓄水层。公司发现，如果在某些比较敏感、脆弱的渗透区，通过资助农民建立现代化设施、鼓励农民采用有机农业技术或培育森林来保护水源，比建立过滤厂、寻找新的水源地在成本上更加有效。因此，公司以高于市场的价格吸引土地所有者出售土地，投资了约 900 万美元购买了水源区 1500 公顷的农业用地，并承诺将土地使用权无偿返还给那些愿意改进土地经营方式的农户。同时公司与那些同意将土地转向集约程度较低的乳品业和草场管理技术的农场签订了 18 ~ 30 年的合约，该合约规定公司每年向每个农场按每公顷土地 320 美元的价格并连续支付 7 年补偿。与此同时，公司还为新的农场设施购置和现代化农场建设支付费用，并向农场免费提供技术支持。项目实施前后的监测结果显示，该公司通过私人交易的方式成功地减少了非点源污染。

（2）开放的市场贸易。当生态服务市场中的买方和卖方的数量比较多或不确定，而生态系统提供的可供交易的生态环境服务是能够被标准化为可计量的、可分割的商品形式（如地下水盐分信贷、温室气体抵消量等）时，就可以通过开放的市场对生态服务进行自由交易。哥斯达黎加开展的 CTO 交易是一个典型的市场贸易案例。CTO 代表一定量的温室气体释放物，这些释放物用减少的或被吸收的碳当量来表示。在国际市场进行 CTO 贸易时，当一个外国投资者通过开展林业保护或重新造林的方式购买了一定量的 CTO，就相当于为当地政府的森林保护提供了支持。哥斯达黎加政府通过 CTO 贸易从国际市场上寻求政府在生态环境保护方面的财政支持。1996 年哥斯达黎加做成第一笔 CTO 交易，以 200 万美元的价格卖给挪威 20 万个 CTO 单位（相当于抵消 20 万吨碳排放）。同年，哥斯达黎加还启动了"森林环境服务支付"（FESP）项目，项目中规定要对植树造林支付一定费用作为补偿，但是所种植树木要按照国际标准严格认证。

（3）生态标记。生态标记是间接支付生态环境服务的价值实现方式。因为如果消费者愿意以高一点的价格购买经过认证是以生态环境友好方式生产出来的商品，那么消费者实际上支付了商品生产者随着商品生产而提供的生态环境服务。推行生态标记的关键，是要建立起能赢得消费者信赖的认证体系，因此认证制度常常被当作是一种对生产者和消费者的激励机制来使用。欧盟生态标签体系的构建就是生态标记的具体体现。为鼓励在欧洲地区生产及消费"绿色产品"，欧盟于 1992 年构建了生态标签体系，初衷是希望把各类产品中在生态保护领域的佼佼者选出并予以肯定与鼓励，从而逐渐推动欧盟各类消费品的生产商进一步加强生态保护，使产品从设计、生产、销售到使用，直至最后处理的整个生命周期内都不会对生态环境造成危害。生态标签同时提示消费者，该产品是欧盟认可的并鼓励消费者购买的"绿色产品"，符合欧盟规定的环保标准。如果生产商希望获得欧盟生态标签，必须向欧盟各成员国指定的管理机构提出申请，完成规定的测试程序并提交规定的环保性能测试数据（如自然资源与能源节省情况、"三废"排放情况及废物和噪声排放情况等），证明产品达到了生态标签的授予标准。欧盟积极通过各种途径向消费者推荐获得欧盟生态标签的产品和生产商，使之获得消费者的注意以及扩大其知名度。在之后的调查发现，即使获得生态标签认证产品的价格稍高于常规产品，75% 的消费者仍倾向于购买具有生态标签的产品，这可以看作是对生态环境服务的间接购买。

11.2.3　生态补偿实践经验和启示

由于国情不同，国际上不同的国家对生态补偿的做法也不尽相同，各有侧重，但国际上很多生态补偿的成功经验对我国进行生态补偿研究与实践有重要的启示。

第一，国际生态补偿取得成功的主要原因在于：一是大多数国家产权制度比较完善，有利于利用市场机制进行补偿；二是政府支付能力较强，能够对重要的生态服务进行购买；三是法律法规比较完善，很多资源开发的外部成本能够内部化；四是社会参与协商机制较为成熟，能够在生态补偿政策实施中真正反映各利益相关者的立场。这些经验对中国有直接的借鉴意义，当然由于社会经济条件，特别是市场经济发育程度的不同，中国不能对国际上的有些做法进行简单的复制。

第二，国际上实现生态服务付费主要包括公共支付手段和市场手段两种模式。两者各有其适用的条件，也各有利弊，是相辅相成的关系，中国可以进行移植、改革和应用。国际经验表明，公共支付模式适用于典型公共物品的情况，生态功能服务面大、受益人数多或难以准确界定。但该模式有两大风险：一是因为信息不对称，公共支付可能支付了高于实际所需的费用；二是官僚体制本身的低效率、腐败的可能性以及政府预算优先领域的冲击，都可能影响公共支付模式的实际效果。市场手段适用于生态服务功能较容易被量化和标准化，受益主体少且易于被界定等情况。最大的优点是补偿效率高，交易成本较低。但同时市场化模式的适用条件要求严格，并且要有良好的市场环境和管理制度支撑，另外达成协议的交易成本可能是最大的挑战。中国在重要生态功能区和主要流域的生态补偿中，政府处于主导地位，但也不妨在适当的环节充分利用市场为主导的方式（如利益相关者的参与及协商），以保证公共支付政策的长期有效性。对于一些中、小流域上下游之间的补偿，或是以市场贸易手段实现的补偿，市场可以起主导作用，但政府应该在市场培育、制度完善等方面发挥作用，同时加强对交易过程的监管。

第三，国际上公共支付模式是开放和灵活的。公共支付的一个重要特征是主要资金来源于政府或其他公共部门，但其运行机制不是公共部门独家封闭运作，而是开放和灵活的。美国德尔塔水禽协会承包沼泽地计划等案例有四个方面的经验值得中国学习借鉴。首先，除了公共资金之外，可以广泛吸引社会资金参与到补偿中来。其次，补偿标准的确定应该以市场机制为基础，并随着市场情况的变化而不断调整。再次，非政府组织或中介机构参与具体补偿计划的实施，这样有利于克服官僚体制运作的低效率和腐败等问题。最后，补偿对象广泛而深入地参与，对确定合理的补偿标准和确保补偿计划顺利实施有重要意义。

第四，重视生态标记的作用。生态标记不是直接意义上的生态补偿，但是公众以超出一般产品的价格购买和消费以环境友好方式生产的产品，实际上购买了附加在这些产品上的生态服务功能的价值，是对生产这类产品所付出的保护生态环境的额外成本进行的间接补偿。

11.3　国际生态补偿政策与启示

11.3.1　欧盟生态补偿政策内容

随着市场化的发展与农业技术革新，在过去半个多世纪，欧盟的农业生产力有了较大发展。但是欧盟的农业发展是以自然资源消耗、农药和化肥的大量施用为代价，这导致了土壤与水源的污染，并使一些重要的生态系统遭到破坏。因此，生态环境问题日渐突出是欧盟启动生态补偿政策的重要原因。除此之外，还有两个关键因素对欧盟的生态补偿政策起到了重要的推动作用，一个是自 20 世纪 70 年代中期以来的农业生产过剩问题，另一个是农村的贫困化与低就业率。启动补偿政策在改善环境的同时，实际上在一定程度也可以增加农民收入（万本太等，2008）。下面就欧盟生态补偿的执行机构、补偿对象选择、补偿标准确定等一一进行阐述。

（1）职能机构。欧盟针对农业环境政策的制定、修改、管理和执行有一个专门的职能机构，该机构根据其立法和执行方面的集权程度分为三类，分别为联邦政府形式、区域分管形式和中央集中管理形式。目前欧盟已经执行的 68 个农村发展计划中，有超过 80 个国家性质的专业机构涉及其中（刘丽，2010）。

（2）对象选择。欧盟的生态补偿项目大部分都是开放性的，但也有些项目并不对申请者完全开放。对于开放性项目的申请，主要包括两个部分（A 部分和 B 部分）。申请的 A 部分是为申请做准备，主要是验证相关计划、优先权、措施并提供一些与申请相关的资料。申请的 B 部分则是对所申请项目情况进行详细阐述。申请人必须完成这两个部分后才能使申请有效，同时当该申请被专门职能机构接收到之后才被认为完成。项目的申请一般存在竞争，当申请者的申请一旦被接收，它将服从于一个评选的过程（该过程是完全公平、公开的），并且相关职能机构会与申请者联系并对他的申请进行讨论，申请者要解决申请过程中的任何疑问。在此之后，申请者会被通知他的项目是否申请成功。

（3）标准确定。目前，欧盟的生态补偿标准因所处位置、环境条件、补偿措施等的不同而不同。对于究竟如何确定生态补偿标准还未达成一致，但主要有两种观点。一种观点来自欧盟北部与中西部的一些成员国和机构，其认为应该按照环境保护措施所提供的生态系统服务功能价值作为补偿标准，表 11-1 给出了德国巴伐利亚州农业景观项目的补偿标准。另一种观点认为，生态补偿标准应该以环境保护所投入的成本为基础，即以某项保护措施所花费的各项费用总和作为补偿标准确定的依据。

表 11-1 巴伐利亚州农业景观项目的补偿标准

序号	措施名称	补偿标准
1	整个农场内采用生态农业的耕作方式	255~560 欧元/公顷
2	有利于环境保护的耕作措施	25 欧元/公顷
3	草场的粗放利用	125 欧元/公顷
4	水体与敏感性草带附近禁用化肥和农药	360 欧元/公顷
5	稀植果园（每公顷最多 100 棵果树）	5 欧元/棵、最多 340 欧元/公顷
6	退耕还草	500 欧元/公顷
7	牲畜粪便的合理处理	1 欧元/立方米

注：根据相关文献整理（刘丽，2010）。

（4）范围和目标。欧盟的生态补偿范围非常广泛，包括森林、流域、矿产开发、生物多样性保护等。但在不同的成员国因国情差异也有一定的区别。以苏格兰为例，苏格兰生态补偿的主要目的是生物多样性维持和景观保护，大体可划分为九大类：一是高生物多样性区保护项目；二是鸟类保护项目；三是高沼泽地管理计划；四是湿地景观保护项目；五是林地和灌木丛管理项目；六是农田管理项目；七是农田边缘管理项目；八是历史文化遗迹保护项目；九是小区域保护项目。每大类又分若干个子项目，共计 33 个子项目。为对有意参加生态补偿项目的农场主提供必要的信息，在政府网站上详细给出了每个子项目的情况。欧盟生态补偿政策的目标也较为宽泛。1991 年 11 月 7 日阿尔卑斯国家（包括法国、德国、奥地利、意大利、列支敦士登和瑞士）在奥地利签署了《阿尔卑斯协定》，其目的是保护阿尔卑斯地区的生态环境和实现可持续发展。

（5）制裁方式。成功申请生态补偿项目的申请者必须确保其有能力按照计划执行并实施其申请的项目。如果申请者意识到他不能够完成生态补偿计划合约的任一部分，就应该以书面形式立即通知当地的政府或相关职能机构，给出一个对情况的完整解释并附带所有对情况解释具有支撑性的材料。如果政府或相关职能机构没有事先被告知，而在检查中被发现项目不能按计划进行，政府或相关职能机构就要对申请者进行制裁。制裁方式主要包括五种，其分别是终止任务、对应付的资金预扣所得税、返回支付额及利息、补助金的 10% 作为额外的惩罚、两年之内不准参加其他的环境项目。在特殊的情况下，如严重的自然灾害、强制购买订单以及建筑物的意外破坏等导致项目不能按计划进行，政府或相关职能部门可以考虑不采取制裁措施。

（6）评估和监测。对于政策的制定、计划和预算分配的调整，欧盟已经确立一个综合的中期评估报告，每一个成员国每年必须呈递他们对环境保护措施的评估报告。在报告中，成员国需要提供报告的评估机构并对区域性的生态补偿政策实施效果做一个完整的环境评价。报告内容集中在区域性措施的上限调整、合约的数量、受益人的数量、覆盖的区域面积、财政的支出、撤销、结账、超支、支出的调整、基金之间的转移。欧盟的规则规定所有的申请全部要进行行政上的核查，并且每年随机抽查5%的申请者，这一工作是由环境保护领域的专业调查者完成的。欧盟对每项工程都设定有具体的监测指标，包括财政和非财政的指标，按该指标收集到的所有信息都要报到欧盟、监测委员会、相关职能机构及其他的组织。

11.3.2 易北河流域的生态补偿政策

易北河贯穿德国和捷克共和国，其上游位于捷克共和国，中下游位于德国。1980年以前从未开展过流域整治工作，因而水体污染严重，水质日益下降。1990年，德国和捷克共和国达成双边协议，采取措施共同整治易北河。

（1）成立双边合作组织。为长期减少易北河流域两岸污染物的排放、改良农用水灌溉质量并保持易北河流域的生物多样性，协议规定成立由两个国家专业人士共同参加的双边合作组织。双边合作组织由8个专业小组构成，包括行动计划小组、监测小组、研究小组、沿海保护小组、灾害小组、水文小组、公众小组和法律政策小组。其中，行动计划小组负责确定、落实目标计划；监测小组负责确定监测参数、频率，并建立数据网络；研究小组主要研究采用何种经济、技术、法律等手段保护环境；沿海保护小组主要解决物理方面对环境的影响；灾害小组预警污染事故，解决化学污染事故，使危害减少到最低程度；水文小组主要收集水文资料数据；公众小组从事宣传工作，定期出公告，报告双边工作组织工作情况和研究成果；法律政策小组负责建立法律保障机制。

（2）制定分步实施目标。双边合作组织分别制定了短期、中期和长期分步实施目标。其中，短期目标（到1991年）是要制定并落实近期整治计划；使易北河上游水质污染程度降低；筹集拟建七个国家公园的启动资金。中期目标（到2000年）是使易北河上游的水质经过滤后符合饮用水标准；河内有害物质达标，河水可用于农用灌溉；河内鱼类能达到食用标准。远期目标（到2010年）是使易北河淤泥可作为农业用料；生物多样化水平显著提升。

（3）环境改善经费来源。易北河流域整治的经费主要来源于四个方面。一是排污费，是指居民和企业排放污水所缴纳的费用，该笔费用统一交给污水处理厂，污水处理厂按一定的比例保留一部分后上交国家环保部门；二是财政贷款，该笔经费主要是德国政府或捷克共和国政府对流域整治项目实施所发放的贷款；三是补偿资金，主要是易北河下游地区对上游保护易北河生态环境所做出的经济补偿；四是研究经费，政府或相关组织对易北河用于科学研究方面的资金。据统计，2000年德国环保部拿出900万马克给捷克共和国用于建设捷克与德国交界的城市污水处理厂。

经过两国近30年的整治，目前易北河水质已大大改善，基本达到饮用水标准。易北河流域两岸建成了200个自然保护区，在自然保护区内禁止建房、办厂或从事集约农业等影响流域环境保护的活动。易北河流域两岸还兴建了七个国家公园，占地1500平方公里。另外，德国在三文鱼绝迹多年的易北河中投放鱼苗并取得了可喜的成绩。

11.3.3 美国土地保护储备政策

保护储备政策，又名保护储备计划（CRP），是美国旨在水土保持和环境保护的生态补偿政策，是美国最大的保护计划。现就保护储备计划的运作过程和实施方案进行简要介绍。

（1）保护储备计划的运作过程。保护储备计划提供年度租金、特定活动的激励金及在适宜庄稼地上种植被批准的保护层的成本补贴。它的运作分为国家、州和土地所有者三个层次。

国家层次：保护储备计划由农业服务局负责实施，农业服务局为运行计划制定全部政策，同时对招投标进行管理，支付农民租金和保护措施费用。自然资源保护服务机构提供技术支持，甄别所申请的土壤自然状况和侵蚀状况是否符合进入保护储备计划的要求，并应农民的要求帮助其制订工作计划、实施保护措施以及检查土地保护层的进展情况。其他联邦机构，例如州合作研究机构、教育推广服务机构、森林服务机构、美国鱼类和野生动物服务机构，提供教育和推广服务、技术援助和实施保护储备计划的专业知识。

州层次：每个州都有农业服务局和自然资源保护服务机构，其负责实施有关土地休耕保护计划。每个州的技术委员会为农民是否参与土地休耕计划提供大量的指导。地方选举产生的县农业委员会对保护计划在县级水平的实施提供支持。

土地所有者层次：土地所有者和农场经营者通过提供用来休耕的特定土地来参与保护储备计划。到2002年1月，在保护储备计划登记的有1363.8万公顷，有超过37万农民订立56万多份的有效合同，这表明土地所有者非常积极参加保护储备计划。

（2）美国土地休耕补偿的实施。一是设定保护目标和区域。为达到多重环境保护目标和实现成本效益最大化，美国农业部提出并制定了"环境收益指数"，用以评估所申报的每块土地的环境属性。美国土地休耕的主要目标有地表水质的改进、地下水质的改善、土壤生产力的改良等，所设定的保护区域主要为公认水质较差区域内的土地、拥有大面积树木的土地以及由国会指定的保护优先区域内的土地等。二是政府获得租用权。对农场经营者停止利用土地进行农作物生产的机会成本的补偿，是调动农场经营者参与美国土地休耕计划积极性的经济基础。如果没有这种补偿，并且没有管制利用土地进行农作物生产的法律规定，那农场经营者就不可能参与土地休耕的活动。1985 年现代保护储备计划被批准后，政府与土地所有者就最高可接受租金进行了谈判，并以谈判双方认可的租金作为补偿标准，政府进而获得土地的租用权。三是防止休耕土地的"耕地反弹"。1985 年出台的《食品安全法案》（以下简称《法案》）对保护储备计划的实施有一定帮助，该法案是调节农业土地商业利益和环境效益的杠杆，其能够有效保障休耕土地的"耕地反弹"和避免高度侵蚀土地的扩大。根据《法案》规定，农场经营者如果没有制定防治土壤侵蚀方案而在高度侵蚀土地上耕种或改变土地用途（如将湿地开垦为耕地），他们将不能享受农业政策的惠益。四是评估保护储备计划的成本和收益。1996 年《公平法案》12866 号执行令要求对保护储备计划的经济重要性进行评估。收益、成本和环境风险被同时用于分析保护储备计划在经济、环境和预算方面的影响。评估显示，休耕土地每年产生 20 亿～27 亿美元环境净收益，每年增加 58 亿～76 亿美元的净农业收入。

11.3.4　荷兰高速公路补偿政策

荷兰高速公路建设对动植物栖息地的影响很大，造成了动植物栖息地的退化和分割，并使动植物受伤或消亡。因此，需要对高速公路建设造成的破坏进行补偿。通常来说，补偿取决于两个方面，一是公路建设所影响区域物种的状况，二是补偿地点与项目开发地点的距离。现就荷兰高速公路补偿政策的立法、政策实行和监督情况进行简要介绍。

（1）立法情况。荷兰到目前为止还没有一部法律保障生态补偿的实施。这就导致生态补偿措施只能建立在自愿的基础上，通过相关团体的共识来达成。由于市政当局负责审查和批准土地功能的变化，因此公路补偿的发起者必须与市政当局达成协议，使由于公路建设征用土地对动植物栖息地的破坏进行补偿有合法依据。

（2）补偿政策。20 世纪 80 年代末和 90 年代初，荷兰政府制定了一系列政策使项目在开发时尽可能保护自然资源。截至 1993 年，荷兰补偿措施的实施仍是非强制性的。然而，随着《农村领域的国家构造计划》施行，原则上禁止了在政府保护的领域内开发项目。

（3）监督机制。补偿政策顺利实施的前提是有一个完善的监督机制，并可以在补偿计划执行中根据出现的问题和发生的新情况对补偿措施进行调整。鉴于此，荷兰政府为确保生态补偿计划落实到位，对高速公路建设造成环境破坏或动植物栖息地的损毁而进行生态补偿的实施，建立起一个常规的监督检查制度。

11.3.5 菲律宾矿产的补偿政策

早在 20 世纪 30 年代，菲律宾就开始重视矿产资源开发引起的环境问题并借鉴发达国家的经验，在构建生态补偿政策方面进行了积极的探索，通过立法保证生态补偿的顺利实施，取得了一定的成效。菲律宾为了对矿产资源进行合理利用主要采取了以下四项措施。

（1）许可证制度。将开采许可证制度与生态环境补偿与修复挂钩。若申请开采许可证，政府或相关职能部门就要求企业提供详细的申请报告。报告中必须有合格的矿区生态环境影响评价和矿区生态环境修复规划，否则不予签发开采许可证。对于不遵守相关条例、规定的矿山主，政府或相关职能部门有权中止、吊销或撤回其开采许可证。作为一项政策措施，这些要求可以促使矿业公司在采矿作业中尽最大可能保护资源环境。

（2）紧急责任与治理基金。为防止企业不履行生态修复或生态补偿的义务，菲律宾修订了《实施细则》并要求建立"紧急责任与治理基金"，以保证矿山开采者在闭矿后主动履行环境修复责任，以及为土地复垦提供有效的资金保障。"紧急责任与治理基金"包括矿地复垦基金、监测基金、复垦现款基金及矿山废弃物与矿渣储备金，其中矿渣储备金由政府按矿渣废弃物重量收取，以此用来补偿采矿造成的环境破坏。与行政命令和监管措施相比，"紧急责任与治理基金"能更好地体现损害环境的社会成本，鼓励矿山企业节约作业成本且易于管理与实施，此外其还可以扩大政府财政来源。

（3）制定相关法律。菲律宾通过制定相关法律，要求所有采矿申请者必须提交矿井拆除和矿地再利用计划。该计划必须在关井的五年前详细说明关井后的土地用途、费用概算以及 10 年维护等情况，另外还需对为缓减关井给矿工与当地社区造成的冲击所采取的社会经济措施进行说明。

（4）加快企业自制。作为环保法的补充，自我约束机制在菲律宾逐渐被普及。自我约束机制有助于加强矿业公司的环境保护意识，同时还可以促使他们通过建立自律目标和标准。例如，矿山企业改革现行的成本核算体制，将矿山企业的生态环境补偿与修复费用纳入矿山企业成本，加大科技投入改善作业方式。另外，菲律宾政府对于那些不进行改善作业方式的矿业公司，不再签发采矿许可证或禁止其从事采矿业。

11.3.6 国际生态补偿经验借鉴

国外在制定和实行生态补偿政策方面的经验，可供我国借鉴和参考。

第一，生态补偿超出了单一学科、纯学术研究的范畴，具有集自然科学与社会科学、研究与管理为一体的特点。因此，我国应该综合多学科优势共同研究建立全方位、多层次的生态补偿政策。

第二，在生态补偿政策的设计过程中，一定要正确处理政府和市场的关系，不要人为地把两者割裂开来。从世界各国的成功经验来看，各国都充分利用市场机制来推动生态补偿的进程，如在美国的土地储备计划中，虽然是属于政府购买生态环境服务，但是在土地租金率的确定过程中引入了市场竞争机制，使最终确定的租金率与当地的自然经济条件相适应，增加了农民的可接受程度并确保了项目目标的达成。我国也应充分利用市场机制来推动生态补偿政策的实施进程，改变当前生态补偿由政府主导的局面。在我国现阶段市场机制发育还不成熟的情况下，政府的作用和模式应该首先到位，并积极培育引入市场模式。

第三，国家政策与地方政策应保持一致。地方补偿政策的实现要与国家政策相结合，否则在补偿政策执行的过程中就会产生分歧。同时，不管是采取公共支付方式，还是基于市场的生态环境服务购买，对于生态补偿目标的实现都不是只制定单一政策就可以达到的，必须配合其他相关政策共同实施。因此，在中国生态补偿政策的建立与完善过程中，一定要注意国家政策和地方政策的相容性。

第四，政策法律框架下的项目运作是实现生态补偿的主要方式。必须要有法律保障和配套政策的实施，如美国、菲律宾等国的补偿计划都是在相关法律框架下实施的。因此，中国建立生态补偿政策，最主要的是构筑生态补偿的国家政策框架。

第12章 鄱阳湖流域生态补偿困难及政策建议

12.1 鄱阳湖流域生态补偿存在的主要问题

12.1.1 流域补偿立法严重滞后

当前流域生态补偿立法严重滞后。尽管各省份和有关部门出台了一些规范性文件和部门规章（如表 12 - 1 所示），江西省也颁布《江西省流域生态补偿办法》，并开展了流域生态补偿试点，但国家流域保护条例以及生态补偿条例至今仍没有出台。现有的流域生态补偿的政策和规章制度缺乏权威性和约束力，难以突破流域由多部门交叉管理的矛盾困局。

表 12 - 1 流域生态补偿管理条例

年份	政策法规	相关内容
2012	关于印发《长沙市境内河流生态补偿办法（试行）》的通知（长政办发〔2012〕3 号）	确定实施范围、补偿措施、补偿方法、计算依据等内容
2015	福建省人民政府关于印发《福建省重点流域生态补偿办法》的通知（闽政〔2015〕4 号）	明确福建省流域生态补偿的适用范围、基本原则、资金筹集、资金分配、资金使用和保障措施等内容
2017	关于印发《昆明市滇池流域河道生态补偿办法（试行）》的通知（昆办通〔2017〕28 号）	明确适用范围、考核内容、考核目标、考核依据以及考核标准等内容
2018	江西省人民政府关于印发《江西省流域生态补偿办法》的通知（赣府发〔2018〕9 号）	确定江西省流域生态补偿实施范围、基本原则、资金筹集、资金分配、资金使用和保障措施等内容

续表

年份	政策法规	相关内容
2018	关于印发《金华市流域水质生态补偿实施办法（试行）》的通知（金政办发〔2018〕58号）	明确实施生态补偿的流域区域、补偿依据及方法、补偿资金的结算与使用、补偿工作的考核办法和施行时间与解释主体等

12.1.2　生态补偿对象难以认定

由于政策制定与实施的可操作性，一般国家喜欢采用县级补偿，但是补偿县的名单是由国家确定的，难免导致一些真正需要补偿的县被遗漏。与此同时，由于缺乏居民的一些基础数据（例如，居民农业收入占总收入的比重、主要从事与流域资源相关工作的收入、从事种植业的收入、从事渔业的收入等）补偿效果受到影响，生态补偿的作用效果也大大降低。

12.1.3　补偿主体间权责不清

虽然我国都是以政府为主导开展生态补偿，但这并不意味着政府补偿就比非政府组织有效。我国实行的是政府主导型流域生态补偿体制，政府几乎垄断了流域生态补偿开发的所有权力。在国际上比较通行的非政府组织和通过市场进行补偿的机制在我国的补偿事业中发挥作用的空间很小。非政府组织具备生态补偿所需的专业性和系统性，能够比政府更接近需要补偿的人口，更清楚其实际需求，因而补偿的准确度很高。而且，非政府组织的补偿方式较政府更加灵活，这也从一定程度上保证了它能够采取更适合于流域地区和流域农业的手段来满足他们的补偿需要。然而，我国政府一方面没有很好地发挥非政府组织的生态补偿作用，另一方面还过多地干预了社会团体、民间力量补偿计划的实施，"管了很多不该管、管不好、管不了的事"。就政府内部而言，补偿权力又集中于上级。在高度集中的官僚体制下，上级政府垄断权力必然导致下级政府在履行公务过程中缺少积极性和责任感。就省为例，补偿对象、补偿任务及补偿资金数额的确定都集中于省级政府，而补偿任务则由县级以下政府完成。这样，一方面造成了下级政府对补偿政策、补偿目标及补偿对象的认同度不高，另一方面也会造成下级政府积极性的缺失，责任感不强。

12.1.4　补偿资金有效利用不高

补偿资金是指中央、省和各级政府为解决流域居民生态补偿问题，支持流域地区社会经济发展而专项安排的资金。补偿资金作为一种重要的生态补偿资源，自从投入使用以来，对流域地区的经济发展和流域居民的生活起了很大的作用。比如，鄱阳湖每年都要有几个月的休渔期，在休渔期间国家对渔民都有一定的补偿资金。但是，由于种种原因，补偿资金的使用过于分散，资金的有效性较差，漏出严重。主要有以下三种表现形式。

第一，补偿资金投向不尽合理。一直以来，补偿资金的使用范围过于宽泛，投向不合理。许多流域地区的人将补偿资金看作"救命稻草"，社会办什么事情都打补偿资金的主意。例如，由社会承担的学校、医院、文化站等，也要靠补偿资金的一部分来支撑，补偿资金已渗透到流域地区的各个领域，出现"撒胡椒面"的做法，削弱了补偿资金集中投入的效果。有些地方领导为了得到上级好评，将补偿资金用于形象工程，背离了补偿资金的使用原则。

第二，补偿资金到位不理想。由于补偿资金流向不够透明，截留挪用、缓拨资金、搭配物资等现象时有发生，有的流域地区甚至到第二年才能使用头年的资金。资金不按时到位，不但影响补偿居民对生态补偿的积极性，而且也会导致居民由于没有足够的资金维持自己的家庭生活，而不得不又进行破坏流域环境的做法。

第三，补偿资金使用浪费严重。由于补偿资金管理体制还不健全，部分资金被挤占挪用、虚列支出、改变投向、以贷还贷等，导致补偿资金的严重浪费。许多用补偿资金开办的各类工厂，由于种种原因，亏损甚至破产，造成补偿资金的无效投入。此外，我国补偿资金从投入到使用，基本都是政府行为，而政府间的权利和义务极为模糊，对资金的使用缺乏明确的责任，使补偿资金在使用中带有很大的随意性，效益不高。

12.2　鄱阳湖流域生态补偿政策建议

12.2.1　不断完善相关法律法规

《中华人民共和国环境保护法》第三十一条明确"国家建立、健全生态保护补偿制度"，提出"国家指导受益地区和生态保护地区人民政府通过协商或者按照市场规则进行生态保护补偿。"新环保法提出的生态补偿制度包括流域类水的生态补偿，大气的生态补偿，上级对下级的生态补偿，同级政府之间的生态补偿，这表明国家从法律层面规定了良好的生态环境质量不再是"免费的午餐"。因此，国家应该在此基础上出台相应的《流域生态补偿条例》，为更好地促进流域生态环境改善做出贡献。与此同时，江西省也应该在《江西省流域生态补偿办法》的基础上，加快《江西省流域保护条例》的编制，可以考虑把流域生态补偿的主要内容补充到该条例中，包括流域生态补偿的范围、补偿主体、补偿对象、补偿标准、补偿资金的来源、补偿资金的使用和监管等。

12.2.2　建立资源许可审批制度

建立流域资源许可审批制度，使流域资源的综合管理部门享有流域资源利用审批权，实现对流域资源利用的有效监督和管理。目前，县（市、区）级及以上发改委是流域保护的行政主管部门，负责流域保护的组织、协调、指导和监督工作，因此县（市、区）级及以上发改委应暂时享有流域资源利用的许可审批权，以实现责任与权利的统一，更好地完成流域资源的保护工作。当前，鄱阳湖流域资源的开发利用权分散在发改委、环保厅、林业厅、水利厅等部门，流域保护的责任全在县（市、区）级及以上发改委，这种责任与权利不一致的情况，导致县（市、区）级及以上发改委在流域保护工作方面有心无力，没有能力去制约那些会对流域生态环境造成负面影响的经济行为。因此，建立流域资源许可审批制度，探索流域资源保护的科学管理制度非常重要。

12.2.3　制定生态补偿税费制度

首先，按照"污染者付费"的原则，实行流域生态补偿税费制度，对那些向流域排污的企业、向流域乱倒各种垃圾的相关单位及个人征收生态补偿费，生态补偿费的收取标准视其对流域造成的污染程度而定。一般而言，收取的生态补偿费应能够冲抵污染治理成本及因此产生的其他相关费用。

其次，按照"利用者补偿"的原则，可以考虑课征生态补偿税，对流域资源的开发利用者征收生态补偿税，以开拓流域生态补偿的资金来源。一方面，征收生态补偿税可以惩罚经济活动主体破坏流域生态环境的行为，促使其减少对流域生态环境产生的负外部性；另一方面，只有权利和责任相统一，利益导向才能指引其从事对流域生态环境产生较小负面影响的行为。对流域资源利用者课征生态补偿税，可以实现多重目标：一是可以提高、深化人们对流域资源价值的认识，二是为流域生态补偿和流域保护工作筹集资金，三是实现流域生态环境资源利用者权利与责任的统一。

12.2.4　加大流域保护投入力度

我国对于森林生态系统的保护已经建立了专门的森林生态效益补偿制度，国家财政也有专项的森林生态效益补偿基金。对于具有重要保护意义的鄱阳湖流域，国家财政投入很少。亟须建立流域生态补偿基金，将流域生态补偿纳入中央和地方财政预算，才能建立长效的流域生态补偿机制。适当提高补偿标准，可提高流域周边居民保护流域环境的积极性，从而促进流域生态环境的恢复。理论上，流域生态补偿标准应以流域保护或恢复者的直接投入和机会成本为下限，以流域生态系统服务效益的增加值为上限（熊鹰等，2004）。在实践过程中，采用基于成本的方法确定流域生态补偿标准更具可操作性。因此，管理部门应科学核算流域保护和恢复工程的成本，以及流域区域居民移民、退耕、禁渔、禁牧等的损失，以此作为补偿的依据。鄱阳湖流域生态补偿标准可根据不同地区、不同时间段的经济发展水平和流域保护状况进行动态调整。另外，目前鄱阳湖流域生态补偿资金来源单一、资金不足必将影响鄱阳湖流域生态补偿工作的开展，因此政府应鼓励社会资本投入流域资源保护中来，对民间组织为鄱阳湖流域生态补偿募集资金的行为予以肯定和支持，这必将为鄱阳湖流域的保护贡献一份力量。

12.2.5 实现补偿方式的多元化

在对鄱阳湖流域进行生态补偿时，建议因地制宜、多重补偿方式相结合。要平衡流域保护政策的短期利益与长远利益，分阶段实施不同的补偿方式。在对鄱阳湖流域进行生态补偿时，应按区域、分类型、运用多种补偿途径进行补偿。对流域所在地农户和在流域保护工作中做出突出贡献的集体或个人进行补偿时，切忌实行统一的补偿额度、统一的补偿方式。积极推进"造血型"生态补偿方式。立足地区特色和优势，结合劳动力转移和产业结构调整现状及发展趋势，通过政府和社会的支持形成具有"造血"功能、强化农户自我发展能力的生态补偿模式，是从根本上构建可持续生计的生态补偿机制的关键。构建具有"造血"功能的生态补偿方式，既能够获得很好的生态、经济和社会效益，又能够明显地缩短生态补偿时限和降低补偿成本。目前鄱阳湖流域土地多功能的利用和农业劳动力向非农产业转移的迅速发展，为"造血型"生态补偿方式的实施提供了契机。建立一个能够有力推动劳动力转移和生产结构调整的生态补偿机制，不仅能有效地改善生态环境，同时也能够极大地利用有限的资金。另外，要依据流域的不同类型以及流域主要生态功能价值量的大小选择不同的补偿方式，确定不同的补偿额度。在对鄱阳湖流域进行生态补偿时，应将政府补偿与市场补偿两者相结合，才能更好地实现良好的补偿效果。

12.2.6 构建多元流域生态补偿主体

坚持政府主导、社会参与的补偿方针。政府主导是我国生态补偿最主要的特征，也是补偿工作取得重大成果的保证。在中国的补偿资金构成中，政府始终扮演着最主要的角色，更确切地说是中央政府始终扮演着最主要的角色。虽然政府的资源动员能力强大，但是需要兼顾的方面很多，这就意味着无法提供补偿所需的全部资源。另外，补偿者属于弱势群体，在政治上几乎没有发言权，根本无力影响国家的政策，比如财政政策。因此，虽然国家的财政支出不算小，但是补偿支出占财政支出的比例却并不高，提供补偿资源的绝对规模还是有限的。所以，中国的生态补偿工作仅仅依靠政府的力量还是不够的，还应该充分发挥私营部门、第三部门及国际援助机构等其他社会力量的积极作用。公众可以在以下三个方面积极做出贡献：一是大力支持生态补偿资金的筹集工作。热爱环境保护事业的公民可以依据自己的经济实力，结合自己的支付意愿，向相关组织捐款，以支持流域的生态补偿工作。二是公众要求相关部门对于流域生态补偿资金的使用公开、透明，监督生态补偿资金的使用情况。三是公众作为消费者，可以选择购买有生态标记的商品，支持环境友好型企业，间接为流域提供的生态服务价值付费，为流域资源和生态环境的保护做出自己的贡献。

参考文献

［1］Aabø, S., Strand, S. Public Library Assessment and Motivation by Altruism
［C］. Proceedings of the Eleventh Annual Conference on Cultural Economics, Minneap-
olis, 2000.

［2］Abdullah S., Jeanty P. W. Willingness to Pay for Renewable Energy: Evi-
dence from a Contingent Valuation Survey in Kenya ［J］. Renewable and Sustainable
Energy Reviews, 2011, 15 (6): 2974 – 2983.

［3］Ajzen, I., Brown T. C., Rosenthal L. H.. Information Bias in Contingent
Valuation: Effects of Personal Relevance, Quality of Information, and Motivational O-
rientation ［J］. Journal of Environmental Economy and Management, 1996, 30:
43 – 57.

［4］Amirnejad H., Khalilian S., Assareh M. H., et al. Estimating the Exist-
ence Value of North Forests of Iran by Using a Contingent Valuation Method ［J］. Eco-
logical Economics, 2006, 58 (4): 665 – 675.

［5］An S., Li L. H., Baohua G., et al. China's Natural Wetlands: Past Prob-
lems, Current Status, and Future Challenges ［J］. Alnbio, 2007, 36 (4): 335 – 342.

［6］Angela C. B., Esteve C., Kurt C. N., et al. We are the City Lungs: Pay-
ments for Ecosystem Services in the Outskirts of Mexico City ［J］. Land Use Policy,
2015, 43: 138 – 148.

［7］Arrow K., Solow R., Portney P., et al. Report of the NOAA Panel on Con-
tingent Valuation. Report to the General Council of the US National Oceanic and Atmos-
pheric Administration ［M］. Washington D. C. : Resources for the Future, 1993.

［8］Bandara R., Tisdell C.. The Net Benefit of Saving the Asian Elephant: A
Policy and Contingent Valuation Study ［J］. Ecological Economics, 2004, 48:
93 – 107.

［9］Bartczak A., Metelska-Szaniawska K.. Should We Pay, and to Whom, for

Biodiversity Enhancement in Private Forests? An Empirical Study of Attitudes towards Payments for Forest Ecosystem Services in Poland [J]. Land Use Policy, 2015, 48: 261 – 269.

[10] Bateman I. J. , Carson R. T. , Day B. . Economic Valuation with Stated Preference Techniques: A Manual. Northampton [M]. UK: Edward Elgar, 2002: 182 – 340.

[11] Bateman I. J. , Langford I. H. , Turner R. K. , et al. Elicitation and Truncation Effects in Contingent Valuation Studies [J]. Ecological Economics, 1999, 12: 161 – 179.

[12] Bateman I. J. , Turner R. K. . Valuation of Environment, Methods and Techniques: The Contingent Valuation Method. Sustainable Environmental Economics and Management: Principles and Practice [M]. London: Belhaven Press, 1993.

[13] Baylis K. , Peplow S. , Rausser G. , et al. Agri-environmental Policies in the EU and the United States: A Comparison [J]. Ecological Economics, 2008, 65: 753 – 764.

[14] Beharry-Borg N. , Smart J. C. R. , Termansen M. , et al. Evaluating Farmers' likely Participation in a Payment Programme for Water Quality Protection in the UK Uplands [J]. Regional Environmental Change, 2013, 13 (3): 633 – 647.

[15] Bertke E. , Gerowitt B. , Hespelt S. K. , et al. An Outcome-based Payment Scheme for the Promotion of Biodiversity in the Cultural Landscape [J]. Integrating Efficient Grassland Farming and Biodiversity, 2005, 10: 36 – 39.

[16] Bhandari P. , KC M, Shrestha S. , et al. Assessments of Ecosystem Service Indicators and Stakeholder's Willingness to Pay for Selected Ecosystem Services in the Chure Region of Nepal [J]. Applied Geography, 2016, 69: 25 – 34.

[17] Blackman, A. , Woodward, R. User Financing in A National Payments for Environmental Services Program: Costa Rican Hydropower [J] . Ecological Economics, 2010, 69 (8): 1626 – 1638.

[18] Boerner J. , Mendoza A. , Vosti S. A. Ecosystem Services, Agriculture, and Rural Poverty in the Eastern Brazilian Amazon: Interrelationships and Policy Prescriptions [J]. Ecological Economics, 2007, 64: 356 – 373.

[19] Botelho A, Pinto L. M. C. , Lourenço-Gomes L. , et al. Social Sustainability of Renewable Energy Sources in Electricity Production: An Application of the Contingent Valuation Method [J]. Sustainable Cities and Society, 2016, 26: 429 – 437.

[20] Botzen W. J. W. , van den Bergh J. C. J. M. . Risk Attitudes to Low-proba-

bility Climate Change Risks: WTP for Flood Insurance [J]. Journal of Economic Behavior & Organization, 2012, 82 (1): 151 – 166.

[21] Boyle K. J., Johnson F. R., McCollum D. W., et al. Valuing Public Goods: Discrete Versus Continuous Contingent-valuation Responses [J]. Land Economics, 1996, 72: 381 – 396.

[22] Brox J. A., Kumar R. C., Stollery K. R.. Estimating Willingness to Pay for Improved Water Quality in the Presence of Item Nonresponse Bias [J]. American Journal of Agricultural Economics, 2003, 85: 414 – 428.

[23] Carson R. T. Valuation of Tropical Rainforests: Philosophical and Practical Issues in the Use of Contingent Valuation [J]. Ecological Economics, 1998, 24: 15 – 29.

[24] Champ P., Bishop R., Brown T., et al. Using donation Mechanisms to Value Non-use Benefits from Public Goods [J]. Journal of Environmental Economics and Management, 1997, 33 (2): 151 – 162.

[25] Claassen R., Cattaneo A., Johansson R.. Cost-effective Design of Agri-environmental Payment Programs: U. S. Experience in Theory and Practice [J]. Ecological Economics, 2008, 65 (3): 737 – 752.

[26] Corbera E., Kosoy N., Martínez Tuna M.. Equity Implications of Marketing Ecosystem Services in Protected Areas and Rural Communities: Case Studies from Meso-America [J]. Global Environmental Change, 2007, 17 (3 – 4): 365 – 380.

[27] Corbera E., Soberanis C. G., Brown K.. Institutional Dimensions of Payments for Ecosystem Services: An Analysis of Mexico's Carbon Forestry Programme [J]. Ecological Economics, 2009, 68: 743 – 761.

[28] Costanza R., Adrge R., De Groot R., et al. The Value of the World's Ecosystem Services and Natural Capital [J]. Nature, 1997, 387 (6330): 253 – 260.

[29] Costanza R., Wilson M., Troy A., et al. The Value of New Jersey's Ecosystem Services and Natural Capital [J]. Word Environment, 2006, 387 (15): 253 – 260.

[30] Costanza M., Sachsida A., Loureiro P.. A Study on the Valuing of Biodiversity: The Case of Three Endangered Species in Brazil [J]. Ecological Economics, 2003, 46: 9 – 18.

[31] Costanza R., Adrge R., De Groot R., et al. The Value of the World's Ecosystem Services and Natural Capital [J]. Nature, 1997, 387 (6330): 253 – 260.

[32] Czajkowski M., Barczak A., Budziński W., et al. Preference and WTP

Stability for Public Forest Management [J]. Forest Policy and Economics, 2016, 71: 11 - 22.

[33] Daily G. C.. Nature's Services: Societal Dependence on Natural Ecosystem [M]. Washington, D. C. : Island Press, 1997.

[34] Daniels A. E. , Bagstaf K. , Esposito V. , et al. Under-standing the Impacts of Costa Rica's PES: Are We Asking the Right Questions? [J]. Ecological Economics, 2010, 69: 2116 - 2126.

[35] Dobbs T. L. , Pretty J.. Case Study of Agri-environmental Payments: The United Kingdom [J]. Ecological Economies, 2008, 65: 765 - 775.

[36] Drichoutis A. C. , Lusk J. L. , Pappa V.. Elicitation Formats and the WTA/WTP Gap: A Study of Climate Neutral Foods [J]. Food Policy, 2016, 61: 141 - 155.

[37] Echavarria, M.. Financing Watershed Conservation: The FONAG Water Fund in Ecuador [M]//Selling forest Environmental Services: Market-based Mechanisms for Conservation and Development, London: Earthscan, 2002.

[38] Engel S. , Pagiola S. , Wunder S.. Designing Payments for Environmental Services in Theory and Practice: An Overview of the Issues [J]. Ecological Economics, 2008, 65 (4): 663 - 674.

[39] Farley J. , Costanza R.. Payments for Ecosystem Services: From Local to Global [J]. Ecological Economics, 2010, 69: 2060 - 2068.

[40] Fu Y. , Zhang J. , Zhang C. , et al. Payments for Ecosystem Services for Watershed Water Resource Allocations [J]. Journal of Hydrology, 2018, 556: 689 - 700.

[41] Garrod G. , Willis K. G. Economic Valuation of the Environment. Methods and Case Studies [J] . Cheminform, 1999.

[42] Geussens K. , Van den Broeck G. , Vanderhaegen K. , et al. Farmers' Perspectives on Payments for Ecosystem Services in Uganda [J]. Land Use Policy, 2019, 84: 316 - 327.

[43] Giessubel-Kreusch, R.. Estimating the Monetary Value of the Non-marketable, Environmental Services of Agriculture and the Possibilities of Compensatory Payments: The Example of Nature Conservation [J]. Agrarwirtschaft, 1988, 38: 221 - 226.

[44] Gomez-Baggethun E. , de Groot R. , Lomas P. L. , et al. The History of E-cosystem Services in Economic Theory and Practice: From Early Notions to Markets and

Payment Schemes [J]. Ecological Economics, 2010, 69: 1209 – 1218.

[45] Gren I. M., Groth K. H., Sylvén, M., Economic Values of Danube Floodp Lains [J]. Journal of Environmental Management, 1995, 45: 333 – 345.

[46] Groth N., Schnyder N., Kaess M., et al. Coping As a Mediator between Locus of Control, Competence Beliefs, and Mental Health: A Systematic Review and Structural Equation Modelling Meta – analysis [J]. Behaviour Research and Therapy, 2019, 121: 103 – 442.

[47] Guan X., Liu W., Chen M. Study on the Ecological Compensation Standard for River Basin Water Environment Based on Total Pollutants Control [J]. Ecological Indicators, 2016, 69: 446 – 452.

[48] Haaren C. V., Bathke M.. Integrated Landscape Planning and Remuneration of Agri-environmental Services: Results of a Case Study in the Fuhrberg Region of Germany [J]. Journal of Environmental Management, 2008, 89: 209 – 221.

[49] Hall, A.. Better RED than Dead: Paying the People for the Environmental Services in Amazonia [J]. Philosophical Transactions of the Royal Society B-Biological Sciences, 2008a, 363: 1925 – 1932.

[50] Hall, A.. Paying for Environmental Services: The Case of Brazilian Amazonia [J]. Journal of International Development, 2008b, 20: 965 – 981.

[51] Hanemann M. W. Discrete/Continuous Models of Consumer Demand [J]. Econometrica, 1984, 52: 541 – 562.

[52] Hanley N., Ruffell R. J.. The Contingent Valuation of Forest Characteristics: Two Experiments [J]. Journal of Agricultural Economics, 1993, 44: 218 – 229.

[53] Harnndar B.. An Efficiency Approach to Managing Mississippi's Marginal Land Based on the Conservation Reserve Program [J]. Resource, Conservation and Recycling, 1999, 26: 15 – 24.

[54] Hausman J. A., Wise D. A.. A condition Probit Model for Qualitative Choice: Discrete Decisions Recognizing Interdependence and Heterogenteous Preferences [J]. Econometrical, 1978, 46 (3): 403 – 427.

[55] Han X., Xu L. Y., Yang Z. F. A Revenue Function-based Simulation Model to Calculate Ecological Compensation During a Water Use Dispute in Guanting Reservoir Basin [J]. Procedia Environmental Sciences, 2010, 2: 234 – 242.

[56] Heckman J. J. Sample Selection Bias As a Specification Error [J]. Econometrica, 1979, 47 (1): 153 – 161.

[57] Helliwell D. R.. Valuation of Wildlife Resources [J]. Regional Studies,

1969, 3: 41 –49.

[58] Herbes C. , Friege C. , Baldo D. , et al. Willingness to Pay Lip Service? Applying a Neuroscience-based Method to WTP for Green Electricity [J]. Energy Policy, 2015, 87: 562 –572.

[59] Holder, J. , Ehrlich, P. R. Human Population and Global Environment [J]. American Scientist, 1974, 62 (3): 282 –297.

[60] Home R. , Balmer O. , Jahrl I. , et al. Motivations for Implementation of Ecological Compensation Areas on Swiss Lowland Farms [J]. Journal of Rural Studies, 2014, 34: 26 –36.

[61] Johnson B. K. , Whitehead J. C. , Mason D. S. , et al. Willingness to Pay for Downtown Public Goods Generated by Large, Sports-anchored Development Projects: The CVM Approach [J]. City, Culture and Society, 2012, 3: 201 –208.

[62] Kai X. , Kong F. , Ning Z. , et al. Analysis of the Factors Influencing Willingness to Pay and Payout Level for Ecological Environment Improvement of the Ganjiang River Basin [J]. Sustainability, 2018, 10 (7): 2149.

[63] Kaiser, G. . Deficiency Payments Unrelated to Production As a Complement to the Present Market Regulation Policy? [J]. Agrarische Rundschau, 1974, 1: 36 –40.

[64] Kim J. , Jang S. S. . Dividend Behavior of Lodging Firms: Heckman's Two-step Approach [J]. International Journal of Hospitality Management, 2010, 29 (3): 413 –420.

[65] King R. T. . Wildlife and Man [J]. NY Conservationist, 1966, 20: 8 –11.

[66] Knetsch J. L. Gains, Losses, and the US EPA Economic Analysis Guidelines: A Hazardous Product? [J]. Environmental and Resource Economics, 2005, 32: 91 –112.

[67] Kosoy N. , Corbera E. , Brown K. . Participation in Payments for Ecosystem Services: Case Studies from the Lacandon Rainforest, Mexico [J]. Geoforum, 2008, 39: 2073 –2083.

[68] Kronenberg J. , Hubacek K. . Could Payments for Ecosystem Services Create an "Ecosystem Service Curse" [J]. Ecology and Society, 2013, 18 (1): 10.

[69] Lal P. . Economic Valuation of Mangroves and Decision Making in the Pacific [J]. Ocean & Coastal Management, 2003, 46: 823 –846.

[70] Lee C. K. , Han S. Y. Estimating the Use and Preservation Values of National Parks' Tourism Resources Using a Contingent Valuation Method [J]. Tourism Management, 2002, 23 (5): 531 –540.

[71] Li Z. , Shao Q. , Xu Z. , et al. Analysis of Parameter Uncertainty in Semi-distributed Hydrological Models using Bootstrap Method: A case study of SWAT Model Applied to Yingluoxia Watershed in Northwest China [J]. Journal of Hydrology, 2010, 385 (1-4): 76-83.

[72] Liu J. , Diamond J. . China's Environment in a Globalizing World [J]. Nature, 2005, 435: 1179-1186.

[73] Liu D. , Zhu L. . Assessing China's Legislation on Compensation for Marine Ecological Damage: A Case Study of the Bohai Oil Spill [J]. Marine Policy, 2014, 50, Part A: 18-26.

[74] Loomis J. B. . Contingent Valuation Methodology and the US Institutional Framework [C]//Valuing Environmental Preferences: Theory and Practice of the Contingent Valuation Method in the US, EU and Developing Countries. New York: Oxford University Press, 1999: 613-621.

[75] Loomis J. , Ekstrand E. . Alternative Approaches for Incorporating Respondents Uncertainty When Estimating Willingness to Pay: The Case of Mexican Spotted Owl [J]. Ecological Economics, 1998, 27: 29-41.

[76] Loomis J. , Kent P. , Strange L. , et al. Measuring the Economic Value of Restoring Ecosystem Services in an Impaired River Basin: Results from a Contingent Valuation Survey [J]. Ecological Economics, 2000, 33: 103-117.

[77] Loomis J. B. , Walsh R. G. Recreation Economic Decisions: Comparing Benefits and Costs (2nd) [M]. Venture Publishing Inc. , 1997.

[78] MacDonald D. H. , Bark R. H. , Coggan A. . Is Ecosystem Service Research Used by Decision-makers? A Case Study of the Murray-Darling Basin, Australia [J]. Landscape Ecology, 2014, 29: 1447-1460.

[79] Macmillan D. C. , Harley D. , Morrison R. Cost-effectiveness Analysis of Woodland Ecosystem Restoration [J]. Ecological Economies, 1998, 27: 313-324.

[80] Maltby E. , Turner R. Wetlands of the World [J]. Geographical Magazine, 1983, 55 (1): 12-17.

[81] Marella C. , Raga R. . Use of the Contingent Valuation Method in the Assessment of a Landfill Mining Project [J]. Waste Manag, 2014, 34: 1199-1205.

[82] Margules C. R. , Pressey R. L. Systematic Conservation Planning [J]. Nature, 2000, 405: 243-253.

[83] Marzetti S. , Disegna M. , Koutrakis E. , et al. Visitors' Awareness of ICZM and WTP for Beach Preservation in Four European Mediterranean Regions [J]. Ma-

rine Policy, 2016, 63: 100 – 108.

［84］ Mendon. A Study on the Valuing of Biodiversity: The Case of Three Endangered Species in Brazil ［J］. Ecological Economics, 2003, 46: 9 – 18.

［85］ Millennium Ecosystem Assessment: Biodiversity Synthesis Report. Washington DC: World Resources Institute, 2005.

［86］ Mitchell D. C., Carson R. T. Using Surveysto Value Public Goods: The Contingent Valuation Method ［M］. Washington D. C.: Resources for the Future, 1989.

［87］ Mittelstet A. R., Storm D. E., White M. J. Using SWAT to Enhance Watershed-based Plans to Meet Numeric Water Quality Standards ［J］. Sustainability of Water Quality and Ecology, 2016, 7: 5 – 21.

［88］ Mitsch W. J., Jame G. G.. Weflands ［M］. New York: John Wiley & Sons Inc., 1986.

［89］ Moran D., Mcvittie A., Allcroft J., et al. Quantifying Public Preferences for Agri-environmental Policy in Scotland: A Comparison of Methods. Ecological Economics, 2007, 63 (1): 42 – 53.

［90］ Moreno-Sanchez R., Maldonado J. H., Wunder S., et al. Heterogeneous Users and Willingness to Pay in An Ongoing Payment for Watershed protection initiative in the Colombian Andes ［J］. Ecological Economics, 2012, 75: 126 – 134.

［91］ Munoz-Pina C., Guevara A., Torres J. M., et al. Paying for the Hydrological Services of Mexico's Forests: Analysis, Negotiations and Results ［J］. Ecological Economics, 2008, 65: 725 – 736.

［92］ Muñiz I., Calatayud D., Dobaño R.. The Compensation Hypothesis in Barcelona Measured Through the Ecological Footprint of Mobility and housing ［J］. Landscape and Urban Planning, 2013, 113: 113 – 119.

［93］ Muradian R., Corbera E., Pascual U., et al. Reconciling Theory and Practice: An Alternative Conceptual Framework for Understanding Payments for Environmental Services ［J］. Ecological Economics, 2010, 69: 1202 – 1208.

［94］ Nelson J. S. Fishes of the Worid ［M］. New York: John Wiley and Sons Inc., 1994.

［95］ Pagiola S., Landell-Mills N., Bishop J.. Making Market-based Mechanisms Work for Forests and People ［M］. Selling Forest Environmental services: Market-based Mechanisms for Conservation and Development, London: Earthscan, 2002: 261 – 289.

［96］Pagiola S. , Ramrezb E. , Gobbic J. . Paying for the Environmental Services of Silvopastoral Practices in Nicaragua ［J］. Ecological Economics, 2007, 64 (2): 374 – 385.

［97］Pagiola S. Payments for Environmental Services in Costa Rica ［J］. Ecological Economies, 2008, 65: 712 – 724.

［98］Pagiola S. , Rios A. R. , Arcenas A. Can the Poor Participate for Environmental Services? Lessons from the Silvopastoral Project in Nicaragua ［J］. Environment and Development, 2008, 13: 299 – 325.

［99］Patterson M. G. . Ecological Production based Pricing of Biosphere Processes ［J］ . Ecological Economies, 2002, 41: 457 – 478.

［100］Paul A. K. Wetland Ecology: Principles and Conservation ［M］. 2Edition. Cambridge: Cambridge University Press, 2000.

［101］Pauutanayak S. K. Valuing Watershed Services: Concepts and Empirics from Southeast Asia ［J］. Agriculture Ecosystems & Environment, 2004, 104: 171 – 184.

［102］Payment for Ecosystem Services ［EB/OL］. http: //en. wikipedia. org/wiki/. 2015 – 02 – 03.

［103］Pearce D. W. Blueprint 4: Capturing Global Environmental Value ［J］. Earthscan, London, 1995.

［104］Pevetz, W. Small Area Solutions in Agricultural Policy? Pulls between Internationalization and Regionalization ［J］ . Monatsberichte Uber Die Osterreichische Landwirtschaft, 1992, 39: 886 – 895.

［105］Pfaff A, Rodriguez L. A, Shapiro-Garza E. Collective Local Payments for Ecosystem Services: New local PES between Groups, Sanctions, and Prior Watershed Trust in Mexico ［J］. Water Resources and Economics, 2019.

［106］Pimentel D. , Wilson C. , McCulluln C. , et al. Economic and Environmental Benefits of Biodiversity ［J］. Bioscience, 1997, 387: 253 – 260.

［107］Powell G. V. N. , Barborak J. , Rodriguez M. Assessing Representativeness of Protected Natural Areas in Costa Rica for Protecting Biodiversity: A Preliminary Gab Analysis ［J］. Biological Conservation, 2000, 93: 35 – 41.

［108］Protiere C. , Donaldson C. , Luchini S. , et al. The Impact of Information on Non-health Attributes on Willingness to Pay for Multiple Health Care Programmes ［J］. Social Science & Medicine, 2004, 58: 1257 – 1269.

［109］Radmehr M. , Willis K. , Kenechi U. E. A Framework for Evaluating WTP for BIPV in Residential Housing Design in Developing Countries: A Case Study of North Cyprus [J]. Energy Policy, 2014, 70: 207 –216.

[110] Rao H. , Lin C. , Kong H. , et al. Ecological Damage Compensation for Coastal Sea Area Uses [J]. Ecological Indicators, 2014, 38: 149 –158.

[111] Randall A. , Ives B. , Eastman C. . Bidding Games for Valuation of Aesthetic Environmental Improvements [J]. Journal of Environmental Economics and Management, 1974, 1: 132 –149.

[112] Richards R. C. , Rerolle J. , Aronson J. , et al. Governing a Pioneer Program on Payment for Watershed Services: Stakeholder involvement, Legal Frameworks and Early Lessons from the Atlantic Forest of Brazil [J]. Ecosystem Services, 2015, 16: 23 –32.

[113] Robertson M. , Hayden N. . Evaluation of a Market in Wetland Credits: Entrepreneurial Wetland Banking in Chicago [J]. Conservation Biology, 2008, 22 (3): 636 –646.

[114] Robinson A. , Gyrd-Hansen D. , Bacon P. , et al. Estimating a WTP-based Value of A QALY: The "chained" Approach [J]. Social Science & Medicine, 2013, 92: 92 –104.

[115] Robles D. , Lassioe J. P. Evaluation of Potential Gross Income from Non-timber Products in a Riparian Forest for the Chesapeake Bay Watershed [J]. Agro-forestry Systems, 1997, 223 (44): 215 –225.

[116] Rosa H. , Kandel S. , Dimas L. . Compensation for Environmental Services and Rural Communities: Lessons from the Americas [J]. International Forestry Review, 2004, 6 (2): 187 –194.

[117] Rodriguez, J. Environmental Services of the Forest: The Case of Costa Rica [J]. Revista Forestal Centroamericana, 2002, 37: 47 –53.

[118] Sanchez-Azofeifa G. A. , Pfaff A. , Robalino J. A. , et al. Costa Rica's Payment for Environmental Services Program: Intention, Implementation, and Impact [J]. Conservation Biology, 2007, 21: 1165 –1173.

[119] Scarpa R. , Hutchinson W. G. , Chilton S. M. , et al. Importance of Forest Attributes in the Willingness to Pay for Recreation: A Contingent Valuation Study of Irish Forests [J]. Forest Policy and Economics, 2000, 1: 315 –329.

[120] SCEP (Study of Critical Environmental Problems) . Man's Impact on the Global Environment [M]. Cambridge: MIT Press, 1970.

[121] Schaafsma M. , Brouwer R. , Rose, J. . Directional Heterogeneity in WTP

Models for Environmental Valuation [J]. Ecological Economics, 2012, 79: 21-31.

[122] Schmalz B., Kruse M., Kiesel J., et al. Water-related Ecosystem Services in Western Siberian Lowland Basins—Analysing and Mapping Spatial and Seasonal Effects on Regulating Services based on Ecohydrological Modelling Results [J]. Ecological Indicators, 2016, 71: 55-65.

[123] Siew M. K., Yacob M. R., Radam A., et al. Estimating Willingness to Pay for Wetland Conservation: A Contingent Valuation Study of Paya Indah Wetland, Selangor Malaysia [J]. Procedia Environmental Sciences, 2015, 30: 268-272.

[124] Sinnathamby S., Douglas-Mankin K. R., Craige C. Field-scale Calibration of Crop-yield Parameters in the Soil and Water Assessment Tool (SWAT) [J]. Agricultural Water Management, 2017, 180, Part A: 61-69.

[125] Southgate D., Wunder S. Paying for Watershed Services in Latin America: A Review of Current Initiatives [J]. Journal of Sustainable Forestry, 2009, 28: 497-524.

[126] Spash C. L. Non-economic Motivation for Contingent Values: Rights and Attitudinal Beliefs in the Willingness to Pay for Environmental Improvements [J]. Land Economics, 2006, 82: 602-622.

[127] Stefano P., Joshua B.. Selling Forest Environmental Services [M]. London: Earth Publications, 2002.

[128] Subak, S. Forest Protection and Reforestation in Costa Rica: Evaluation of a Clean Development Mechanism Prototype [J]. Environmental Management, 2000, 26: 283-297.

[129] Sun C. W., Zhu X. T. Evaluating the Public Perceptions of Nuclear Power in China: Evidence from a Contingent Valuation Survey [J]. Energy Policy, 2014, 69: 397-405.

[130] Swallow B. M., Leimona B., Yatich T., et al. The Conditions for Functional Mechanisms of Compensation and Rewards for Environmental Services [J]. Ecology and Society, 2010, 15.

[131] Tambor M., Pavlova M., Rechel B., et al. Willingness to Pay for Publicly Financed Health Care Services in Central and Eastern Europe: Evidence from Six Countries Based on a Contingent Valuation Method [J]. Social Science & Medicine, 2014, 116: 193-201.

[132] Tao Z., Yan H. M., Zhan J. Y. Economic Valuation of Forest Ecosystem Services in Heshui Watershed using Contingent Valuation Method [J]. Procedia Envi-

ronmental Sciences, 2012, 13: 2445 - 2450.

[133] Teuber R. , Dolgopolova I. , Nordström J. Some like it Organic, Some Like It Purple and Some Like It Ancient: Consumer preferences and WTP for Value-added Attributes in Whole Grain Bread [J]. Food Quality and Preference, 2016, 52: 244 - 254.

[134] Turner K. . Economics and Wetland Management [J]. Ambio, 1991, 20: 59 - 61.

[135] Turpie J. K. , Marais C. , Blignaut J. N. The Working for Water Programme: Evolution of a Payments for Ecosystem Services Mechanism that Addresses both Poverty and Ecosystem Service Delivery in South Africa [J]. Ecological Economics, 2008, 65: 788 - 798.

[136] Turner R. K. , Vanden B. J. , Soderqvist. Ecological Economic Analysis of Wetlands: Scientific Integration for Management and Policy [J]. Ecological Economies, 2000, 35 (1): 7 - 23.

[137] Tyllianakis E. , Skuras D. The Income Elasticity of Willingness-To-Pay (WTP) Revisited: A Meta-analysis of Studies for Restoring Good Ecological Status (GES) of Water bodies under the Water Framework Directive (WFD) [J]. Journal of Environmental Management, 2016, 182: 531 - 541.

[138] Uehleke, R. . The Role of Question Format for the Support for National Climate Change Mitigation Policies in Germany and the Determinants of WTP [J]. Energy Economics, 2016, 55: 148 - 156.

[139] Uthes S. , Matzdorf B. , Mueller K. , et al. Spatial Targeting of Agri-Environmental Measures: Cost-effectiveness and Distributional Consequences [J]. Environmental Management, 2010, 46: 494 - 509.

[140] Van den Berg B. , Brouwer W. , van Exel J. , et al. Economic Valuation of Informal Care: The Contingent Valuation Method Applied to Informal Caregiving [J]. Health Economics, 2005, 14 (2): 169 - 183.

[141] Van Hecken G. , Bastiaensen J. , Vásquez W. F. The Viability of Local Payments for Watershed Services: Empirical Evidence from Matiguás, Nicaragua [J]. Ecological Economics, 2012, 74: 169 - 176.

[142] Vatn, A. . An Institutional Analysis of Payments for Environmental Services [J]. Ecological Economics, 2010, 69: 1245 - 1252.

[143] Venkatachalam L. . The Contingent Valuation Method: A Review [J]. Environmental Impact Assessment Review, 2004, 24: 89 - 124.

[144] Villarroya A. , Persson J. , Puig J. Ecological Compensation: From General Guidance and Expertise to Specific Proposals for Road Developments [J]. Environmental Impact Assessment Review, 2014, 45: 54 – 62.

[145] Vijay K. , Angela G. , Jan A. , et al. Juggling Multiple Dimensions in a Complex Socio-ecosystem: The Issue of Targeting in Payments for Ecosystem Services [J]. Geoforum. 2015, 58: 1 – 13.

[146] Wagena M. B. , Bock E. M. , Sommerlot A. R. , et al. Development of a Nitrous Oxide Routine for the SWAT Model to Assess Greenhouse Gas Emissions from Agroecosystems [J]. Environmental Modelling & Software, 2017, 89: 131 – 143.

[147] Wendland K. J. , et al. Targeting and Implementing Payments for Ecosystem Services: Opportunities for Bunding Biodiversity Conservation with Carbon and Water Services in Madagascar [J]. Ecological Economics, 2010, 69 (11): 2092 – 2107.

[148] Whitehead J. C. , Blomquist G. C. , et al. Measuring Contingent Values for Wetlands: Effects of information about Related Environmental Goods [J]. Water Resources Research, 1991, 27 (10): 2523 – 2531.

[149] Wolf A. T. , Natharius J. A. , Danielson J. J. , et al. International River Basins of the World [J]. International Journal of Water Resources Development, 1999, 15 (4): 387 – 427.

[150] Wunder S. . Payments for Environmental Services: Some Nuts and Bolts [J]. CIFOR Occasional Paper, 2005, 42.

[151] Ying L. , Zheng Z. , Li-juan C. , et al. Suggestions on Forest Ecological Compensation—Taking Mudanjiang City as an Example [J]. Journal of Northeast Agricultural University (English Edition), 2015, 22 (1): 66 – 75.

[152] Yu B. , Xu L. Review of Ecological Compensation in Hydropower Development [J]. Renewable and Sustainable Energy Reviews, 2016, 55: 729 – 738.

[153] Yu B. , Xu L. , Wang X. . Ecological Compensation for Hydropower Resettlement in a Reservoir Wetland based on Welfare Change in Tibet, China [J]. Ecological Engineering, 2016, 96: 128 – 136.

[154] Yu B. , Xu L. , Yang Z. Ecological Compensation for Inundated Habitats in Hydropower Developments Based on Carbon Stock Balance [J]. Journal of Cleaner Production, 2016, 114: 334 – 342.

[155] Zalejska-Jonsson, A. . Stated WTP and Rational WTP: Willingness to Pay for Green Apartments in Sweden [J]. Sustainable Cities and Society, 2014, 13: 46 – 56.

［156］Zbinden S. , Lee D. R. Paying for Environmental Services：An Analysis of Participation in Costa Rica's PSA program ［J］. World Development, 2005.

［157］Zhang A. , Zheng C. , Wang S. , et al. Analysis of Streamflow Variations in the Heihe River Basin, Northwest China：Trends, Abrupt Changes, Driving Factors and Ecological Influences ［J］. Journal of Hydrology：Regional Studies, 2015, 3：106 – 124.

［158］Zhao H. Z. , Ma A. J. , Liang X. G. , et al. Status Quo, Problems and Countermeasures Concerning Ecological Compensation due to Coastal Engineering Construction Project ［J］. Procedia Environmental Sciences, 2012, 13：1748 – 1753.

［159］安消云. 洞庭湖湿地生态补偿问题研究 ［D］. 中南林业科技大学硕士学位论文, 2011.

［160］蔡为民, 张磊, 刘沁萍等. 天津古海岸与湿地国家级自然保护区生态补偿标准及关键技术研究 ［J］. 湿地科学, 2016 (2)：137 – 144.

［161］蔡志坚, 张巍巍. 南京市公众对长江水质改善的支付意愿及支付方式的调查 ［J］. 生态经济, 2007 (2)：116 – 119.

［162］曹建军, 任正炜, 杨勇等. 玛曲草地生态系统恢复成本条件价值评估 ［J］. 生态学报, 2008 (4)：1872 – 1880.

［163］陈昌春. 变化环境下江西省干旱特征与径流变化研究 ［D］. 南京大学博士学位论文, 2013.

［164］陈丹, 陈菁, 张捷等. 灌区农业水价研究的条件价值评估法 ［J］. 节水灌溉, 2005 (5)：2 – 4.

［165］陈珂, 苏丹, 王秋兵等. 意愿调查评估法在生物多样性非使用价值评估中的应用——以辽宁老秃顶子自然保护区为例 ［J］. 林业经济问题, 2009 (4)：301 – 304.

［166］陈世伟, 雷晨光, 缪建萍. 鄱阳湖生态经济区生态补偿制度的立法完善 ［J］. 江西社会科学, 2010 (10)：235 – 238.

［167］陈兆开. 我国湿地生态补偿问题研究 ［J］. 生态经济, 2009 (5)：155 – 158.

［168］陈志平, 熊汉锋, 黄世宽等. 梁子湖湿地生态系统服务功能价值评估研究 ［J］. 水土保持研究, 2009 (2)：231 – 233.

［169］程滨, 田仁生, 董战峰. 我国流域生态补偿标准实践：模式与评价 ［J］. 生态经济, 2012 (4)：24 – 29.

［170］崔丽娟. 扎龙湿地价值货币化评价 ［J］. 自然资源学报, 2002 (4)：451 – 456.

[171] 崔丽娟. 鄱阳湖湿地生态系统服务功能价值评估研究 [J]. 生态学杂志, 2004 (4)：47-51.

[172] 戴其文. 生态补偿对象的空间选择研究——以甘南藏族自治州草地生态系统的水源涵养服务为例 [J]. 自然资源学报, 2010 (3)：415-425.

[173] 戴其文. 甘南州生态补偿区域空间选择方案的比较 [J]. 长江流域资源与环境, 2013 (4)：493-501.

[174] 邓立斌. 南四湖湿地生态系统服务功能价值初步研究 [J]. 西北林学院学报, 2011 (3)：214-219.

[175] 邓伟. 洪泛区湿地保护与水资源可持续利用 [J]. 科技导报, 2000 (3)：58-60.

[176] 杜丽娟, 王秀茹, 刘钰. 水土保持生态补偿标准的计算 [J]. 水利学报, 2010 (11)：1346-1352.

[177] 段靖, 严岩, 王丹寅等. 流域生态补偿标准中成本核算的原理分析与方法改进 [J]. 生态学报, 2010 (1)：221-227.

[178] 方玉杰. 基于 SWAT 模型的赣江流域水环境模拟及总量控制研究 [D]. 南昌大学博士学位论文, 2015.

[179] 高汉琦, 牛海鹏, 方国友等. 基于 CVM 多情景下的耕地生态效益农户支付/受偿意愿分析——以河南省焦作市为例 [J]. 资源科学, 2011 (11)：2116-2123.

[180] 葛颜祥, 梁丽娟, 王蓓蓓等. 黄河流域居民生态补偿意愿及支付水平分析——以山东省为例 [J]. 中国农村经济, 2009 (10)：77-85.

[181] 龚亚珍, 韩炜, Bennett Michael 等. 基于选择实验法的湿地保护区生态补偿政策研究 [J]. 自然资源学报, 2016 (2)：241-251.

[182] 郭恢财, 胡斌华, 李琴. 堑秋湖渔业模式对鄱阳湖南矶湿地越冬候鸟种群数量的影响和保育对策 [J]. 长江流域资源与环境, 2014 (1)：46-52.

[183] 韩鹏, 黄河清, 甄霖等. 基于农户意愿的脆弱生态区生态补偿模式研究——以鄱阳湖区为例 [J]. 自然资源学报, 2012 (4)：625-642.

[184] 贺娟. 基于社区的鄱阳湖区湿地生态系统服务与生态补偿研究 [D]. 江西师范大学硕士学位论文, 2009.

[185] 贺晓英, 贺缠生. 北美五大湖保护管理对鄱阳湖发展之启示 [J]. 生态学报, 2008 (12)：6235-6242.

[186] 洪尚群, 马丕京, 郭慧光. 生态补偿制度的探索 [J]. 环境科学与技术, 2001 (5)：40-43.

[187] 胡博. Stata 统计分析与应用 [M]. 北京：电子工业出版社, 2013.

［188］胡海胜．庐山自然保护区森林生态系统服务价值评估［J］．资源科学，2007（5）：28－36．

［189］胡振琪，程琳琳，宋蕾．我国矿产资源开发生态补偿机制的构想［J］．环境保护，2006（19）：59－62．

［190］黄金国，郭志永．鄱阳湖湿地生物多样性及其保护对策［J］．水土保持研究，2007（1）：305－306．

［191］黄锡畴．中国沼泽研究［M］．北京：科学出版社，1988：110－118．

［192］江西省水利厅．江西省水利志·1991～2000［M］．北京：中国水利水电出版社，2005．

［193］蒋毓琪，陈珂．流域生态补偿研究综述［J］．生态经济，2016，32（4）：175－180．

［194］蒋毓琪，陈珂，陈同峰等．基于CVM的浑河流域上游林农受偿意愿及其影响因素分析［J］．干旱区资源与环境，2018，32（5）：46－52．

［195］金淑婷，杨永春，李博等．内陆河流域生态补偿标准问题研究——以石羊河流域为例［J］．自然资源学报，2014（4）：610－622．

［196］金卫根，廖夏林．鄱阳湖湿地生态旅游开发研究［J］．土壤，2008（1）：57－60．

［197］金艳，黄敬峰，官泉水等．仙居县生态资产评估及其与社会经济的关系研究［J］．科技通报，2009（1）：1－6．

［198］金艳．多时空尺度的生态补偿量化研究［D］．浙江大学博士学位论文，2009．

［199］金正庆，孙泽生．生态补偿机制构建的一个分析框架——兼以流域污染治理为例［J］．中央财经大学学报，2008（1）：54－58．

［200］孔凡斌．生态补偿机制国际研究进展及中国政策选择［J］．中国地质大学学报（社会科学版），2010（2）：1－5．

［201］孔凡斌．中国生态补偿机制：理论、实践与政策设计［M］．北京：中国环境科学出版社，2010．

［202］孔凡斌，廖文梅，熊凯．论建立鄱阳湖生态经济区生态补偿机制的关键科学问题［J］．鄱阳湖学刊，2013（1）：83－88．

［203］孔凡斌，廖文梅．基于排污权的鄱阳湖流域生态补偿标准研究［J］．江西财经大学学报，2013（4）：12－19．

［204］孔祥智，顾洪明，韩纪江．失地农民"受偿意愿"影响因素的实证分析［J］．山西财经大学学报，2007（6）：14－19．

［205］李宝林，袁烨城，高锡章等．国家重点生态功能区生态环境保护面临

的主要问题与对策 [J]. 环境保护, 2014 (12): 15-18.

[206] 李长健, 孙富博, 黄彦臣. 基于 CVM 的长江流域居民水资源利用受偿意愿调查分析 [J]. 中国人口·资源与环境, 2017, 27 (6): 110-118.

[207] 李超显, 彭福清, 陈鹤. 流域生态补偿支付意愿的影响因素分析——以湘江流域长沙段为例 [J]. 经济地理, 2012 (4): 130-135.

[208] 李昌彦, 王慧敏, 王圣等. 水资源适应对策影响分析与模拟 [J]. 中国人口·资源与环境, 2014 (3): 145-153.

[209] 李芬, 甄霖, 黄河清等. 上地利用功能变化与利益相关者受偿意愿及经济补偿研究——以鄱阳湖生态脆弱区为例 [J]. 资源科学, 2009 (4): 580-589.

[210] 李芬, 甄霖, 黄河清等. 鄱阳湖区农户生态补偿意愿影响因素实证研究 [J]. 资源科学, 2010 (5): 824-830.

[211] 李广贺. 水资源利用与保护 [M]. 北京: 中国建筑工业出版社, 2002.

[212] 李国志. 水源区农户受偿意愿及影响因素研究——基于瓯江流域中上游 732 个农户调查 [J]. 农业经济与管理, 2017 (4): 71-80.

[213] 李林, 田文华, 段光锋. 条件价值法在医院院誉价值评估中的应用——研究背景、原理与设计 [J]. 中国医院管理, 2007 (12): 1-3.

[214] 李建建, 黎元生, 胡熠. 论流域生态区际补偿的主导模式与运行机制 [J]. 生态经济 (学术版), 2006 (2): 319-321.

[215] 李文华, 李芬, 李世东等. 森林生态效益补偿的研究现状与展望 [J]. 自然资源学报, 2006 (5): 677-688.

[216] 李晓光, 苗鸿, 郑华等. 生态补偿标准确定的主要方法及其应用 [J]. 生态学报, 2009 (8): 4431-4440.

[217] 栗明, 陈吉利, 吴萍. 从生态中心主义回归现代人类中心主义: 社区参与生态补偿法律制度构建的环境伦理观基础 [J]. 广西社会科学, 2011 (11): 87-90.

[218] 林逢春, 陈静. 条件价值评估法在上海城市轨道交通社会效益评估中的应用研究 [J]. 华东师范大学学报 (哲学社会科学版), 2005 (1): 48-53.

[219] 林乐芬, 金媛. 征地补偿政策效应影响因素分析——基于江苏省镇江市 40 个村 1703 户农户调查数据 [J]. 中国农村经济, 2012 (6): 20-30.

[220] 林媚珍, 马秀芳, 杨木壮等. 广东省 1987 年至 2004 年森林生态系统服务功能价值动态评估 [J]. 资源科学, 2009 (6): 980-984.

[221] 林英华. 条件价值评估法在野生动物价值评估中的应用 [J]. 北华大

学学报（自然科学版），2001（1）：80 – 83.

［222］刘红玉，赵志春，吕宪国．中国湿地资源及其保护研究［J］．资源科学，1999（6）：34 – 37.

［223］刘红玉．中国湿地资源特征、现状与生态安全［J］．资源科学，2005（3）：54 – 60.

［224］刘丽．我国国家生态补偿机制研究［D］．青岛大学博士学位论文，2010.

［225］刘健．制度水平与双边股权资本流动——基于 Heckman 两阶段模型的分析［J］．投资研究，2012（2）：78 – 86.

［226］刘强，彭晓春，周丽旋等．城市饮用水水源地生态补偿标准测算与资金分配研究——以广东省东江流域为例［J］．生态经济，2012（1）：33 – 37.

［227］刘润堂，许建中，冯绍元等．农业面源污染对湖泊水质影响的初步分析［J］．中国水利，2002（6）：71 – 73.

［228］刘世强．我国流域生态补偿实践综述［J］．求实，2011（3）：49 – 52.

［229］刘世强．水资源二级产权设置与流域生态补偿研究［D］．江西财经大学博士学位论文，2012.

［230］刘雪林，甄霖．社区对生态系统服务的消费和受偿意愿研究——以泾河流域为例［J］．资源科学，2007（4）：103 – 108.

［231］刘影，彭薇．鄱阳湖湿地生态系统退化的社会经济驱动力分析［J］．江西社会科学，2003（10）：231 – 233.

［232］刘永杰，王世畅，彭皓等．神农架自然保护区森林生态系统服务价值评估［J］．应用生态学报，2014（5）：1431 – 1438.

［233］刘玉龙，马俊杰，金学林等．生态系统服务功能价值评估方法综述［J］．中国人口·资源与环境，2005（1）：91 – 95.

［234］刘庸．环境经济学［M］．北京：中国农业大学出版社，2001.

［235］刘子刚，刘喆，卫文斐．湿地生态补偿概念和基本理论问题探讨［J］．生态经济，2016（2）：186 – 189.

［236］陆健健．中国滨海湿地的分类［J］．环境导报，1996，13（1）：1 – 2.

［237］卢松，陆林，凌善金等．人类活动对安庆沿江湖泊湿地影响的初步研究［J］．长江流域资源与环境，2004，13（1）：65 – 71.

［238］陆维研，杨朔，董琐等．建立湿地生态效益补偿制度的必要性及可行性分析［J］．安徽农业科学，2007，35（21）：6570 – 6572.

[239] 罗吉, 戈华清. 论跨区域调水的环境补偿 [J]. 环境经济, 2002 (11): 34－36.

[240] 吕添贵, 吴次芳, 陈美球等. 基于博弈视角的鄱阳湖流域经济协调机制及路径选择 [J]. 自然资源学报, 2014 (9): 1465－1474.

[241] 吕宪国. 中国湿地与湿地研究 [M]. 石家庄: 河北科学技术出版社, 2008.

[242] 毛端谦, 刘春燕. 鄱阳湖湿地生态保护与可持续利用研究 [J]. 热带地理, 2002 (1): 24－27.

[243] 毛显强, 钟瑜, 张胜. 生态补偿的理论探讨 [J]. 中国人口·资源与环境, 2002, 12 (4): 40－43.

[244] 孟祥江, 朱小龙, 彭在清等. 广西滨海湿地生态系统服务价值评价与分析 [J]. 福建林学院学报, 2012 (2): 156－162.

[245] 梅强, 陆玉梅. 基于条件价值法的生命价值评估 [J]. 管理世界, 2008 (6): 174－175.

[246] 闵庆文, 甄霖, 杨光梅等. 自然保护区生态补偿机制与政策研究 [J]. 环境保护, 2006 (19): 55－58.

[247] 倪才英, 汪为青, 曾珩等. 鄱阳湖退田还湖生态补偿研究 (Ⅱ) ——鄱阳湖双退区湿地生态补偿标准评估 [J]. 江西师范大学学报 (自然科学版), 2010 (5): 541－546.

[248] 倪才英, 曾珩, 汪为青. 鄱阳湖退田还湖生态补偿研究 (Ⅰ) ——湿地生态系统服务价值计算 [J]. 江西师范大学学报 (自然科学版), 2009 (6): 737－742.

[249] 牛海鹏, 张杰, 张安录. 耕地保护经济补偿的基本问题分析及其政策路径 [J]. 资源科学, 2014 (3): 427－437.

[250] 欧阳志云, 王效科, 苗鸿. 中国陆地生态系统服务功能及其生态经济价值的初步研究 [J]. 生态学报, 1999 (5): 19－25.

[251] 欧阳志云, 赵同谦, 王效科等. 水生态服务功能分析及其间接价值评价 [J]. 生态学报, 2004 (10): 2091－2099.

[252] 潘耀忠, 史培军, 朱文泉等. 中国陆地生态系统生态资产遥感定量测量 [J]. 中国科学 (D辑: 地球科学), 2004 (4): 375－384

[253] 彭诗言. 国际生态服务付费的经验借鉴 [J]. 前沿, 2011 (12): 196－200.

[254] 皮泓漪, 张萌雪, 夏建新. 基于农户受偿意愿的退耕还林生态补偿研究 [J]. 生态与农村环境学报, 2018, 34 (10): 903－909.

［255］乔旭宁，杨永菊，杨德刚等．流域生态补偿标准的确定——以渭干河流域为例［J］．自然资源学报，2012（10）：1666 – 1676.

［256］屈小娥，李国平．意愿价值评估法：理论基础及研究进展［J］．统计与决策，2011（7）：156 – 160.

［257］任勇，冯东方，俞海．中国生态补偿理论与政策框架设计［M］．北京：中国环境出版社，2008.

［258］阮君，孙秋碧．森林游憩价值评价之 CVM、TCM 比较［J］．湖北林业科技，2005（5）：30 – 35.

［259］尚海洋，刘正汉，毛必文．流域生态补偿标准的受偿意愿分析——以石羊河流域为例［J］．资源开发与市场，2015，31（7）：783 – 786.

［260］史培军，张淑英，潘耀忠等．生态资产与区域可持续发展［J］．北京师范大学学报（社会科学版），2005（2）：131 – 137.

［261］宋敏，耿荣海，史海军等．生态补偿机制建立的理论分析［J］．理论界，2008（5）：6 – 9.

［262］唐国强，李哲，薛显武等．赣江流域 TRMM 遥感降水对地面站点观测的可替代性［J］．水科学进展，2015，26（3）：340 – 346.

［263］万本太，邹首民．走向实践的生态补偿——案例分析与实践探索［M］．北京：中国环境科学出版社，2008.

［264］汪爱华，张树清，何艳．RS 和 GIS 支持下的三江平原沼泽湿地动态变化研究［J］．地理科学，2002，22（5）：636 – 640.

［265］王兵，鲁绍伟，尤文忠等．辽宁省森林生态系统服务价值评估［J］．应用生态学报，2010（7）：1792 – 1798.

［266］王昌海，崔丽娟，毛旭锋等．湿地保护区周边农户生态补偿意愿比较［J］．生态学报，2012（17）：5345 – 5354.

［267］王春连，张镱锂，王兆锋等．拉萨河流域湿地生态系统服务功能价值变化［J］．资源科学，2010（10）：2038 – 2044.

［268］王德辉．建立生态补偿机制的若干问题探讨［J］．环境保护，2006（19）：12 – 17.

［269］王军德，李元红，李赞堂等．基于 SWAT 模型的祁连山区最佳水源涵养植被模式研究——以石羊河上游杂木河流域为例［J］．生态学报，2010（21）：5875 – 5885.

［270］王军锋，侯超波．中国流域生态补偿机制实施框架与补偿模式研究——基于补偿资金来源的视角［J］．中国人口·资源与环境，2013（2）：23 – 29.

[271] 王女杰，刘建，吴大千等．基于生态系统服务价值的区域生态补偿——以山东省为例［J］．生态学报，2010（23）：6646 – 6653.

[272] 王湃，凌雪冰．基于农户受偿意愿的征地补偿及影响因素分析——以湖北省 4 市 25 村 354 份问卷为证［J］．华中农业大学学报（社会科学版），2013（5）：127 – 132.

[273] 王庆，廖静娟．基于 Landsat TM 和 ENVISAT ASAR 数据的鄱阳湖湿地植被生物量的反演［J］．地球信息科学学报，2010（2）：2282 – 2291.

[274] 汪霞，南忠仁，郭奇等．干旱区绿洲农田土壤污染生态补偿标准测算——以白银、金昌市郊农业区为例［J］．干旱区资源与环境，2012（12）：46 – 52.

[275] 魏晓燕，毛旭锋，夏建新．我国自然保护区生态补偿标准研究现状及讨论［J］．世界林业研究，2013（2）：76 – 81.

[276] 王晓鸿．鄱阳湖湿地生态系统评估［M］．北京：科学出版社，2004.

[277] 王晓鸿，肖锡红．鄱阳湖湿地保护与区域可持续发展［J］．江西科学，2003，21（3）：222 – 225.

[278] 王小鹏，赵成章，王艳艳．微观尺度湿地生态恢复的条件价值评估［J］．安徽农业科学，2009（16）：7579 – 7580.

[279] 王勇，何勇，张健等．岷江上游森林生态系统服务条件价值评估［J］．林业经济问题，2009（5）：428 – 433.

[280] 汪永华，胡玉佳．海南新村海湾生态系统服务恢复的条件价值评估［J］．长江大学学报（自科版），2005（2）：83 – 88.

[281] 王宇，延军平．自然保护区村民对生态补偿的接受意愿分析——以陕西洋县朱鹮自然保护区为例［J］．中国农村经济，2010（1）：63 – 73.

[282] 吴丹，王亚华．中国七大流域水资源综合管理绩效动态评价［J］．长江流域资源与环境，2014（1）：32 – 38.

[283] 吴平，付强．扎龙湿地生态系统服务功能价值评估［J］．农业现代化研究，2008（3）：335 – 337.

[284] 肖寒，欧阳志云，赵景柱等．森林生态系统服务功能及其生态经济价值评估初探——以海南岛尖峰岭热带森林为例［J］．应用生态学报，2000（4）：481 – 484.

[285] 熊凯，孔凡斌．农户生态补偿支付意愿与水平及其影响因素研究——基于鄱阳湖湿地 202 户农户调查数据［J］．江西社会科学，2014（6）：85 – 90.

[286] 熊凯．基于生态系统服务功能和农户意愿的鄱阳湖湿地生态补偿标准研究［D］．江西财经大学博士学位论文，2015.

［287］熊凯，孔凡斌，陈胜东．鄱阳湖湿地农户生态补偿受偿意愿及其影响因素分析——基于 CVM 和排序 Logistic 模型的实证［J］．江西财经大学学报，2016（1）：28－35.

［288］熊明均，郭剑英，邓丹．利用意愿调查价值评估法（CVM）评估旅游资源的非使用价值——以乐山大佛景区为例［J］．中共乐山市委党校学报，2007（3）：76－78.

［289］徐大伟，常亮，侯铁珊等．基于 WTP 和 WTA 的流域生态补偿标准测算——以辽河为例［J］．资源科学，2012（7）：1354－1361.

［290］徐大伟，刘春燕，常亮．流域生态补偿意愿的 WTP 与 WTA 差异性研究：基于辽河中游地区居民的 CVM 调查［J］．自然资源学报，2013（3）：402－409.

［291］徐中民，张志强，程国栋．甘肃省 1998 年生态足迹计算与分析［J］．地理学报，2000，55（5）：607－616.

［292］许恒周．基于农户受偿意愿的宅基地退出补偿及影响因素分析——以山东省临清市为例［J］．中国土地科学，2012（10）：75－81.

［293］许妍，高俊峰，黄佳聪．太湖湿地生态系统服务功能价值评估［J］．长江流域资源与环境，2010（6）：646－652.

［294］鄢帮有．鄱阳湖湿地生态系统服务功能价值评估研究［J］．资源科学，2004，26（3）：61－68.

［295］殷沈琴．条件价值评估法在公共图书馆价值评估中的应用［J］．图书馆杂志，2007（3）：7－10.

［296］殷书柏等．湿地定义研究进展［J］．湿地科学，2014，12（4）：504－514.

［297］杨佩国．潮白河流域生态补偿机制研究［D］．中国科学院博士学位论文，2007.

［298］杨平．从战略高度建立健全我国的生态补偿机制［J］．山西财经大学学报，2012（S3）：54－55.

［299］杨伟民，袁喜禄，张耕田等．实施主体功能区战略，构建高效、协调、可持续的美好家园——主体功能区战略研究总报告［J］．管理世界，2012（10）：1－17.

［300］杨欣，蔡银莺．基于农户受偿意愿的武汉市农田生态补偿标准估算［J］．水土保持通报，2012（1）：212－216.

［301］杨永兴．国际湿地科学研究的主要特点、进展与展望［J］．地理科学进展，2002，21（2）：111－120.

［302］杨跃军，刘羿．生态系统服务功能研究综述［J］．中南林业调查规划，2008（4）：58－62.

［303］姚莉萍，彭安明，朱红根．农户湿地生态补偿政策需求优先序及影响因素——基于鄱阳湖区1009份调查数据的分析［J］．湖南农业大学学报（社会科学版），2016（3）：35－42.

［304］尹善春．中国泥炭资源及其开发利用［M］．北京：地质出版社，1992.

［305］尹少华．森林生态服务价值评价及其补偿与管理机制研究［M］．北京：中国财政科学经济出版社，2010.

［306］于德永，潘耀忠，龙中华等．基于遥感技术的云南省生态系统水土保持价值测量［J］．水土保持学报，2006（2）：174－178.

［307］于成学，张帅．辽河流域跨省界断面生态补偿与博弈研究［J］．水土保持研究，2014（1）：203－207.

［308］余新晓，鲁绍伟，靳芳等．中国森林生态系统服务功能价值评估［J］．生态学报，2005（8）：2096－2102.

［309］翟可，徐惠强，姚志刚等．江苏省湿地保护现状、问题及对策［J］．南京林业大学学报（自然科学版），2013（3）：175－180.

［310］赵景柱，肖寒，吴刚．生态系统服务的物质量与价值量评价方法的比较分析［J］．应用生态学报，2000（2）：290－292.

［311］赵军，杨凯．上海城市内河生态系统服务的条件价值评估［J］．环境科学研究，2004（2）：49－52.

［312］赵其国，黄国勤，钱海燕．鄱阳湖生态环境与可持续发展［J］．土壤学报，2007（2）：318－326.

［313］赵同谦，欧阳志云，郑华等．中国森林生态系统服务功能及其价值评价［J］．自然资源学报，2004（4）：480－491.

［314］赵雪雁．生态补偿效率研究综述［J］．生态学报，2012（6）：1960－1969.

［315］赵云峰．跨区域流域生态补偿意愿及其支付行为研究——以辽河为例［D］．大连理工大学博士学位论文，2013.

［316］翟羽佳，刘春学．苍山十八溪流域水资源生态系统服务功能价值评估［J］．中国农村水利水电，2015（5）：77－80.

［317］张春玲，阮本清．水源保护林效益评价与补偿机制［J］．水资源保护，2004（2）：27－30.

［318］张盼盼，李青，薛珍．塔里木河流域居民生态补偿支付意愿和受偿意愿的差异性比较［J］．资源开发与市场，2017，33（4）：423－429.

［319］张淑英，陈云浩，李晓兵等．内蒙古生态资产测量及生态建设研究［J］．资源科学，2004（3）：22－28．

［320］张韬．西江流域水源地生态补偿标准测算研究［J］．贵州社会科学，2011（9）：76－79．

［321］张志强，徐中民，程国栋．生态系统服务与自然资本价值评估［J］．生态学报，2001（11）：1918－1926．

［322］张志强，徐中民，程国栋等．黑河流域张掖地区生态系统服务恢复的条件价值评估［J］．生态学报，2002（6）：885－893．

［323］张志强，徐中民，程国栋．条件价值评估法的发展与应用［J］．地球科学进展，2003（3）：454－463．

［324］张志强，徐中民，龙爱华等．黑河流域张掖市生态系统服务恢复价值评估研究——连续型和离散型条件价值评估方法的比较应用［J］．自然资源学报，2004（2）：230－239．

［325］郑海霞，张陆彪，涂勤．金华江流域生态服务补偿支付意愿及其影响因素分析［J］．资源科学，2010（4）：761－767．

［326］钟大能．在西部民族地区完善财政生态补偿机制的对策建议［J］．中央财经大学学报，2006（5）：22－26．

［327］中国生态补偿机制与政策研究课题组．中国生态补偿机制与政策研究［M］．北京：科学出版社，2007．

［328］周晨，丁晓辉，李国平等．流域生态补偿中的农户受偿意愿研究——以南水北调中线工程陕南水源区为例［J］．中国土地科学，2015，29（8）：63－72．

［329］周永军．流域污染跨界补偿机制演化机理研究［J］．统计与决策，2014（11）：46－49．

［330］朱琳，赵英伟，刘黎明．鄱阳湖湿地生态系统功能评价及其利用保护对策［J］．水土保持学报，2004（2）：196－200．

［331］朱文泉，张锦水，潘耀忠等．中国陆地生态系统生态资产测量及其动态变化分析［J］．应用生态学报，2007（3）：586－594．

［332］庄大昌．洞庭湖湿地生态系统服务功能价值评估［J］．经济地理，2004（3）：391－394．

［333］庄国泰．经济外部性理论在流域生态保护中的应用［J］．环境经济，2004（6）：35－38．

附录　鄱阳湖流域居民生态补偿意愿的调查问卷

您好!

感谢您在百忙中抽空接受调查! 我们是南昌工程学院的老师和学生, 正在做一个居民对鄱阳湖流域补偿意愿方面的课题, 您的回答对我们了解真实情况和为政府提供决策依据很有帮助, 希望您能支持、配合我们的调查, 如实反映有关情况。您所提供的资料都是匿名的, 我们将严格保密, 请放心。谢谢您!

南昌工程学院

2015 年 7 月

问卷编号: ＿＿＿＿＿＿

调查地点: ＿＿＿＿＿市＿＿＿＿＿县 (区) ＿＿＿＿＿镇 (乡/街道) ＿＿＿＿＿村 (路)

所在流域: ＿＿＿＿＿

A. 赣江流域　B. 抚河流域　C. 信江流域　D. 饶河流域　E. 修河流域

调查员姓名: ＿＿＿＿＿＿　联系方式: ＿＿＿＿＿＿＿

问卷填写时间: ＿＿＿＿＿＿＿

一、流域居民个人特征

1. 您的年龄是＿＿＿＿＿＿岁。

2. 您的性别是＿＿＿＿＿。

A. 男　B. 女

3. 您目前的学历水平为＿＿＿＿＿。

A. 小学及小学以下　B. 初中　C. 高中 (中专)　D. 大专　E. 大学

F. 硕士　G. 博士

4. 您对您目前的身体状况感觉＿＿＿＿＿。

A. 非常满意　B. 满意　C. 一般　D. 不满意　E. 非常不满意

5. 您目前从事的职业是_____。

A. 农户　B. 个体户　C. 政府公务员　D. 事业单位人员　E. 私企经营者

F. 国企员工　G. 私企员工　H. 自由工作者　I. 渔民　J. 其他_____

6. 您家庭年均可支配收入为_____元。

A. 5000 及 5000 以下　B. 5001 ~ 10000　C. 10001 ~ 20000　D. 20001 ~ 30000

E. 30001 ~ 40000　F. 40001 ~ 50000　G. 50001 ~ 60000　H. 60001 ~ 70000

I. 70001 ~ 80000　J. 80001 ~ 90000　K. 90001 ~ 100000　L. 100000 以上

7. 您的户籍是_____。

A. 农村　B. 城镇

8. 目前与您生活在一起的家庭人口数为_____人。

9. 您目前居住的城市为_____。

10. 您觉得赣江流域生态环境具有重要价值吗？（　　）

A. 是　B. 否

11. 您对赣江流域的水质情况感觉如何？（　　）

A. 非常不满意　B. 不满意　C. 一般　D. 满意　E. 非常满意

12. 您对赣江流域的水量情况感觉如何？（　　）

A. 非常不满意　B. 不满意　C. 一般　D. 满意　E. 非常满意

二、流域居民生态补偿支付和受偿意愿情况

1. 如果您是流域上游地区生态环境的破坏者或中下游地区水资源保护的受益者。

（1）您是否愿意每年支付一定金额支持流域生态补偿计划？（　　）

A. 是　B. 否

（2）如果您愿意，您每年最多拿出_____元来支持流域生态补偿这一计划？

A. ≤10　B. 11 ~ 20　C. 21 ~ 30　D. 31 ~ 40　E. 41 ~ 50　F. 51 ~ 60

G. 61 ~ 70　H. 71 ~ 80　I. 81 ~ 90　J. 91 ~ 100　K. 101 ~ 150　L. 151 ~ 200

M. 201 ~ 250　N. 251 ~ 300　O. 301 ~ 350　P. 351 ~ 400　Q. 401 ~ 500

R. 501 ~ 1000　S. 1001 ~ 1500　T. 1501 ~ 2000　U. > 2000

（具体数额_____元）

2. 如果您是流域中下游地区生态环境的受害者或上游地区水资源保护的贡献者。

（1）您是否愿意每年获得一定的补偿金额为您的受损或者保护行为？（　　）

A. 是　B. 否

（2）如果您愿意，您希望每年接受的补偿金额是_____元。

A. ≤10　B. 11～20　C. 21～30　D. 31～40　E. 41～50　F. 51～60

G. 61～70　H. 71～80　I. 81～90　J. 91～100　K. 101～150　L. 151～200

M. 201～250　N. 251～300　O. 301～350　P. 351～400　Q. 401～500

R. 501～1000　S. 1001～1500　T. 1501～2000　U. ＞2000

（具体数额_____元）

三、流域生态补偿的方式

1. 如果您愿意为流域生态补偿进行付费，您最愿意通过哪种方式进行支付？（　　）

A. 交水费、电费　B. 交生态保护税　C. 捐款　D. 义务劳动　E. 其他方式_____

2. 如果您愿意获得一定的生态补偿，您最愿意通过_____方式对您补偿。

A. 货币补偿　B. 非货币补偿

3. 如果您愿意进行货币补偿，您最愿意通过_____方式对您补偿。

A. 现金　B. 财政补贴　C. 税费减免　D. 其他方式_____

4. 如果您愿意进行非货币补偿，您最愿意通过_____方式对您补偿。

A. 基础设施建设（如修路等）　B. 土地补偿　C. 安排就业或提供就业指导

D. 安排搬迁　E. 提供生产资料　F. 提供生活资料　G. 优惠政策

H. 优惠贷款　I. 其他